普通高等学校特色专业建设教材

动物医学实验教程

临床兽医学分册

第 2 版

周 杰 主编

U0219415

中国农业大学出版社
·北京·

内 容 简 介

本教材第 1 版是国内第一部基础兽医学综合实验教程,出版后,深受教师和学生的欢迎。本次修订根据专业发展的要求,结合编者教学研究成果,重新整合了教材体系。

本教材包括实验概述、基本实验、课程实习和附录,主要内容有:临床兽医学实验要求、实验动物血液样本的采集方法,兽医临床诊断学实验、兽医产科学实验、中兽医学实验,动物疾病诊疗课程实习、兽医临床实例训练。

本教材主要服务于动物医学及相关专业本科学生学习,也可为动物医学及相关领域从业人员提供参考。

图书在版编目(CIP)数据

动物医学实验教程.临床兽医学分册/周杰主编.—2 版.—北京:中国农业大学出版社,2017.6
ISBN 978-7-5655-1792-1

Ⅰ.①动… Ⅱ.①周… Ⅲ.①兽医学-实验医学-教材 Ⅳ.①S85-33

中国版本图书馆 CIP 数据核字(2017)第 062349 号

书　　名	动物医学实验教程(临床兽医学分册)　第 2 版
作　　者	周 杰 主编

策划编辑	孙 勇	责任编辑	韩元凤
封面设计	郑 川	责任校对	王晓凤
出版发行	中国农业大学出版社		
社　　址	北京市海淀区圆明园西路 2 号	邮政编码	100193
电　　话	发行部 010-62731190,2620	读者服务部	010-62732336
	编辑部 010-62732617,2618	出　版　部	010-62733440
网　　址	http://www.cau.edu.cn/caup	E-mail	cbsszs@cau.edu.cn
经　　销	新华书店		
印　　刷	北京时代华都印刷有限公司		
版　　次	2017 年 6 月第 2 版　2017 年 6 月第 1 次印刷		
规　　格	787×1 092　16 开本　15.25 印张　370 千字		
定　　价	33.00 元		

图书如有质量问题本社发行部负责调换

编审人员

主　编　周　杰

副主编　吴金节　李　郁　王桂军　方富贵　祁克宗

编　者　（以姓氏笔画为序）

方富贵　王希春　王桂军　冯士彬　刘翠艳

刘　亚　祁克宗　吴金节　李锦春　李　玉

李　郁　周　杰　韩春杨　黄伟平

主　审　李培英（安徽农业大学）

编 者 的 话

  《动物医学实验教程》是安徽农业大学动物医学专业在"安徽省高校省级教改示范专业"项目和教育部高等学校"第一类特色专业建设点"项目的建设过程中,经过不断探索与改革实践后逐渐总结形成的。《动物医学实验教程》立足动物医学实验课程体系的构建,建立了以验证性基础实验、提高性综合实验和学科群综合实习3个层次为基础的实验教学模式。《动物医学实验教程》面世后,不仅在本校使用,还被全国不少农业院校选用,受到教师和学生的广泛好评。

  近年来,随着高等学校教育改革的进一步深化,我校对本科人才培养方案进行了较大幅度的修订,进一步加强了实践教学环节。2013年以来,本专业承担了安徽省高等教育振兴计划"地方高水平大学建设"子项目——"动物医学重点专业建设",在项目建设过程中,越来越认识到实践教学在保证和提高动物医学及相关专业人才培养质量中的重要作用。为适应专业发展,满足动物医学专业人才培养的需要,编者在前版教材内容的基础上对本教材进行了修订。

  《动物医学实验教程》(第2版)在整体编排上沿用了《基础兽医学分册》、《预防兽医学分册》和《临床兽医学分册》3个分册的形式,以便本系列教材不仅能为动物医学专业所用,也能服务于相关专业。如动物科学专业可单独使用《基础兽医学分册》,动物检疫专业可选用《基础兽医学分册》和《预防兽医学分册》。考虑到有些专业可能单独使用本教程中的某个分册,在各分册的实验概述中都有一些关于动物实验基本操作技术或器械使用的内容,其中部分内容有一定重复。

  《动物医学实验教程》(第2版)各分册在编排上将原版中的验证性实验和综合性实验两部分合并为基本实验板块。为方便各课程实验的开展,基本实验板块按课程实验内容的形式编排。本次修订根据行业要求更新了一些实验内容,并引入了新的教学成果,同时对部分实验内容进行了增删和整合。

  《动物医学实验教程》(第2版)的内容以动物医学专业的课程实验和课程实习为主。本系列教材主要服务于农业院校动物医学及相关专业本科学生学习动物医学实践技能,也可为动物医学及相关领域从业人员提供参考。

  由于编者的知识水平所限,书中的不妥之处在所难免,恳请广大读者批评指正。

编 者

2016年10月

前　言

　　《动物医学实验教程》(临床兽医学分册)出版后,不仅在我校动物医学专业使用,还被许多兄弟院校选用,深受教师和学生的欢迎。本次修订按我校教学大纲制定的课程编写,除第 1 版中的兽医临床诊断学实验、兽医产科学实验外,增加了中兽医学实验。兽医外科学及外科手术学因其学科的特殊性未编入本实验教程。考虑到实际操作上的便利,按课程实验、课程实习教学模式编写,改变第 1 版中分为验证性实验、综合性实验和课程实习的形式,使教程在使用过程中更加符合实验教学的安排规律。即合并原"验证性实验"和"综合性实验"项,"课程实习"项保留。合并的实验项按各实验课程编排。

　　本次修订根据专业的发展更新了实习内容,对部分内容进行了增减。如兽医临床诊断学实验由第 1 版的 30 个实验精简到 20 个实验,并根据目前仪器设备的发展更新了部分检测方法;兽医产科学实验增加了"精液品质检查";动物疾病诊疗课程实习乳房炎检测中增加了体"细胞检测仪检测乳中体细胞法";新增了"兽医临床实例训练",其他各课程的实验项目也都有所更新,使本教材的使用面更宽,与临床的联系更加密切。此外,对第 1 版中发现的错误之处进行了修正。

　　本教材在全体参编人员的共同努力下,力求内容翔实、编排完整,对所涉及的国家技术标准和规范进行了统一,为广大教师和学生提供操作性和实用性较强的临床兽医学实验教材。由于编者的水平和能力有限,本教材虽经过多次审阅,仍难免存在疏漏之处,敬请读者批评指正,以利进一步修改和补充。

编　者

2016 年 10 月

目 录

第一部分 实验概述

第二部分 基本实验

第三部分　课程实习

第一部分

实验概述

第一章
临床兽医学实验要求

第一节　临床兽医学实验室守则

在临床兽医学实验中，操作者经常要接触一些实验动物和诊疗器械，会对学生存在潜在的危险性。为保证实验效果及实验操作者的安全，要求必须遵守以下规则。

1. 学生必须做到上实验课不迟到，不早退，自觉遵守实验室纪律，维护实验课堂秩序。

2. 学生在每次实验课前，认真预习实验内容，明确实验目的与要求，了解实验原理和主要实验过程。如有疑问，应事先请教指导教师。

3. 进入实验室或其他实验场地，必须穿着工作服，保持安静，严禁大声喧哗、吸烟、吃零食、随地吐痰。实验时要小心仔细，严格按照操作规程进行，不得动用与本实验无关的仪器设备。

4. 实验过程中，严格遵守实验室规则，服从教师指导，注意实验安全，严肃认真地按规定和步骤进行实验。认真观察和分析实验现象，如实记录实验数据，不得抄袭他人的实验数据、结果。完成实验后经指导教师检查完毕、同意后，方可离开实验室。

5. 实验过程中，实验台面应随时保持整洁，仪器、标本、药品摆放整齐，公共试剂用毕，应立即盖严放回原处。勿使试剂、药品洒在实验台面和地上。所有实验用的废弃物等，都要收集在适当的容器内，加以储存再处理，不能倒在水槽内或到处乱扔。实验完毕，仪器须洗净放好，将实验台面抹拭干净，才能离开实验室。

6. 实验结束后，学生要用肥皂洗手，必要时用消毒液浸泡双手，然后用清水洗净。离开实验室以前，学生应认真、负责地进行检查，切断有关的电源、水源、气源，关好门窗，做好安全工作，严防发生安全事故。

7. 实验室内一切物品，未经本室负责教师批准，严禁携出室外，借物必须办理登记手续。

8. 每次实验课后，由班长负责安排值日生。值日生的职责是负责当天实验室的卫生、安全和一切服务性工作。

　　9. 按指导教师要求及时认真完成实验报告。凡实验报告不合要求,均须重做。实验成绩不及格者,不得参加本门课程的考试。

第二节　病例分析报告的书写

　　1. 题名:题名要简明、具体、直截了当,如写"××病×例报告"或"××病×例的诊疗分析"。

　　2. 作者及专业、班级。

　　3. 正文及讨论:病例报告的正文,通常开门见山直接介绍病例,内容包括:

　　(1)病例的一般情况。畜主姓名、住址,病畜性别、年龄、品种、畜名、毛色、营养状况等。

　　(2)主述、简要病史、阳性体征、具有鉴别诊断意义的阴性体征。

　　(3)实验室检验内容、原理、所用仪器和材料、方法、实验步骤及结果。

　　(4)诊断和鉴别诊断。

　　(5)治疗方案、治疗过程及机体的反应。

　　(6)预后和转归。

　　(7)病理剖检(死亡时)。

　　在报告正文对病例介绍后,要进行针对性的讨论,以阐明实验者的观点,并总结在实验室检查、诊断及治疗过程中的经验体会。

第二章

实验动物血液样本的采集方法

实验动物的采血方法和采血部位很多,根据动物种类、检测目的、实验方法及所需血量的不同,血液样品可从静脉血管、末梢血管或心脏穿刺采集。

一、静脉采血

1. 牛、羊的采血

以颈静脉穿刺最为方便。常在颈静脉中 1/3 与下 1/3 交界处剪毛、消毒,术者紧压颈静脉下端,待血管怒张(助手尽量将动物头部向穿刺的对侧牵拉,使颈静脉充分显露出来),用静脉注射针头对准血管刺入,即可采得血液样品。此外,奶牛可在腹壁皮下静脉(乳前静脉)采血,注意针头不应太粗,以免形成血肿。牛的尾中静脉采血也很方便,助手尽量向上举尾,术者用针头在第 2~3 尾椎间垂直刺入,轻轻抽动注射器内芯,直到抽出一定量的血液为止。

2. 猪的采血

成年猪从耳静脉采血颇为方便,方法是助手将耳根握紧,稍等片刻,静脉即可显露出来。局部常规消毒后,术者用较细的针头刺入耳静脉即可抽出血来。必要时用前腔静脉穿刺法采血,方法如下:

(1)保定 仔猪和中等大小的猪,仰卧保定,将两前肢向后拉直或使两前肢与体中线垂直。注意将头部拉直,这样可使前腔静脉紧张并可使胸前窝充分显露出来。育肥猪可站立保定,用绳环套在上颌,拴于柱栏即可(具体方法可参考第三章实验一中猪的保定)。

(2)部位 左侧或右侧胸前窝,即由胸骨柄、胸头肌和胸骨舌骨肌的起始部构成的陷窝。

(3)方法 右手持针管,使针头斜向对侧或向后内方与地面呈 60°,刺入 2~3 cm 即可抽出血液,术前、术后均按常规消毒。

3. 犬、猫的采血

选用部位有前肢臂头静脉和后肢隐静脉。采血时,可将犬、猫抱于怀中保定,局部剪毛消毒,在采血部位近心端静脉上结扎止血带,待血管隆起后,选择 1 mL(血液常规检验时)或 5 mL(血液生化检验时)注射器,以 15°~45°刺入血管内,抽取血液。

4. 家禽的采血

常在翅内静脉采血。用细针头刺入静脉让血液自由流入集血瓶中,如果用注射器抽取,一定要放慢速度,以防引起静脉塌陷和出现气泡。

二、末梢采血

适用于需血量少、采血后立即进行检验的项目,如涂制血片、血细胞计数、血红蛋白测定、出血时间和凝血时间测定等。马、牛在耳尖部;猪、羊在耳边缘。剪毛、消毒,待乙醇挥发干燥后,用针头刺入 0.5~1 cm,血液即可流出。用棉球擦去第一滴血液,用第二滴血液作为血样。对仔猪和某些小动物,也可将尾尖部消毒后,剪去尾尖即可采得血样。

三、心脏采血

家禽及某些小动物,当需要多量血液时,可行心脏穿刺采血。

1. 鸡的采血

通常是右侧卧保定,在左侧胸部触摸心搏动最明显的地方进行穿刺,从胸骨嵴前端至背部下凹处连接线的1/2点即为穿刺部位。用细针头在穿刺部位与皮肤垂直刺入2~3 cm即可采得心脏血样。采血前、后应严密消毒。

2. 家兔的采血

将家兔仰卧固定,在左侧胸部心脏部位去毛,消毒。用左手触摸左侧第3~4肋间,选择心跳最明显处穿刺。一般由胸骨左缘外3 mm处将注射针头插入第3~4肋间隙。当针头正确刺入心脏时,由于心搏的力量,血会自然进入注射器。采血中回血不好或动物躁动时应拔出注射器,重新确认后再次穿刺采血。经6~7 d后,可以重复进行心脏采血。

(王希春,李锦春,吴金节)

第二部分

基本实验

第三章
兽医临床诊断学实验

实验一　临床实习基础

一、实验目的与要求

1. 参观动物医院,熟悉动物医院的机构、设施、诊疗情况和规章制度,为接触临床实践奠定基础。

2. 练习接近动物和通用的保定方法,要求掌握其方法和注意事项,确保临诊过程中的人畜安全。

3. 介绍一般临诊程序,要求掌握临床检查的基本过程和内容。

二、实验器材

1. 器械　牛鼻钳、犬口笼、项圈、长柄绳套各 2 件,细绳、扁绳各 2 条。

2. 材料　实验动物:牛 1 头,羊 2 只,犬 2 只,猫 1 只等。病历用纸:每个学生 1 份。

三、实验内容与方法

(一)接近动物法

接近动物前,应先了解并观察动物的习性及其惊恐和攻击人畜的神态,如马的竖耳、瞪眼,牛的低头凝视,猪的斜视、翘鼻、发出呼呼声,犬的吠叫和猫的喵叫等,以防意外的发生,确保人畜安全。

接近动物时,一般应请畜主在一旁协助保定,检查者应以温和的呼声,先向动物发出欲接近的信号,然后再从其前方徐徐接近,绝对不可从其后方突然接近。

接近后,先用手轻轻抚摸动物(如马、牛可抚摸颈侧或肩部,犬、猫可抚摸头顶或背部)使其保持安静和温顺状态,再进行检查,对猪则可在其腹下部或腹侧部用手轻轻搔痒,使其安静或卧下,然后进行检查。

(二)动物保定法

保定是用人力、器械等控制动物活动,以方便诊疗或手术操作,确保人畜安全的一项措施。保定时,要做到安全、迅速、简便、确实。

保定的最终目的,是在保证完成诊疗操作的同时,保护任何动物不受意外伤害。

1. 牛的保定

(1)徒手握鼻保定法　术者一手抓住牛的鼻绳,将牛鼻上提,另一手握住牛的角根,并略向后推动,即可保定。若牛无鼻环或鼻绳,术者左手应先握住牛的右边角根,右手从下向上将牛下巴拖起,并顺着嘴端迅速转手握住鼻中隔以保定之(图3-1)。

(2)鼻环保定法　牛常带鼻环,所以可把绳系在鼻环上进行适当的保定。

(3)鼻钳保定法　牛鼻钳是特制的专用于保定牛的金属保定器械。将鼻钳插入鼻孔,迅速夹紧鼻中隔,用一手或双手握持,同时牵拉鼻钳,亦可用绳系紧钳柄固定(图3-2)。

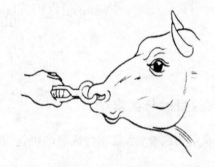

图3-1　牛徒手握鼻保定法　　　　　图3-2　牛鼻钳保定法

(4)角根保定法　将绳子沿着牛的两角根部缠紧,其一端固定在柱栏上,即可将头部固定(图3-3)。如同时使用鼻钳,则保定效果更佳。

(5)头部保定法　将牛的两角及笼头绳分别拴在柱栏上,使头部紧顶在柱上(图3-4)。

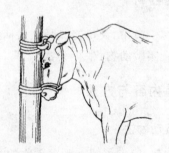

图3-3　牛角根保定法　　　　　　图3-4　牛头部保定法

(6)柱栏内保定法

单柱颈绳保定法:将牛的颈部紧贴在单柱上,以单绳或双绳做颈部活结固定(图3-5)。

二柱栏保定法:将牛牵至二柱栏旁,先做颈部活结保定使颈部固定在前柱一侧,再用一条长绳在前柱至后柱的挂钩上做水平环绕,将牛围在前后柱之间,然后用绳在胸部或腹部做上下、左右固定,最后分别在鬐甲和腰上打结。必要时可用一根长竹竿或木棒从右前方向左后方斜过腹,前端在前柱前外侧着地,后端斜向后柱挂钩下方,并在挂钩处加以固定(图 3-6)。

图 3-5　牛单柱颈绳保定法

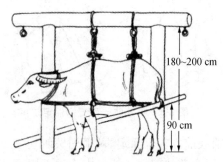

图 3-6　牛二柱栏保定法

四柱栏保定法:先将四柱栏的活动横梁按所保定的畜体高度调至胸部 1/2 水平线上,同时按该畜胸部宽度调好横梁的间距,然后牵畜入四柱栏,上好前后保定绳即可保定。必要时可加背带和腹带。适用于临床一般检查或治疗时的保定。

五柱栏保定法:保定时,可将牛头固定在前柱上(图 3-7),其他同四柱栏保定。

六柱栏保定法:保定时先将柱栏的胸带(前带)装好,由后柱间将牛牵入,立刻装上尾带(后带),并把缰绳拴在门柱的金属环上。这样牛既不能前进,也不能后退。为了防止牛跳起,可用扁绳压在鬐甲前部。为了防止牛卧倒可加上腹带。在尾柱间的横梁上有的装有铁环,是固定牛尾、拴尾绳的地方。诊疗或手术完毕,解除背带和腹带,解开缰绳和胸带,牛自前栏间离开。

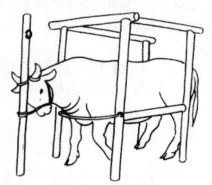

图 3-7　牛五柱栏保定法

栅栏保定法:当没有保定栏时,用一单绳将牛围在栅栏旁边,牛头绑在坚固的柱子上,做一不滑动的绳套装在牛的颈基部,绳的游离端沿牛体向后绕过后肢,绑在后方的另一柱上。为了防止牛摆动,在髋结节前做一围绳,把牛体和栅栏的横梁绑在一起。

(7)四肢的保定

牛前肢徒手提举保定法:术者面向后站立在牛左颈侧,以左手扶住肩部,右手顺前肢往下抚摸,握住掌部,然后左手向对侧轻推肩胛部,右手提起并屈曲前肢,左脚同时跨上一步,左手从前肢内侧伸入,协助握住系部,同时将屈曲的腕部垫靠在术者大腿上,即完成保定(图 3-8)。提前肢,应先令助手牵住牛头或将牛角保定于柱上。此法主要用于蹄部检查或治疗时保定。

牛后肢一般保定法:用一根柔软的小绳对折,以双绳在跗关节上将两肢胫部围住,然后将绳端穿过折转处拉紧,或将绳和尾拴在一起固定。也可用一根柔软的小绳,先在一后肢跗关节上胫部用绳结系住,再做"∞"形缠绕两肢胫部,将胫部固定在一起,拉紧绳子后打一活结固定(图 3-9)。

图 3-8　牛前肢徒手提举保定法

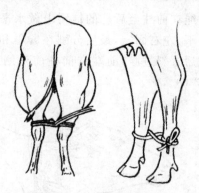

图 3-9　牛后肢一般保定法

牛前肢前方转位保定法:牛先做四柱或六柱栏保定,再用一根柔软的绳,在牛系部打一环结,将绳子在前柱前面从外向内绕过下横梁,拉起前肢,再将绳子兜住掌部前面,收紧绳子,把掌部侧面拉至前柱,使之紧贴前柱,然后用绳子环绕掌部和前柱,使二者紧靠在一起,固定得越紧越安全(图 3-10)。

牛后肢后方转位保定法:牛先做四柱或六柱栏保定,再用一根柔软的绳,在牛系部打一环结,将绳子从后肢外面由外向内绕过下横梁拉起后肢,使之离开地面,再将绳子兜住跗部,并用力收紧绳子,使跗部前面靠近后柱,然后将二者捆绕在一起,最后用引绳在胫部绕一圈,拉紧固定(图 3-11)。

本法是利用捆绑的方法固定前后肢。前肢的前臂部,后肢的跟腱上部或两后肢的飞节上部,分别用麻绳或尼龙绳捆绑并系紧,以达到保定的目的。

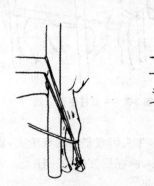
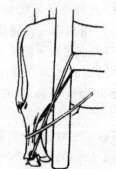
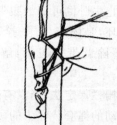

图 3-10　牛前肢前方转位保定法　　　　图 3-11　牛后肢后方转位保定法

(8)倒卧保定法

腰背缠绕倒牛法:取 8～10 m 长的绳索一条,一端固定在牛角上或绕颈部一圈打活结,另一端沿非卧侧从前向后引至肘后环胸绕一圈作成第一绳套,再向后引至胯部再环腹一周,作成第二绳套。由 1～2 人慢慢向后拉绳的游离端,牵牛人向前拉,牛即卧倒(图 3-12)。牛卧倒后,要固定好牛头,勿摔伤其头角。

勒压式倒牛法:取 10 m 长绳索一条,将绳对折,绳中部搭在颈上方,两绳端向下,经两前肢间向后,交叉后分别由胸侧上引,至腰背部再交叉,分别经腹部下行,由前向后穿过两后肢间由两助手向后拉,牵牛人向前拉,三人同时用力,使牛四肢屈曲而卧倒(图 3-13)。倒牛后,上侧绳端绕上侧后肢系部,下侧绳端绕下侧后肢系部,引向前拉紧固定。

图 3-12　腰背缠绕倒牛法

图 3-13　勒压式倒牛法

2. 羊的保定

羊的性情温顺,保定也很容易,很少对人造成伤害。在羊群中捉羊时,可抓住一后肢的跗关节或跗前部,羊就能被控制。另外,还有以下 2 种常用保定方法。

(1)骑跨保定法　术者两手握住羊的两角,骑跨羊身,以大腿内侧夹持羊两侧胸壁即可保定(图 3-14)。用于临床检查或治疗时的保定。

(2)两手围抱保定法　在羊身体一侧用两手分别围抱其前胸或股后部加以保定(图 3-15)。用于一般检查或治疗时的保定。

图 3-14　羊骑跨保定法

图 3-15　羊两手围抱保定法

3. 猪的保定

在猪群中,可将其赶至猪栏的一角,使其相互拥挤而不便骚动,然后进行检查、处置。欲捉住猪群中个体猪进行检查时,可迅速抓住猪尾、猪耳或后肢,并将其脱出猪群然后做进一步保定。

(1)站立保定法　通常用绳套进行保定,在绳的一端做一活套,使绳套自猪的鼻端滑下,当猪只张口时迅速使之套入上腭,并立即勒紧,然后由一人拉紧保定绳的另一端,或将绳拴在柱子上,此时猪只多呈用力后退姿势,从而可保持固定的站立姿势(图 3-16)。亦可使用带长柄的绳套,其方法基本同上。将绳套套入上腭后,迅速捻紧而固定之。

(2)提举保定法　抓住猪的两耳,迅速提举,使猪腹面向前,并以膝夹住其颈胸部;亦可抓住两后肢的飞节,并将其后躯提起,夹住其背部而固定之;或从后方紧紧抓住猪尾,向上牵拉,使其两后肢离地(图 3-17)。

4. 犬的保定

因犬对其主人有较强的依恋性,保定时,若有主人配合,可使保定工作顺利进行。保定方

图 3-16　猪站立保定法

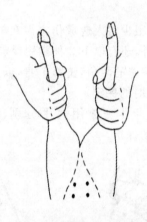

图 3-17　猪提举保定法

法有多种,可根据动物个体的大小、行为及诊疗目的,选择不同的保定法。保定要做到方法简单、确实,确保人及动物的安全。对于温顺的犬可以不必保定,一边安抚一边诊断、治疗。诊疗时要防止咬伤,但也不要过于害怕。

(1)扎口保定法　为防止被犬咬伤,尤其对性情暴躁、有损伤疼痛的犬,应采用扎口保定法。

长嘴犬的扎口保定法:用绷带或细的软绳,在其中间绕两次,打一活结圈,套在嘴后颜面部,在下颌间隙系紧。然后,将绷带两游离端沿下颌拉向耳后,在颈背侧枕部收紧打结(图 3-18)。这种方法保定可靠,一般不易被犬抓挠松脱。另一种扎口法是先打开口腔,将活结圈套在下颌犬齿后方勒紧,再将两游离端从下颌绕过鼻背侧,打结即可。

短嘴犬的扎口保定法:用绷带或细的软绳,在其 1/3 处打活结圈,套在嘴后颜面部,于下颌间隙处收紧,其两游离端向后拉至耳后枕部打一结,并将其中一长的游离绷带经额部引至鼻背侧穿过绷带圈,再返转至耳后与另一游离端收紧打结。

图 3-18　犬扎口保定法

(2)握耳保定法　小型犬用一手或两手握住犬两耳及头顶部皮肤即可,大型犬在抓住耳及头顶部皮肤的同时可骑在犬背上,用两腿夹住胸部。

(3)徒手犬头保定法　保定者站在犬的一侧,一手托住犬下颌部,另一手固定犬头背部,控制头的摆动。为了防止犬回头咬人,保定者站在犬侧方,面向犬头,两手从犬头后部两侧伸向其面部。两拇指朝上贴于鼻背部,其余手指抵于下颌,合拢握紧犬嘴。此法适用于幼年犬和温顺的成年犬。

（4）口笼保定法　犬口笼用牛皮革制成。可根据动物个体大小选用适宜的口笼给犬套上,将其带子绕过耳后扣牢(图 3-19)。此法主要用于大型品种犬。

图 3-19　犬口笼保定法

（5）提举后肢保定法　助手或畜主确实保定住犬的头部,术者握住两后肢,倒立提起后躯,并用腿夹住颈部。

（6）四肢捆绑法　分别握住犬一侧的前后肢,将前臂部和小腿合并在一起捆绑固定,另一侧前后肢以同样的方法固定。

（7）颈圈保定法　颈圈又称伊丽莎白颈圈,是一种防止自身损伤的保定装置,在小动物临床上应用很普遍。可选购合适颈圈,也可用硬纸壳、塑料板、X 线胶片自制。

（8）保定台保定法　选择适宜的台架,将犬保定成需要的姿势,如仰卧、侧卧或俯卧等。

5. 猫的保定

临诊时,对于性情温顺的猫,只要抚摸就能进行注射和投药。但为了防止被猫咬伤或搔抓,所以在临床诊疗时仍需注意安全。为防止猫逃离诊疗室,应把门窗关闭起来。其保定方法有以下几种:

（1）徒手捕捉与保定　在诊疗或其他日常管理需要抓猫时,不能单独抓其耳、尾或四肢。正确的抓猫方法是先给猫以亲近的表示,轻轻拍其脑门或抚摸其背部,一手顺势抓着猫的颈背部皮肤,另一手托起猫的腰部或臀部,使猫的腹壁向前,猫的大部分体重落在托臀部的手上,这样既安全又方便(图 3-20)。也可利用猫对主人的依恋性由主人亲自捕捉。保定时最好两人相互配合,一个人抓住猫的颈背部皮肤,另一个人双手分别控制住猫的前肢和后肢,以免把人抓伤。

（2）反绑保定法　将猫两前肢反转向背面,用布条捆绑,使两后肢朝上不着地。

（3）猫袋保定法　用厚布、人造革或帆布缝制成与猫身等长的圆筒形保定袋,两端开口均系上可以抽动的带子。将猫头从近端袋口装入,猫头便从远端袋口露出,此时将袋口带子抽紧(不影响呼吸),使头不能缩回袋内。再抽紧近端袋口,使两后肢露在外面(图 3-21)。这样,便可进行头部检查、测量直肠温度、注射及灌肠等。

图 3-20　猫徒手保定法

图 3-21　猫袋保定法

（4）扎口保定法　尽管猫嘴短而平,仍可用扎口保定法,以免被咬致伤,其方法与犬的扎口保定相同(图 3-22)。

图 3-22　猫扎口保定法

（5）四柱保定法　将板凳倒放、四腿向上,作为四柱,把猫仰卧其中,每柱绑一条腿,使猫固定不动。也可用普通木椅,将猫仰卧于椅子上,用纱布条将四肢分别固定于椅子的四条腿上,头部自鼻端至下颌做一环扣,将猫的头部固定于椅子靠背中部。

（6）手术台和保定台保定　要进行外科处理,最好在手术台上进行保定。

（三）一般临诊程序

1. 病畜登记

按病志所列各项详细记载,如畜主姓名、住址,患畜的种别、年龄、性别、毛色、特征、发病日期等。

2. 病史调查

一般需要调查下列问题：

（1）动物发病时间。

（2）在什么情况下发病以及可能的发病原因。

（3）患病动物有哪些临床表现。

（4）患病动物过去得过什么病,何时发病及治疗情况。

（5）附近畜禽有无类似的疾病发生。

（6）患病动物的防疫情况如何。

（7）患病动物是否经过治疗,如何治疗,疗效如何。

3. 现症的临床检查

（1）一般检查　观察患病动物的整体状态,如精神、营养、体格、姿势、运动和行为等;测定体温、脉搏和呼吸数;检查被毛、皮肤及表在病变;检查可视黏膜以及浅表淋巴结。

（2）各器官、系统检查　按生理系统或解剖部位顺次进行检查,但对可能患病的系统或脏器应进行重点检查。

4. 辅助或特殊检查

根据需要可配合进行某些功能试验、实验室检验、特殊器械检查以及 X 射线检查、B 型超声检查或其他检查等。

四、作业与思考题

1. 临床上犬、猫常用的保定方法有哪些?

2. 假如你是一名兽医人员,针对就诊病例应如何制定合理的临床诊断程序?

实验二　临床基本检查方法及一般检查

一、实验目的与要求

1. 练习问诊、视诊、触诊、叩诊、听诊、嗅诊的操作技术,要求初步掌握其方法、应用范围及注意事项。

2. 练习对动物全身状态、被毛、皮肤、浅表淋巴结、眼结膜的检查方法以及体温、脉搏、呼吸数的测定技术,并掌握正常与异常状态的判定标准。

3. 结合动物医院病例认识有关症状及异常变化。

二、实验器材

1. 器械　体温计2支,听诊器每人1具,叩诊器2具,牛鼻钳子1个、犬项圈2个。

2. 实验动物　牛1头、羊2只、犬2只及临床病例若干。

三、实验内容与方法

(一)临床检查的基本方法

基本的临床检查方法主要包括问诊、视诊、触诊、叩诊、听诊和嗅诊。因为这些方法简单、方便、易行,对任何动物、在任何场所均可实施,并且多可直接地、较为准确地判断病情,所以是临床上诊断疾病最基本的方法。

1. 问诊

问诊是兽医通过询问的方式向畜主或有关人员调查、了解畜群或病畜有关发病的各种情况。问诊的目的是为临床检查提供线索和重点。问诊是兽医诊断疾病的第一步,一般在着手进行病畜体检之前进行,通过问诊可获得第一手临诊资料,对其他诊断具有指导意义。

(1)问诊的主要内容

①病例登记　目的在于了解患病动物的个体特征,有利于动物疾病的诊断、治疗和预后判断。内容包括:畜主姓名或单位名称及联系方式、动物种类、动物品种、动物性别、动物年龄、动物毛色、动物用途、动物体重等。

②主诉　即畜主对动物及其患病情况的表达。记录主诉应尽可能用畜主描述的现象,而不是兽医对患病动物的诊断用语。主诉应当用最简明的语句加以概括。

③现病历　本次发病的时间、地点、主要表现;对发病原因的估计,发病的经过和伴随症状及所采取的治疗措施与效果。

④日常管理　询问动物的饲养管理情况;繁殖和配种方式及配种制度;植被、污染、土壤和饮水等周围环境及舍外大气候,尤其应注意水产动物的周围环境状况;周围近期有无新引进的动物,新引进的动物是否带来新的疾病等。

⑤既往史　包括患病动物以前的健康状况,动物现生活地区的主要动物传染病、寄生虫病和其他病史,对药物、食物和其他接触物的过敏史,以及家族病史等。

(2)问诊的基本方法和技巧

①主动创造一种宽松和谐的环境,以解除畜主的不安心情。

②尽可能让畜主充分地陈述和强调他认为重要的情况和感受。

③追溯早期症状开始的确切时间,直至目前的演变过程。

④在问诊的两个项目之间使用过渡语言,向畜主说明将要讨论的新话题及其理由,使畜主不会困惑你为什么要改变话题以及为什么要询问这些情况。

⑤根据具体情况采取不同类型的提问方式。

⑥问诊时要注意系统性、必要性,减少盲目性。

(3)问诊的注意事项

①语言要通俗易懂,态度要和蔼,与畜主之间建立良好的关系。

②在内容上既要有重点,又要全面搜集情况;一般可采取启发的方式进行询问。

③对问诊所得到的材料不要简单地肯定或否定,应结合现症检查结果,进行综合分析;更不要单纯依靠问诊便草率做出诊断或给予处方、用药。

④对患病动物的病历内容,应严格执行兽医医疗机构病历管理规定,医院有责任(义务)为畜主保密。

2. 视诊

视诊是兽医利用视觉直接或借助器械观察患病动物的整体或局部表现的诊断方法。视诊的适用范围包括群体检查和个体检查,可分为全身状态的视诊、局部视诊及特殊部位的视诊三方面。

(1)视诊的方法和内容

直接视诊时,一般先不要接近病畜;也不宜进行保定,应尽量使动物取自然的姿态。检查者在动物左前方1~1.5 m处,首先观察其全貌,然后由前往后、从左到右、边走边看;观察病畜的头、颈、胸、腹、脊柱、四肢;当至正后方时,应注意尾、肛门及会阴部,并对照观察两侧胸、腹部是否有异常;为了观察运动过程及步态,可进行牵遛;最后再接近动物,进行细致检查。

间接视诊时,根据需要应做适当的保定,其检查方法见各系统的有关检查法。

(2)视诊的注意事项

①对新来门诊的病畜,应使其稍经休息、呼吸平稳,并先适应一下新的环境后再进行检查。

②最好在自然光照的场所进行,保持光线充足。

③收集症状要客观而全面,不要单纯根据视诊所见的症状就确定诊断,要结合其他方法检查的结果,进行综合分析与判断。

3. 触诊

触诊是检查者通过触觉及实体感觉进行检查的一种方法。即检查者用手触摸按压动物体的相应部位,判定病变的位置、大小、形状、硬度、湿度、温度及按压敏感性等,以推断疾病的部位和性质。此外,也可借助于诊疗器械进行间接触诊。

(1)触诊的方法和内容　触诊的方法依检查的目的与对象不同而不同。

①检查体表的温度、湿度或感知某些器官的活动情况(如心搏动、脉搏、瘤胃蠕动等)时,应

以手指、手掌或手背接触皮肤进行感知。

②检查局部与肿物的硬度，应以手指进行加压或揉捏，根据感觉及压后的现象去判断。

③以刺激为目的而判定动物的敏感性时，应在触诊的同时注意动物的反应及头部、肢体的动作，如动物表现回视、躲闪或反抗，常是敏感、疼痛的表现。

④对内脏器官的深部触诊，须依被检动物的个体特点（如畜种、大小等）及器官的部位和病变情况的不同而选用手指、手掌或拳进行压迫、插入、揉捏、滑动或冲击的方法进行。对中、小动物可通过腹壁行深部触诊；对大动物还可通过直肠进行内部触诊。

⑤对某些管道（食管、瘘管等），可借助器械（探管、探针等）进行间接触诊（探诊）。

（2）触诊的注意事项

①触诊时应注意安全，必要时要进行保定。欲触诊马、牛的四肢及腹下等部位时，要一只手放在畜体的适宜部位做支点，以另一只手进行检查；并应从前往后，自上而下地边抚摸边接近预检部位，切忌直接突然接触。对猪、羊的触诊，在稍作保定后即可进行。对犬的触诊尤其对大体形犬，一定要在确实保定以后，而且在畜主配合下方可进行。

②检查某部位的敏感性时，宜先健区后病区，先远后近，先轻后重，并应注意与对应部位或健区进行对比；应先遮住病畜的眼睛；注意不要使用能引起病畜疼痛或妨碍病畜表现反应动作的保定方法。

4. 叩诊

叩诊是兽医用手指或借助器械对动物体表的某一部位进行叩击，根据所产生的音响和性质，来推断内部病理变化或某器官的投影轮廓。动物各种组织结构的密度、弹性各异而产生不同的声音是诊断的基础。

（1）叩诊的应用范围　叩诊被广泛应用于肺、心、肝、脾、胃肠等几乎所有的胸、腹腔器官的检查。

（2）叩诊的方法和内容

①直接叩诊法　是用手指或叩诊锤直接向动物体表的一定部位（如副鼻窦、喉囊、马盲肠、反刍动物瘤胃等）进行叩击，以判定其内容物性状、含气量及紧张度。

②间接叩诊法　又分指指叩诊法与锤板叩诊法。本法主要适用于检查肺脏、心脏及胸腔的病变；也可用以检查肝、脾的大小和位置。

指指叩诊法：主要用于中、小动物的叩诊。通常以左手的中指紧密地贴在检查部位上（用做叩诊板）；用由第二指关节处呈 90°屈曲的右手中指做叩诊锤，并以右腕做轴而上、下摆动，用适当的力量垂直地向左手中指的第一指节处进行叩击。

锤板叩诊法：即用叩诊锤和叩诊板进行叩诊。通常适用于大家畜。一般以左手持叩诊板，将其紧密地放于欲检查的部位上；用右手持叩诊锤，以腕关节做轴，将锤上、下摆动并垂直地向叩诊板上连续叩击 2～3 次，以听取其音响。

叩诊的基本音调有 3 种：清音（满音），如叩诊正常肺部发出的声音；浊音（实音），如叩诊厚层肌肉或实质脏器发出的声音；鼓音，如叩诊含气较多的马盲肠或反刍动物瘤胃上部时发出的声音。

在 3 种基本音调之间，可有程度不同的过渡阶段，如半浊音等。叩诊时用力的强度，对深在器官、部位及较大的病灶宜用强叩诊；反之宜用轻叩诊。为便于集音，叩诊最好在适当的室内进行；为利于听觉印象的积累，每一叩诊部位应进行 2～3 次间隔均等的同样叩击。

（3）叩诊的注意事项

①叩诊板应紧密地贴于动物体壁的相应部位上，对消瘦的动物应注意勿将其横放于两条肋骨上；对毛用羊只应将其被毛拨开。

②叩诊板勿须用强力压迫体壁，除叩诊板（指）外，其余手指不应接触动物体壁，以免影响振动和音响。

③叩诊锤应垂直地叩在叩诊板上；叩诊锤在叩打后应很快地离开。

④为了均等地掌握叩诊用力的强度，叩诊的手应以腕关节做轴，轻松地上、下摆动进行叩击，不应强加臂力。

⑤在相应部位进行对比叩诊时，应尽量做到叩击的力量、叩诊板的压力以及动物的体位等都相同。

⑥当确定含气器官与无气器官的边界时，先由含气器官的部位开始逐渐转向无气器官部位，再从无气器官部位开始而过渡到含气器官。

⑦叩诊锤的胶头要注意及时更换，以免叩诊时发生锤板的特殊碰击音而影响准确的判断。

5. 听诊

听诊是借助听诊器或直接用耳朵听取机体内脏器官活动过程中发出的自然或病理性声音，再根据声音的性质特点，判断其有无病理改变的一种方法。

（1）听诊的应用范围　听诊的应用范围很广，包括直接听取动物的嘶鸣、狂吠、呻吟、喘息、咳嗽、喷嚏、嗳气、咀嚼、运步等声音及高朗的肠鸣音等。现代听诊法主要用于检查心血管系统、呼吸系统、消化系统、胎心音和胎动音等。

（2）听诊的方法和内容

①直接听诊法　先于动物体表上放一听诊布，然后用耳直接贴于动物体表的欲检部位进行听诊。检查者可根据检查的目的采取适宜的姿势。

②间接听诊法　即应用听诊器在预检器官的体表相应部位进行听诊。

（3）听诊的注意事项

①经常检查听诊器，注意接头有无松动，胶管有无老化、破损或堵塞。

②听诊环境要安静和温暖，最好在室内或避风处进行，尤其是小动物应避免惊恐或因外界寒冷引起肌肉震颤产生噪声而影响听诊效果。

③听诊器两耳塞与外耳道相接要松紧适当，过紧或过松都影响听诊的效果。听诊器的集音头要紧密地放在动物体表的检查部位，并要防止滑动。听诊器的胶管不要与手臂、衣服、动物被毛等接触、摩擦，以免发生杂音。

④听诊时要聚精会神，并同时要注意观察动物的活动与动作，如听诊呼吸音时要注意呼吸动作；听诊心音时要注意心搏动等。并应注意与传导来的其他器官的声音相鉴别。

⑤听诊胆怯易惊或性情暴烈的动物时，要由远而近地逐渐将听诊器集音头移至听诊区，以免引起动物反应。听诊时仍需注意安全。

6. 嗅诊

嗅诊是以嗅觉判断发自病畜的异常气味与疾病关系的方法。这些异常的气味大多来自皮肤、黏膜、呼吸道、胃肠道、呕吐物、排泄物、脓液等病理性产物。嗅诊时检查者用手将病畜散发的气味扇向自己的鼻部，然后仔细地判断气味的特点与性质。临诊上经常用嗅诊检查汗液、呼出气体、痰液、呕吐物、粪便、尿液和脓液气味等。

常见分泌物和排泄物气味的诊断意义：呼出气体和尿液带有酮味，常常提示牛和羊的酮血症；呼出气体和鼻液有腐败气味，提示呼吸道、肺脏有坏疽性病变；呼出的气体和消化道内容物中有大蒜气味，提示有机磷中毒；粪便带有腐败臭味，多提示消化不良或胰腺功能不足引起；皮肤和汗液带有尿臭气味，提示尿毒症；阴道分泌物化脓、有腐败臭味，提示子宫蓄脓或胎衣停滞。

(二)全身状态的观察

1. 精神状态

动物的精神状态是中枢神经系统机能活动的反映，根据动物对外界刺激的反应能力及行为表现而判定。临床上主要观察病畜的神态，注意其耳、眼的活动，面部的表情及各种反应活动。

健康动物表现为两眼有神，耳尾灵活，对外界刺激能迅速反应，听从主人使唤，行动敏捷，动作协调，行为正常，被毛(或羽毛)平顺并富有光泽，幼畜则显得活泼好动，宠物表现亲近主人。在疾病情况下，可表现两种异常状态：兴奋和抑制。

(1)兴奋状态　轻则表现为亢奋、躁动不安，竖耳、刨地、嚎叫；重则不顾障碍地前冲、后退，狂躁不驯或挣扎脱缰，甚至攻击人畜，这种精神状态称精神兴奋或狂躁，见于脑部疾病如脑炎，侵害神经系统的传染病如狂犬病等。

(2)抑制状态　一般表现为离群呆立，萎靡不振、耳耷头低，眼半闭，行动迟缓或突然站立，对周围淡漠而反应迟钝；重则卧地不起，这种精神状态称精神抑制，可分为沉郁、嗜睡、昏迷等。

2. 体格发育

体格发育指动物骨骼与肌肉的外形及其发育程度。机体的发育受遗传、内分泌、营养代谢、饲养管理等多种因素的影响。体格发育的状况通常可用视诊的方法，根据骨骼和肌肉的发育程度及各部分的比例关系来判定，必要时可用测量器具进行测量，根据体高、体长、体斜长、颅径、胸围、管围及体重等做出判断。

检查体格时应考虑动物品种、年龄等因素形成的差异。体格分为体格强壮、体格中等和体格纤弱；发育程度可分为发育良好和发育不良。体格大小和发育状况呈一定关系。

3. 营养状况

营养与多种因素有关，但通常反映了机体对饲料摄入、消化、吸收和代谢的状况。营养状况一般用视诊的方法根据肌肉的丰满程度、皮下脂肪的蓄积量及被毛情况来判定，必要时可称量体重。临床上将营养状况区分为营养良好、营养中等、营养不良和营养过剩(肥胖)4 种情况。

(1)营养良好　表现为八九成膘，肌肉丰满，皮下脂肪充实，躯体圆润，骨骼棱角不显露，被毛平顺有光泽，皮肤富有弹性，机体抵抗力强。

(2)营养不良　表现为消瘦，五成膘以下，肌肉和皮下脂肪菲薄，骨骼棱角显露，肋骨可数，被毛蓬乱无光泽，皮肤缺乏弹性，常伴有精神不振、乏力。长期极度消瘦称恶病质，多预后不良。

(3)营养中等　营养中等的动物，其特征介于营养良好和营养不良之间。

(4)营养过剩　即肥胖，主要指体内中性脂肪积聚过多，表现为体重超重，多见于宠物。动物肥胖将导致其繁殖能力下降。生产性能下降，多因饲养水平过高、运动不足或内分泌紊乱而引起。

4.姿势与步态

主要观察病畜表现的姿态特征。健康动物姿态自然。牛站立时常低头,食后喜四肢集于腹下而卧;站立时先起后肢,动作缓慢;羊、猪于食后好躺卧,生人接近时迅速起立,躲避;马多站立,常交换歇其后蹄,偶尔卧下,但闻吆喝声而起。典型的异常姿势可见有:

(1)全身僵直　表现为头颈挺伸,肢体僵硬,四肢不能屈曲,尾根挺起,呈木马样姿势(如破伤风、士的宁中毒)。

(2)异常站立姿势　病畜单肢悬空或不敢负重(如跛行);两前肢后踏、两后肢前伸而四肢集于腹下(如蹄叶炎)。鸡可呈现两腿前后叉开姿势(如马立克氏病)。

(3)站立不稳　躯体歪斜或四肢叉开,依靠墙壁而站立;鸡呈扭头曲颈,甚至躯体滚转(如维生素 B 缺乏症)。

(4)骚动不安　牛、羊可见以后肢蹴腹动作;马、骡可表现为前肢刨地,后肢踢腹,回视腹部,伸腰摇摆,时起时卧,起卧滚转或呈犬坐姿势或呈仰腹朝天等(如各种腹痛症)。

(5)异常躺卧姿势　牛呈曲颈伏卧而昏睡(如生产瘫痪);马呈犬坐姿势而后躯轻瘫(如肌红蛋白尿症)。

(6)步态异常　常见有各种跛行,步态不稳,四肢运步不协调或呈蹒跚、踉跄、摇摆、跌晃,而似醉酒状(如脑脊髓炎症)。

(三)被毛和皮肤的检查

1.被毛的检查

主要通过视诊观察毛羽的光泽、长度、分布状态、清洁度、完整性及与皮肤结合的牢固性进行判断。健康动物的被毛整洁、平顺而富有光泽、生长牢固,每年春秋两季适时脱换新毛。患病动物被毛蓬松粗乱,失去光泽,易脱落或换毛季节推迟;羊的局限性脱毛常提示螨病。检查被毛时,要注意被毛的污染情况,尤其注意污染的部位(体侧、肛门或尾部)。

2.皮肤的检查

主要通过视诊和触诊进行。

(1)颜色　检查白色皮肤的病畜时,可见有皮肤小点状出血(指压不褪色),较大的红色充血性疹块(指压褪色),皮肤青白或发绀。

(2)温度　宜用手背触诊检查。牛、羊可检查鼻镜、角根、胸侧及四肢;猪可检查耳及鼻端;禽可检查肉髯;马可触摸耳根、颈部及四肢。

病畜可表现为全身皮温增高、局部皮温增高,或全身皮温降低、局部皮温降低,或皮温分布不均(如马鼻寒耳冷,四肢末梢厥冷)。

(3)湿度　通过视诊和触诊进行,可见有出汗与干燥现象。

(4)弹性　检查皮肤弹性的部位,牛在最后肋骨后部,小动物可在背部,马在颈侧。

检查方法:将该处皮肤做一皱襞后再放开,观察其恢复原状的情况。健康动物放手后立即恢复原状。皮肤弹性降低时,则放手后恢复缓慢。

(5)丘疹、水疱和脓疱　检查时要特别注意被毛稀疏处、眼周围、唇、蹄趾间等处。

3.皮下组织的检查

发现皮下或体表有肿胀时,应注意肿胀部位的大小、形状,并触诊判定其内容物性状、硬度、温度、移动性及敏感性等。常见的肿胀类型及其特征有:

(1)皮下浮肿　表面扁平,与周围组织界限明显,压之如生面团样,留有指压痕,且较长时间不易恢复,触之无热、痛;而炎性肿胀则有热、痛,有或无指压痕。

（2）皮下气肿 边缘轮廓不清,触诊时发出捻发音(沙沙声),压之有向四周皮下组织窜动的感觉。颈侧、胸侧、肘后的皮下气肿,多为窜入性,故局部无热痛反应;而厌气性感染时,气肿局部并有热、痛反应,且局部切开后可流出混有泡沫的腐败臭味的液体。

（3）脓肿及淋巴外渗 外形多呈圆形突起,触之有波动感,脓肿可触到较硬的囊壁,可行穿刺鉴别之。

（4）疝 触之也有波动感,可通过触到疝环及整复试验而与其他肿胀相鉴别。猪常发生阴囊疝及脐疝;大动物多发腹壁疝。

(四)可视黏膜的检查

主要注意观察眼结合膜的颜色变化,首先观察眼睑有无肿胀、外伤及眼分泌物的数量、性质。然后再打开眼睑进行检查。

检查牛时,主要观察其巩膜的颜色及其血管情况,检查时可一手握牛角,另一手握住其鼻中隔并用力扭转其头部,即可使巩膜露出,也可用两手握牛角并向一侧扭转,使牛头偏向侧方(图 3-23)。欲检查牛结膜时,可用大拇指将下眼睑拨开观察。

检查羊、猪时,可用两手拇指分别打开其上、下眼睑。

检查犬时,与羊、猪相同。

健康马眼结合膜呈淡红色,牛的颜色较马稍淡,但水牛则较深,猪眼结合膜呈粉红色。结合膜颜色的变化可表现为:潮红(可呈现单眼潮红、双眼潮红、弥漫性潮红及树枝状充血)、苍白、黄染、发绀及出血(出血点或出血斑)。

图 3-23 牛巩膜检查法

检查眼结合膜时应注意:最好在自然光线下进行,因为灯光下对黄色不易识别。检查时动作要快,且不宜反复进行,以免引起充血。应对两侧眼结合膜进行对照检查。

(五)浅表淋巴结的检查

检查浅表淋巴结,主要进行触诊。检查时应注意其大小、形状、硬度、敏感性及在皮下的可移动性。

牛常检查颌下、肩前、膝襞、乳房上淋巴结等(图 3-24)。

猪可检查股前淋巴结和腹股沟淋巴结。

犬通常检查下颌淋巴结、腹股沟淋巴结和腘淋巴结等。

淋巴结的病理变化有:急性肿胀,表现淋巴结体积增大,并有热、痛反应,常较硬,化脓后可有波动感;慢性肿胀,多无热、痛反应,常较硬,表面不平,且不易向周围移动。

(六)体温、脉搏及呼吸数的测定

1. 体温的测定

通常测定直肠的温度。首先甩动体温计使水银柱降至35℃以下;用酒精棉球擦拭消毒并涂以润滑剂后再行使用。被检动物应适当保定。

测温时,检查者立于动物的左后方,以左手提起其尾根部并稍推向对侧,右手持体温计经肛门徐徐捻转插入直肠中;再将附有的夹子夹于尾毛上;经3～5 min后取出,读取度数。

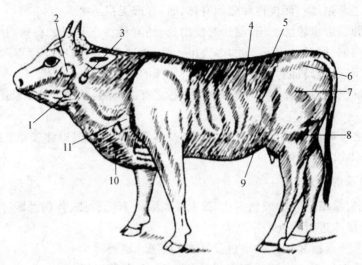

图 3-24　牛浅表淋巴结的位置

1. 颌下淋巴结　2. 耳下淋巴结　3. 颈上淋巴结　4. 髋上淋巴结　5. 髋内淋巴结　6. 坐骨淋巴结
7. 髋外淋巴结　8. 腘淋巴结　9. 膝襞淋巴结　10. 颈下淋巴结　11. 肩前淋巴结

用后再甩下水银柱并放入消毒瓶内备用。

测温时应注意：体温计于用前应统一进行检查、验定，以防有过大的误差。

对门诊病畜，应使其适当休息并安静后再测。

对病畜应每日定时（午前与午后各 1 次）进行测温，并逐日绘成体温曲线表。测温时要注意人、畜安全；体温计的玻棒插入的深度应适宜（大动物可插入其全长的 2/3）。

注意避免产生误差，用前须甩下体温计的水银柱；测温的时间应适当（按体温计的规格要求）；勿将体温计插入宿粪中；对肛门松弛的母畜，可测阴道温度，但是，通常阴道的温度较直肠温度稍低（0.2～0.5℃）。

2. 脉搏数的测定

测定每分钟脉搏的次数，以"次/min"表示。

牛通常检查尾动脉，检查者站在牛的正后方，左手提起牛尾，右手拇指放于尾根部的背面，用食指、中指在距尾根 10 cm 左右处尾的腹面检查；猪和羊可在后肢股内侧的股动脉处检查。

检查脉搏时，应待动物安静后再行测定。一般应检测 1 min；当脉搏过弱而不感于手时，可依心跳次数代替之。

3. 呼吸数的测定

测定每分钟的呼吸次数，以"次/min"表示。一般可根据胸腹部起伏动作而测定，检查者立于动物的侧方。注意观察其腹肋部的起伏，一起一伏为 1 次呼吸。在寒冷季节也可观察呼出气流来测定。鸡的呼吸数，可观察肛门下部的羽毛起伏动作来测定。

测定呼吸数时，宜于动物休息、安静时检测。一般宜测 1 min。观察动物鼻翼的活动或以手放于其鼻前感知气流的测定方法不够准确，应注意。必要时可用听诊肺部呼吸音的次数而代替。

4. 正常参考值

各种动物正常体温、脉搏及呼吸次数参考值见表 3-1。

表 3-1　各种动物正常体温、脉搏及呼吸次数

畜种	体温/℃	脉搏数/(次/min)	呼吸数/(次/min)
黄牛、奶牛	37.5～39.5	50～80	10～30
水牛	36.5～38.5	30～50	10～30
猪	38.0～39.5	60～80	18～30
羊	38.0～39.5	70～80	12～30
犬	37.5～39.2	70～120	10～30
猫	38.5～39.5	110～130	10～30
禽类	40.0～42.0	120～200(心跳)	15～30
马	37.5～38.5	26～42	8～16
驴	37.3～38.2	42～54	12～17
骡	38.0～39.0	34～48	8～16

四、作业与思考题

1. 问诊的主要内容及技巧主要表现在哪些方面?
2. 叩诊的应用范围及临床诊断意义是什么?
3. 牛、犬的可视黏膜检查方法、常见病理变化及其临床意义是什么?
4. 简述整体及一般检查的临床意义。

实验三　循环系统的临床检查

一、实验目的与要求

1. 练习心脏的临床检查法。要求初步掌握心脏的视、触、叩、听诊的部位、方法及正常状态,区别第一与第二心音。
2. 练习动物脉搏的触诊。要求了解不同动物脉搏触诊的部位、方法及正常状态。
3. 检查临床典型病例或听取异常心音录音的播放。要求初步认识心杂音及重要的异常心音。

二、实验器材

1. 器械　听诊器每人 1 具、叩诊器 2 具、录音机 1 台、心音录音带 1 套。
2. 实验动物　牛 1 头、羊 2 只、犬 2 只及临床病例若干。

三、实验内容与方法

(一)心脏的检查

1. 心搏动的视诊与触诊

被检动物取站立姿势,使其左前肢向前伸出半步,以充分露出心区。检查者位于动物左侧方,视诊时,仔细观察左侧肘后心区被毛及胸壁的振动情况;触诊时,检查者一手(右手)放于动物的鬐甲部,用另一手(左手)的手掌紧贴于动物的左侧肘后心区,注意感知胸壁的振动,主要判定其频率及强度。

健康动物,随每次心室的收缩而引起左侧心区附近胸壁的轻微振动,称之为心搏动。

其病理变化可表现为心搏动减弱或增强。但应注意排除生理性的减弱(如过肥)或增强(如运动之后、兴奋、惊恐或消瘦)。

2. 心脏的叩诊

按前法保定,对大动物,宜用锤板叩诊法;小动物可用指指叩诊法。大动物先将其左前肢拉向前方半步,小动物则可提取其左前肢,以使心区充分显露;然后持叩诊器由肩胛骨后角垂直地向下叩击,直至肘后心区,再转而斜向后上方叩击。随叩诊音的改变,而标明由肺清音变为心浊音的上界点及由心浊音区又转为肺清音的后界点,将此两点连成一半弧形线即为心浊音区的后上界线。

健康动物心浊音区:牛在左侧,由于心脏被肺脏所掩盖的部分较大,只能确定相对浊音区,位于第3~4肋间,胸廓下1/3的中间部,其范围缩小。

其病理变化可表现为心脏叩诊浊音区的缩小或扩大,有时呈敏感反应(叩诊时回视、反抗)或叩诊呈鼓音(如牛创伤性心包炎时)。

犬的绝对浊音区位于左侧第4~6肋间,前缘达第4肋骨,上缘达肋骨和肋软骨结合部,大致与胸骨平行,后缘受肝浊音的影响而无明显界线。

3. 心音的听诊

动物保定同前。一般用听诊器进行间接听诊,将集音头放于心区部位即可。应遵循一般听诊的常规注意事项。当需要辨认各瓣膜口心音的变化时,可按下表确定其最佳听取点(表3-2)。

表 3-2　各种动物的心音最佳听取点

畜种	第一心音		第二心音	
	二尖瓣口	三尖瓣口	主动脉口	肺动脉口
牛、羊	左侧第4肋间,主动脉口的远下方	右侧第3肋间,胸廓下1/3的中央水平线上	左侧第4肋间,肩关节线下1~2指处	左侧第3肋间,胸廓下1/3的中央水平线下方
猪	左侧第5肋间,胸廓下1/3的中央水平线上	右侧第4肋间,肋骨和肋软骨结合部稍下方	左侧第4肋间,肩关节线下1~2指处	左侧第3肋间,接近胸骨处
犬	左侧第4肋间	右侧第3肋间	左侧第3肋间	左侧第3肋间

听诊心音时,主要应判断心音的频率、强度、性质及有否分裂、杂音或节律不齐。当心音过于微弱而听不清时,可使动物做短暂的运动,并在运动之后听取。

(1)健康动物的心音特点

牛：黄牛及奶牛的心音较为清晰，尤其第一心音明显，但其第一心音持续时间较短；水牛的心音甚为微弱。

猪：心音较钝浊，且两个心音的间隔大致相等。

犬：心音清亮，且第一与第二心音的音调、强度、间隔及持续时间均大致相等。

区别第一与第二心音时，除根据上述心音的特点外，第一心音产生于心室收缩期中，与心搏动、动脉脉搏同时出现；第二心音产生于心室舒张期，与心搏动、动脉脉搏出现时间不一致。

(2)心音的病理变化　可表现为心率过快或徐缓、心音混浊、心音增强或减弱、心音分裂或出现心杂音、心律不齐等。

(二)脉管的检查

1. 动脉脉搏的检查

大动物多检查颌外动脉或尾动脉；中、小动物则以后肢股内动脉为宜。颌外动脉和尾动脉的检查方法如第二部分实验二所述。股动脉检查时，检查者左手握住动物的一侧后肢的下部；右手的食指及中指放于股内侧的股动脉上，拇指放于股外侧。

脉搏的检查除注意计算脉搏的频率外，还应判定脉搏的性质（大小、软硬、强弱及充盈状态与节律）。正常的脉搏性质表现为：脉管有一定的弹性，搏动的强度中等，脉管内的血量充盈适度。其节律表现为强弱一致，间隔均等。

在病理情况下脉搏可表现出：脉率的增多与减少，振幅过大（大脉）或过小（小脉），力量增强（强脉）或减弱（弱脉），脉管壁松弛（软脉）或紧张（硬脉），脉管内血液过度充盈（实脉）或充盈不足（虚脉）。脉律不齐则表现为间隔不等及大小不匀。

2. 浅在静脉的检查

主要观察浅在静脉（如颈静脉、胸外静脉）的充盈状态及颈静脉的波动。一般营养良好的动物，浅在静脉管不明显；较瘦或皮薄毛稀的动物则较为明显。正常情况下，牛于颈静脉沟处可见有随心脏活动而出现的自颈基部向上部反流的波动，其反流波不超过颈部的下 1/3。

浅在静脉的病理变化主要有：局部肿胀；颈静脉过度充盈，呈绳索状；颈静脉波动超过下 1/3。颈静脉波动的性质，可于颈中部的颈静脉上用手指加压法鉴定，即在加压后，近心端及远心端的波动均消失，是心房性波动（阴性波动），远心端消失而近心端不消失，是心室性波动（阳性波动）；近心端与远心端均不消失，并感知动脉过强的波动，是伪性波动。同时还应参照波动出现的时期与心搏动及动脉脉搏的时间是否一致而综合判断。

四、作业与思考题

1. 循环系统检查的主要临床意义是什么？
2. 如何区别家畜的第一心音与第二心音？
3. 动物脉管的检查方法及病理变化表现在哪些方面？

实验四 呼吸系统的临床检查

一、实验目的与要求

1. 掌握上呼吸道、胸廓和呼吸运动的检查内容和方法。
2. 掌握胸肺的叩、听诊的检查方法,熟悉其正常状态。
3. 结合典型病例认识主要症状并理解其临床意义。

二、实验器材

1. 器械 听诊器、叩诊器、鼻腔开张器、额带反射镜和保定用具。
2. 材料 实验动物:牛、羊、猪、犬和患呼吸系统疾病的典型病例。图标模型:牛、猪和犬呼吸器官有关图标和模型。

三、实验内容与方法

(一)上呼吸道的检查

1. 鼻的检查

主要应用视诊、触诊和嗅诊的方法。注意鼻的外观状态、呼出气体、鼻液、鼻黏膜等。

(1)鼻的外观检查 检查者一般位于病畜的前方进行观察。

健康牛、猪、犬等的鼻镜或鼻盘均为湿润,并带有少许水珠,触之有凉感。病畜可表现为鼻镜或鼻盘干燥,温度升高,甚至龟裂、出血,白色鼻镜或鼻盘可见到发绀现象。鼻梁歪曲,主要见于面神经麻痹,在猪常见于传染性萎缩性鼻炎。鼻孔高度开张,呈喇叭状,一般提示呼吸困难。

(2)呼出气体的检查 健康动物,呼出气体无异常气味,稍有温热感,两侧气流均匀。病畜可见有两侧呼出气流不均,有较强的热感,或带有恶臭味、腐败气味、烂苹果味和尿臭味等。当怀疑有传染病的可能时,检查者应戴口罩,注意公共卫生。

(3)鼻液的检查 检查鼻液首先应注意鼻液的量(有无、多少),鼻液的性状、颜色、混杂物及单侧鼻液或双侧鼻液等。健康牛有少量浆液性鼻液,常被其舌自然舔去。病畜可见有:浆液性鼻液,为清亮透明的液体;黏液性鼻液,似蛋清样;脓性鼻液,呈黄白色或淡黄绿色的糊状或膏状,有脓臭味;腐败性鼻液,污秽不洁,带褐色,呈烂桃样或烂鱼肚样,具尸腐气味。

此外,还应注意出血及其特征(鼻出血鲜红呈滴状或线状;肺出血鲜红,含有小气泡;胃出血暗红,含有食物渣)、数量、混杂物、排出时间及单双侧性。

鼻液中弹力纤维的检查:取少量鼻液,置于试管或小烧杯中,加入 10%氢氧化钠(钾)溶液 2～3 mL,混合均匀,在酒精灯上,边震荡边加热煮沸至完全溶解。然后,离心倾去上清液,再用蒸馏水冲洗并离心,如欲使其着色,最好于离心前加入 1%的伊红酒精溶液数滴,再取沉淀物涂片,镜检。弹力纤维为透明的折光性强的细丝状弯曲物,具有双层轮廓,两端或呈分叉状,常聚集成束状而存在,染色后成蔷薇红色(图 3-25)。

图 3-25　鼻液中的弹力纤维
1. 弹力纤维　2. 脓细胞
3. 杆菌　4. 球菌

　　(4)鼻黏膜的检查　将病畜头抬起,使鼻孔对着阳光或人工光源,即可观察鼻黏膜。小动物可用开鼻器。在病理情况下,可见有潮红肿胀(表面光滑平坦,颗粒消失,闪闪有光)、出血、结节、溃疡、瘢痕,有时见有水疱、肿瘤。马鼻疽时则可见有火山口样溃疡面或星芒样瘢痕。

　　注意事项:须做适当的保定;注意防护,以防感染人畜共患病;将鼻孔对光检查,重点注意其颜色,有无肿胀、溃疡、结节和瘢痕等。

　　一般动物的鼻黏膜为淡红色,但有些牛鼻孔周围的鼻黏膜有色素沉着。

　　2. 副鼻窦的检查

　　借助视诊观察其外部形态;借助触诊判断其温度、硬度及敏感性;借助叩诊以推断其内腔(含气量)状态。健康鼻窦部完整,触之无痛,叩诊呈空匣(盒)音。病理情况下,可见有窦区隆起、变形,有的病例兼有脓性鼻液,尤以低头时排出量增多。触诊有热痛;叩诊音变浊。

　　3. 喉囊的检查

　　喉囊位于耳根和喉头中间、腮腺的上内侧、下颌支的后方,通过视诊、触诊和叩诊进行检查,必要时可做穿刺检查。健康马喉囊空虚无物,表面平整、柔软、无痛。病马喉囊区肿胀,有热痛,呈波动感和叩诊浊音。使病畜低头并触压喉囊部时,自鼻孔流出脓性鼻液。

　　4. 喉及气管的检查

　　通过视诊可查明喉及气管部位的外部状态,注意有无肿胀等变化;检查者立于患畜的前侧,一手持笼头,一手从喉头和气管的两侧进行按触压,判断其形态及肿胀性状;亦可在喉及气管的腹侧,自上而下听诊。健康动物的喉及气管外观无变化;触诊无痛,听诊可闻似"赫"音。在病理情况下可见有:喉及气管区的肿胀,有时有热、痛反应,并伴有咳嗽,听诊可闻强烈的狭窄音、哨音、喘鸣音等。

　　对小动物和禽类还可做喉的内部直接视诊,检查者将患畜的头部略为抬起,用开口器打开口腔,用压舌板下压舌根,对光观察之。检查鸡的喉部时,将头高举,在打开口腔的同时,用捏着肉髯手的中指向上挤压喉头,则喉腔即可显露。注意观察黏膜颜色,有无肿胀和附着物。

　　5. 咳嗽的检查

　　首先询问有无咳嗽,注意听取其自发性咳嗽,并辨别是经常性或发作性? 干性或湿性? 观察有无疼痛、鼻液及其他伴随症状。必要时,可作人工诱咳,以判定咳嗽的性质。

　　(1)牛人工诱咳法　用多层湿润的毛巾遮盖或闭塞鼻孔一定时间后迅速放开,使之深呼吸,则可出现咳嗽。也可用一特制的橡皮(塑料)套鼻袋,紧紧地套在牛的口鼻部,使牛暂时中断呼吸,然后去掉套袋,病牛在深吸气后,可出现咳嗽。

　　在怀疑牛患有严重的肺气肿、肺炎、胸膜肺炎合并心肌功能紊乱时,应该慎用。

　　(2)动物诱咳法　经过短时间闭塞鼻孔或捏压喉部、叩击胸壁均能引起咳嗽。健康动物很少发生咳嗽,但由于灰尘、刺激性气体等吸入呼吸道,可引起一两声咳嗽,或短暂的发作性咳嗽。在病理情况下,可发生经常性的剧烈咳嗽,其性质可表现为:干咳(声音清脆,干而短)、湿咳(声音钝浊,湿而长)、痛咳(不安,头颈伸直),甚至出现痉挛性咳嗽。

(二)胸廓的检查

1. 胸廓的视诊

注意观察呼吸状态,胸廓的形状和对称性;胸壁有无损伤、变形;肋骨与肋软骨结合处有无肿胀或隆起;肋骨有无变化,肋间隙有无变宽或变窄,凸出或凹陷现象;胸前、胸下有无浮肿等。健康动物呼吸平顺,胸廓两侧对称,脊柱平直,胸壁完整,肋间隙的宽度均匀。病例状态可见有:胸廓向两侧扩大(桶状),胸廓狭小(扁平),单侧性扩大或塌陷;肋间隙变宽或变狭窄;胸下浮肿或其他损伤。

2. 胸廓的触诊

胸廓触诊着重注意胸壁的敏感性、感知温湿度、肿胀物的性状,并注意肋骨是否变形及骨折等。健康动物触诊无痛。病理状态可见:触诊胸壁敏感,有摩擦感、热感或冷感;肋骨肿胀、变形,或有骨折及不全骨折;尤其幼畜可呈串珠样肿;胸下浮肿;各种外伤。

(三)呼吸运动的检查

应在病畜安静且无外界干扰的情况下做下列检查。

1. 呼吸频率(次数)的检查

详见本书第二部分实验二。

2. 呼吸类型的检查

检查者立于病畜的后侧方,观察吸气与呼气时胸廓与腹壁起伏动作的协调性和强度。健康动物一般为胸腹式呼吸,即在呼吸时,胸壁和腹壁的动作很协调,强度大致相等。在病理情况下,可见有胸式或腹式呼吸。

3. 呼吸节律的检查

检查者立于病畜的侧方,观察每次呼吸动作的强度、间隔时间是否均等。健康动物在吸气后紧随呼气,经短时间休止后,再行下次呼吸。每次呼吸的间隔时间和强度大致均等,即呼吸节律正常。病理性呼吸节律可见有:陈-施二氏呼吸(由浅到深再至浅,经暂停后复始)、毕欧特氏呼吸(深大呼吸与暂停交替出现)、库斯茂尔氏呼吸(呼吸深大而慢,但无暂停)。

4. 呼吸匀称性的检查

检查者立于病畜正后方,对照观察两侧胸壁的起伏动作强度是否一致。健康动物呼吸时,两侧胸壁起伏动作的强度完全一致。病畜可见两侧不对称的呼吸动作。

5. 呼吸困难的检查

检查者仔细观察病畜鼻翼的扇动情况及胸、腹壁的起伏和肛门的抽动现象,注意头颈、躯干和四肢的状态和姿势;并听取呼吸喘息的声音。健康动物呼吸时,自然而平顺,动作协调而不费力,呼吸频率相对正常,节律整齐,肛门无明显抽动。

呼吸困难时,呼吸异常费力,呼吸频率有明显改变(增或减),辅助呼吸肌参与呼吸运动。常见的呼吸困难类型有以下 3 种:

(1)吸气性呼吸困难　表现吸气用力,吸气时间延长。头颈平伸,鼻孔开张,形如喇叭,两肘外展,胸壁扩张,肋间凹陷,肛门有明显的抽动。甚至呈张口呼吸。吸气时间延长,可听到明显的狭窄音。

（2）呼气性呼吸困难　表现呼气用力，呼气时间延长，呈二段呼出；辅助呼气肌参与活动，腹肌极度收缩，沿季肋缘出现喘线（息劳沟）。

（3）混合性呼吸困难　动物吸气、呼气都困难并伴有呼吸次数增多。但狭窄音多不明显。

（四）胸、肺叩诊

1. 肺叩诊区

（1）牛肺叩诊区　近似三角形。上界为与脊柱平行的直线，并距背中线约一掌宽（10 cm左右）；前界为自肩胛骨后角沿肘肌向下所划的类似"S"形的曲线，止于第 4 肋间；后界由第 12 肋骨开始，向下、向前的弧线则经髋结节水平线与第 11 肋间相交叉，肩关节水平线与第 8 肋间相交叉而止于第 4 肋间下端。

此外，在瘦牛的右侧肩前 1～3 肋间部尚可发现一狭窄的叩诊区（牛肺脏右侧最前方多一副叶），称为肩前叩诊区，上部宽 6～8 cm，下部 2～3 cm。叩诊时，宜将前肢向后牵引，但其叩诊音往往不如胸部清楚（图 3-26 和图 3-27）。

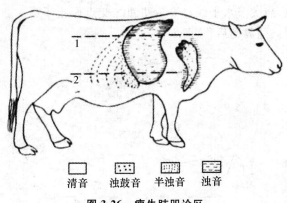

清音　浊鼓音　半浊音　浊音

图 3-26　瘦牛肺叩诊区

1. 髋结节线　2. 肩端线

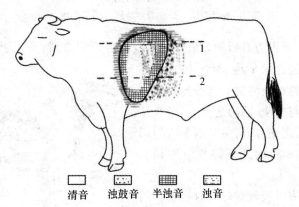

清音　浊鼓音　半浊音　浊音

图 3-27　肥牛肺叩诊区

1. 髋结节线　2. 肩端线

（2）绵羊和山羊肺叩诊区　基本上与牛相同（图 3-28）。

（3）猪肺叩诊区　上界距背中线 4～5 指宽；后界由第 11 肋骨处开始，向下、向前经坐骨结

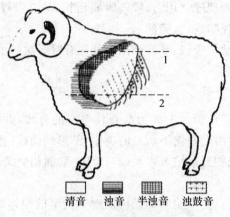

清音　浊音　半浊音　浊鼓音

图 3-28　绵羊肺叩诊区

1. 髋结节线　2. 肩端线

节线与第 9 肋间之交点,肩关节水平线与第 7 肋间之交点而止于第 4 肋间。肥猪的叩诊界不够清楚,其上界往往下移,前界则后移(图 3-29)。

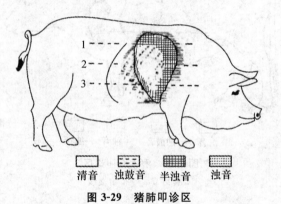

清音　浊鼓音　半浊音　浊音

图 3-29　猪肺叩诊区

1. 髋结节线　2. 坐骨结节线　3. 肩端线

(4)犬肺叩诊区　前界为自肩胛骨后角并沿其后缘所引之线,下止于第 6 肋间之下部;上界为自肩胛骨后角所划之水平线,距背中线 2～3 指宽;后界自第 12 肋骨与上界之交点开始,向下、向前经髋结节水平线与第 11 肋间之交点,坐骨结节水平线与第 10 肋间之交点,肩关节水平线与第 8 肋间之交点而达第 6 肋间之下部与前界相交(图 3-30)。

肺叩诊区的后界表示吸气与呼气时接近肺后缘的位置。在确定肺后缘时,应先划出髋结节水平线、坐骨结节水平线和肩关节水平线,然后由肺中央自上而下画一直线与 3 线垂直相交,依次由 3 个交点由前向后沿水平线用轻叩诊法进行叩诊。叩诊音发生明显改变之点就是肺的后缘。此

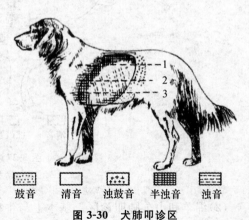

鼓音　清音　浊鼓音　半浊音　浊音

图 3-30　犬肺叩诊区

1. 髋结节线　2. 坐骨结节线　3. 肩端线

时宜立即标出此点,并从最后肋间向前计算肋间隙至该点。确定 3 点之后,将其连起,由上方向前下方移动叩诊,则肺的后界清楚可见。肺的上界一般比髋结节线略高,故沿此线的方向移动叩诊不难确定。在确定前界时,可将前肢拉向前方便可向前扩大其叩诊区。被检查的病畜所确定的肺界应与正常的肺界对照比较,以判定其扩大或缩小。各种健康动物肺叩诊区的后界见表 3-3。

表 3-3　各种动物肺叩诊区的后界(按肋间计算)

畜种	肋骨数	与髋结节水平线相交的肋间	与坐骨结节水平线相交的肋间	与肩关节水平线相交的肋间	终点
牛(羊)	13	11		8	4
马	18	16	14	10	5
猪	14~15	11~12	8~9	7	4
犬	13	11	10	8	6
骆驼	12	10		8	6

2. 叩诊方法

胸、肺的叩诊方法有间接和直接叩诊法 2 种,目前以应用前者较为普遍。按动物又可分为大动物叩诊法和小动物叩诊法 2 种。

(1)大动物叩诊法　大动物主要用锤板叩诊法。本法引起的振动深而广,有利于深在病变的发现。叩诊时,一手持叩诊板,顺着肋间隙,纵放、密贴;另一手持叩诊锤,以腕关节为轴,垂直地向叩诊板上做短促的叩击。一般每点连续叩击两三下,再移至另一处。叩诊肺区时,应沿肋骨水平线,由前至后依次进行,称为肺区水平叩诊法。也可自上而下沿肋间隙进行,称为垂直叩诊法。不论应用哪一种方式都应叩完整个肺部,进行对比分析而不应该孤立地叩诊某一点或某一部分(图 3-31)。

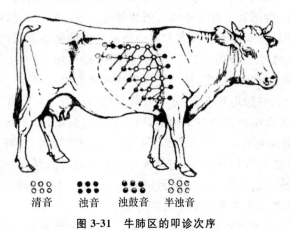

清音　浊音　浊鼓音　半浊音

图 3-31　牛肺区的叩诊次序

(2)小动物叩诊法　小动物用指指叩诊法。即以左手中指作叩诊板,而以弯曲的右手中指作为叩诊锤。在叩诊时,板指要密贴于肋间隙并和肋间隙平行,其他手指宜略微抬起,勿使与体表接触;叩指要与叩击部位的体表垂直,以腕关节的活动为主,避免肘关节和肩关节参与活动,叩击的动作要灵活、短促而富有弹性。叩诊的顺序和大动物相同。

叩诊力量的强弱或轻重,应依体壁的厚薄和病灶的深浅而定;胸壁厚,病变深在,宜用重叩诊;反之,胸壁薄,病变浅在,则用轻叩诊。小动物比大动物轻。为确定叩诊区和病变的界限时,宜用轻叩诊。叩诊的强度应大致相等。当发现病理性叩诊音时,可交替使用轻、重叩诊,并和正常的音响反复仔细进行对比,同时还应和对侧相应部位作对照和鉴别。如此才能较为准确地判定病理变化。

3. 正常肺区叩诊音

健康大动物的肺区叩诊音一般为清音,以肺的中 1/3 最为清楚;而上 1/3 与下 1/3 声音逐渐变弱。而肺的边缘则近似半浊音。健康小动物的肺区叩诊音近似鼓音。

胸、肺叩诊的病理性变化:胸部叩诊时可出现疼痛性反应,表现为咳嗽、躲闪、回视或反抗。肺部叩诊区的扩大或缩小。出现浊音、半浊音、水平浊音、鼓音或过清音。

4. 胸、肺叩诊时的注意事项

叩诊胸、肺时,除了遵循第一章临床基本检查法中各项规则外,还应注意以下几点:

(1)叩诊胸、肺时,必须在较为宽敞的室内进行,才能产生良好的共鸣效果。若房屋狭而小或在露天进行往往不能获得满意的效果。

(2)叩诊时室内要安静,避免任何嘈杂声音的干扰。

(3)叩诊的强度要均匀一致,切勿一重一轻。如此才能比较两侧对称部位的音响。但为了探查病灶的深浅及病变的性质,轻重叩诊可交替使用。因为轻叩诊不易发现处于深部的病变,重叩诊不能查出浅在小病灶。

(4)叩诊胸、肺时,不但要有正确的叩诊方法,而且还要准确地判断叩诊音的变化。为此必须熟悉正常叩诊音,才能发现和辨别病理性叩诊音。

(5)叩诊胸、肺时,要注意病畜的表现,有无咳嗽和疼痛不安的现象出现。

(五)胸、肺听诊

肺听诊区与叩诊区大致相同。听诊时,应先从呼吸音较强的部位即胸廓的中部开始,然后再依次听取肺区的上部、后部和下部。牛尚可听肩前音。每一听诊点间隔 3~4 cm,在每一点上至少听取 2~3 次呼吸,且须注意听诊音与呼吸活动之间的联系。对可疑病变应与对侧相应部位对比听诊判定。如呼吸音微弱,可人为的使其呼吸动作加强(如给以轻微运动后再行听诊),以利于听诊。注意呼吸音的强度、性质及病理性呼吸音的出现。

健康动物可听到微弱的肺泡呼吸音,于吸气阶段较清楚,如"呋""呋"的声音。整个肺区均可听到,但以肺区中部为最明显。各种动物中,马的肺泡音最弱,牛、羊较明显,水牛甚微弱;幼畜比成畜略强。除马属动物外,其他动物尚可听到支气管呼吸音,于呼气阶段较清楚,如"赫赫"的声音,但并非纯粹的支气管呼吸音,而是带有肺泡呼吸音的混合呼吸音。

牛在第 3~4 肋间肩端线上下可闻混合性呼吸音。绵羊、山羊和猪的支气管呼吸音大致与牛相同。犬在整个肺区都能听到明显的支气管呼吸音。

在病理情况下,可见肺泡呼吸音的增强或减弱,甚至局限性消失。尚可出现病理性呼吸音或附加音:病理性支气管呼吸音、混合性呼吸音("呋"-"赫")、湿啰音(似水泡破裂声,吸气末期为明显)、干啰音(似哨音、笛音)、胸膜摩擦音(似沙沙声,粗糙而断续,紧压听诊器时明显增强,常出现于肘后)、击水音(如拍打半满的水袋而出现的振荡声)。

四、作业与思考题

1. 呼吸运动的临床检查内容是什么?
2. 如何界定反刍动物胸、肺的叩诊界范围?
3. 如何区别肺异常叩诊音? 其临床诊断意义是什么?

实验五　消化系统的临床检查

一、实验目的与要求

1. 掌握口腔、咽部及食管的检查方法和内容。
2. 初步掌握牛、羊、犬腹部、胃肠及排粪动作和粪便的眼观检查方法。
3. 结合典型病例认识有关症状及异常变化。

二、实验器材

1. 器械　听诊器、叩诊器(板与锤)、开口器、食管探管和保定用具(鼻钳子及绳等)。
2. 材料　实验动物:牛、羊、犬等,其数量依据分组情况而定。润滑剂(液体石蜡或其他油类)。

三、实验内容与方法

(一)口腔的检查

检查口腔,一般多用视诊、触诊和嗅诊,必要时用开口器辅助。检查时主要注意流涎,气味,口唇,口黏膜的温度、湿度、颜色及完整性(损伤和疹疱),舌和牙齿等有无变化。

  1. 徒手开口法

(1)牛徒手开口法　检查者位于牛头的侧方,可先用手轻轻拍打牛的眼睛,在其闭眼的瞬间,以一手的拇指和食指从两侧鼻孔同时伸入,并捏住鼻中隔(或握住鼻环)向上提举,再用另一手伸入口腔中握住舌体并拉出,口即行张开(图3-32)。

(2)羊、猪徒手开口法　以一手拇指与中指由颊部捏握上颌,另一手拇指及中指由左、右口角处握住下颌,同时上下用力拉开口腔即可,但应注意防止手指被咬伤。

(3)犬徒手开口法　两手握住犬的上下颌骨部,将唇压入齿列,使唇被盖于臼齿上,然后掰开口(图3-33)。也可用布带开口,即用布带或绷带两段,各横置于上下犬齿之后,用两手同时将口上下拉开即可。

  2. 开口器开口法

(1)牛开口器开口法　把牛用开口器前端送达牛的口角时,将把柄旋转,即可打开口腔进行检查或处理。

图 3-32　牛徒手开口法　　　　　　　　　　图 3-33　犬徒手开口法

（2）羊、猪开口器开口法　由助手握住羊、猪的两耳进行保定；检查者将开口器平直伸入口内，待开口器前端达到口角时，将开口器的把柄用力下压，即可打开口腔进行检查或处理。

开口的注意事项：注意防止动物咬伤手指；拉出舌体时不要用力过大，以免造成舌系带损伤；使用开口器开口时，对患软骨症的患畜，要防止开张过大造成骨折。

（二）咽部的检查

咽的检查主要应用视诊和触诊方法。

咽的外部视诊要注意头颈的姿势及咽周围有无肿胀。触诊时，可用两手同时自咽部左右两侧加压并向周围滑动，以感知其温度、敏感反应及肿胀的硬度和特点。

（三）食管的检查

食管的检查可应用视诊、触诊和探诊的方法。

视诊：注意吞咽过程食物沿食管沟通过的情况及局部有无肿胀。

触诊：检查者用两手分别由两侧沿颈部食管沟自上向下加压滑动检查，注意感知有无肿胀、异物、内容物硬度，有无波动感及敏感反应。马咽外部触诊。

探诊：一般根据患畜大小而选择口径不同及相应长度的胶管（或塑料管），大动物用长 2.0～2.5 m，内径 10～20 mm，壁厚 3～4 mm，其软硬度应适宜。

使用前探管应进行消毒，并涂以润滑油类。

动物应进行适当的保定，尤其要固定好头部。如需经口探诊时，应加装开口器，大动物及羊可经鼻、咽探诊。

探诊操作时，检查者立于动物前侧方，一手固定鼻翼，另一手持探管，自鼻道（或经口）慢慢送入，待探管前端达到咽腔时，可感知有抵抗，此时可稍作停顿，并作轻微的前后抽动，待动物发生吞咽动作时，趁机送下。如动物不吞咽，可由助手捏压咽部以引起吞咽动作。探管通过咽腔后，应立即判断是否正确插入食管内。插入食管的标志是，用胶皮球向管内打气，不但能顺利打入，而且在左侧颈沟部可见到有气流通过的波动，同时压扁的胶皮球不会鼓起来。插入气管内的标志是，用胶皮球向探管内打气，在颈沟部看不到气流通过的波动，被压扁的胶皮球可迅速鼓起来。探管在咽部转折时，向探管内打气困难，也看不到颈沟部的波动。

此外，探管在食管内向下推进时可感到稍有抵抗和阻力。但如在气管内，可引起咳嗽并随呼气阶段有气流呼出，也可作为判定探管是否在食管内的标志。

探管误插入气管内时,应取出重插,探管不宜在鼻腔内多次扭转,以免引起黏膜破损、出血。

食管探诊主要用于检查食管阻塞性疾病、胃扩张的可疑或为抽取胃内容物时,对食管狭窄、食管憩室及食管受压等病变也具有诊断意义。食管和胃的探诊可兼有治疗作用。

(四)腹部的检查

腹围视诊:检查者须站立在动物的正前及正后方,主要观察腹围轮廓、外形、容积及胁部的充满程度,应做左右侧对照比较,主要判定其膨大或缩小的变化。

触诊:检查者位于腹侧,一手放于动物背部,以另一手的手掌平放于腹侧壁或下侧方,用腕力做间断冲击动作,或以手指垂直向腹壁做突击式触诊,以感知腹肌的紧张度、腹腔内容物的性状并观察动物的反应。

(五)反刍动物的胃肠检查

反刍动物属于复胃动物,其胃由前胃(瘤胃、网胃、瓣胃)和真胃(皱胃)组成,因此,临床上应针对不同的胃进行检查。

1. 瘤胃的触诊、叩诊和听诊

成年牛的瘤胃容积为全胃总容积的 80%,占左侧腹腔的绝大部分,与腹壁紧贴。

触诊:检查者位于动物的左腹侧,左手放于动物背部,检手(右手)可握拳、屈曲手指或以手掌放于左胁部,先用力反复触压瘤胃,以感知内容物性状。正常时,似面团样硬度,轻压后可留压痕。随胃壁缩动可将检手抬起,以感知其蠕动力量并可计算次数。正常时每两分钟 2～5 次。

叩诊:用手指或叩诊器在左侧胁部进行直接叩诊,以判定其内容物性状。正常时瘤胃上部为鼓音,由饥饿窝向下逐渐变为浊音。

听诊:多以听诊器进行间接听诊,以判定瘤胃蠕动音的次数、强度、性质及持续时间。

正常时,瘤胃随每次蠕动而出现逐渐增强又逐渐减弱的沙沙声,似吹风样或远雷声,健康牛每两分钟 2～3 次。牛的内脏位置如图 3-34 和图 3-35 所示。

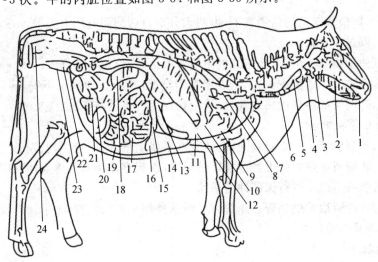

图 3-34　牛的内脏位置(右侧)

1. 口腔　2. 鼻腔　3. 咽　4. 喉　5. 食管　6. 气管　7. 肺　8. 食管　9. 心　10. 肝　11. 右肾
12. 网胃　13. 胆囊　14. 瓣胃　15. 十二指肠　16. 皱胃　17. 空肠　18. 结肠
19. 瘤胃　20. 回肠　21. 盲肠　22. 膀胱　23. 子宫　24. 直肠

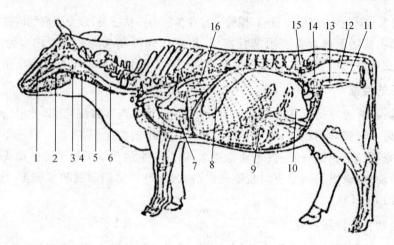

图 3-35　牛的内脏位置(左侧)

1. 鼻腔　2. 口腔　3. 咽　4. 喉　5. 气管　6. 食管　7. 心　8. 脾　9. 大网膜

10. 瘤胃　11. 阴道　12. 直肠　13. 膀胱　14. 子宫　15. 空肠　16. 肺

2. 网胃的触诊、叩诊及压迫检查法

网胃位于腹腔的左前下方,相当于第 6~7 肋骨间,前缘紧接膈肌,与心脏相邻,其后下部则位于剑状软骨之上。

触诊:检查者面向动物蹲于左胸侧,屈曲右膝于动物腹下,将右肘支于右膝上,右手握拳并抵住剑状软骨突起部,然后用力抬腿并以拳顶压网胃区,以观察动物反应。

叩诊:于左侧心区后方的网胃区内,进行直接强叩诊或用拳轻击。以观察动物的反应。

压迫法:由两人分别站于动物胸部两侧,各伸一手于剑突下相互握紧,各将其另一手放于动物的鬐甲部;两人同时用力上抬紧握的手,并用放在鬐甲部的手紧握其皮肤,以观察动物反应。

或先用一木棒横放于动物的剑突下,由两人分别自两侧同时用力上抬,迅速下放并逐渐后移压迫网胃区,以观察动物反应。

此外,也可使动物行走上、下坡路或做急转弯等运动,以观察其反应。

正常动物,在进行上述检查试验时,表现无明显反应,相反如表现不安、痛苦、呻吟或抗拒并企图卧下时,乃网胃的疼痛敏感表现,常为创伤性网胃炎的特征(图 3-36)。

3. 瓣胃的触诊和听诊

瓣胃检查,于右侧第 7~10 肋骨间,肩关节水平线上下 3 cm 范围内进行。

触诊:于右侧瓣胃区进行强力触诊或以拳轻击,以观察动物有无疼痛性反应。对瘦牛可使其左侧卧,于右肋弓下以手进行深部冲击触诊。

听诊:于瓣胃区听取其蠕动音。正常时呈断续性细小的捻发音,于采食后较为明显。主要判定蠕动音是否减弱或消失。

4. 真胃的触诊和听诊

真胃位于右腹部第 9~11 肋间的肋骨弓区。

触诊:沿肋弓下进行深部触诊。由于腹部紧张而厚,常不易得到准确结果。为此,应尽可能将手指插入肋骨弓下方深处,向前下方行强压迫。在犊牛可使其侧卧进行深部触诊,主要判定是否有疼痛反应。

听诊:在真胃区内,可听到类似肠音,呈流水声或含漱音的蠕动音。主要判定其强弱和有无蠕动音的变化。网胃、瓣胃及真胃的位置关系如图3-37所示。

图3-36 牛创伤性网胃炎的敏感区

图3-37 牛网胃、瓣胃及真胃的位置关系
1. 网胃 2. 瓣胃 3. 真胃

5. 肠蠕动音的听诊

健康牛在整个右腹侧,均可听到短而稀少的肠蠕动音。肠音频繁似流水状,见于各种类型的肠炎及腹泻;肠音微弱,可见于一切热性病及消化机能障碍。

(六)猪的胃肠检查

触诊:使动物取站立姿势,检查者位于后方,两手同时自两侧肋弓开始,加压触摸的同时逐渐向上后方滑动进行检查,或使动物侧卧,然后用拼拢、屈曲的手指,进行深部触摸。

叩诊:使动物侧卧,按其腹腔内脏在体表投影位置进行叩诊,对仔猪可用指指叩诊法。

触诊和叩诊主要用以判定腹腔脏器及其内容物的性状并观察有否疼痛反应。

听诊:主要判定肠音频率、性质及强度。猪的左、右侧内脏位置如图3-38所示。

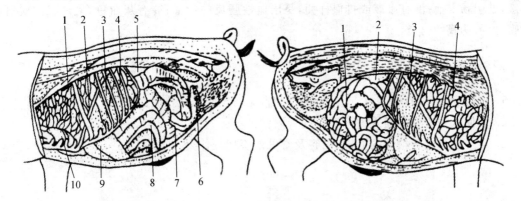

图3-38 猪的左、右侧内脏器官位置图
左侧:1.肺 2.膈 3.胃 4.脾 5.肾 6.盲肠 7.小肠 8.结肠 9.肝 10.心
右侧:1.小肠 2.肾 3.肝 4.肺

(七)犬的胃肠检查

通常用双手拇指以腰部做支点,其余四指伸直置于两侧腹壁,缓慢用力,感觉胃肠的状态。也可将两手置于两侧肋骨弓的后方,逐渐向后上方移动,让内脏器官滑过指端,以行触诊。如将犬前后轮流高举,几乎可触知全部腹内器官。腹部触诊往往可以确定胃肠充满度、胃肠炎、肠便秘及肠变位等。听诊部位在左右两侧肷部。健康犬肠音如哗拨音或捻发音。肠音增强见

于消化不良、胃肠炎的初期。肠音减弱或消失见于肠便秘、阻塞及重剧胃肠炎等。

(八)马的胃肠检查

马的胃,由于解剖位置关系,临床病理学检查比较困难。胃蠕动音的听诊部位是在左侧第14~17肋骨间髋结节水平线上下。正常时由于胃的位置较深,一般听不到蠕动音,在安静环境对胃扩张病例,有时可听到"沙沙"声、流水声或金属音。

肠音听诊,主要判定其频率、性质、强度和持续时间,听诊时应对两侧各部进行普遍检查,并于每一听诊点至少听取 1 min 以上。马的肠音听诊部位,按肠管的体表投影位置,于左侧肷部上 1/3 处为小结肠音,右侧肷部中 1/3 处为小肠音,左腹部下 1/3 为左侧大结肠音,右侧肷部为盲肠音,右侧肋骨弓下方为右大结肠音。但应注意,当肠音增强时,任何一点都可听到肠音。正常小肠蠕动音如流水声或含漱音,每分钟 8~12 次;大肠音犹如雷鸣或远炮声,每分钟4~6 次。对靠近腹壁的肠管进行叩诊时,以其内容物性状为转移而音响不同。正常时盲肠基部(左肷部)呈鼓音;盲肠体、大结肠则可呈浊音或浊鼓音。

(九)排粪动作及粪便的感官检查

正常时,各种动物均采取固有的排粪动作和姿势。其异常表现为:腹泻、便秘、排粪失禁、排粪带痛和里急后重等。

各种动物的排粪量和粪便性状有异,同时受饲料的数量特别是质量的影响极大,要注意观察。在检查中,应仔细观察粪便的气味、数量、形状、颜色及混合物。粪便有特殊腐败或臭味,多见于各型肠炎或消化不良;粪便坚硬、色深,见于肠弛缓、便秘、热性病;粪便呈黑色,提示胃或前部肠道的出血性疾病;粪便外部附有红色血液,是后部肠管出血的特征;粪便呈灰白色黏土状提示缺乏粪胆素,可见于阻塞性黄疸;粪便混有未消化饲料残渣,提示消化不良;混有多量黏液,见于肠卡他;混有血液或排血样便,是出血性肠炎的特征;混有灰白色、呈片状的脱落肠黏膜,提示伪膜性肠炎。

四、作业与思考题

1. 口腔、咽部及食管的检查方法、内容和常见病理变化是什么?
2. 如何区别胃管是插入胃内还是气管内?
3. 反刍动物前胃检查的方法、内容及常见的疾病是什么?

实验六　直肠检查

一、实验目的与要求

1. 掌握牛、马直肠内部触诊的操作方法、检查顺序、正常状态及注意事项。
2. 有条件单位可先结合直检模型做一些模拟练习。

二、实验器材

1. 器械　保定用具和灌肠器。
2. 材料　实验动物:牛1头(或马1匹)。乳胶手套、人造革围裙及直检专用服等。

三、实验内容与方法

直肠检查主要用于大动物(牛、马、骡等)。将手伸入直肠内,隔肠壁间接地对后部腹腔器官(胃、肠、肾、脾等)及盆腔器官(子宫、卵巢、腹股沟环、盆腔骨骼、大血管等)进行触诊。中、小动物在必要时可用手指检查。直肠检查,对这些部位的疾病诊断及妊娠诊断具有一定价值。

现以牛(或马)的直肠检查为主要内容进行练习,以掌握其主要方法、检查顺序,并感知正常状态,了解注意事项。

1. 准备工作

(1)动物保定。以六柱栏较为方便。牛的保定可钳住鼻中隔,或用绳系住两后肢。马在左、右后肢应分别以足夹套固定于柱栏下端,以防后踢;为防止卧下及跳跃,要加腹带及压绳;尾部向上或向一侧吊起。如在野外,可借助在车辕内(使病马倒向,即臀部向外)保定;根据情况和需要,也可采取横卧保定(如"中兽医"中的公马去势时的保定法)。

(2)术者剪短指甲并磨光,充分露出手臂并涂以润滑油类,必要时宜用乳胶手套。

(3)对腹围膨大病畜应先行盲肠穿刺或瘤胃穿刺术排气,否则腹压过高,不宜检查,尤其是采取横卧保定时,更须注意防止造成窒息的危险。

(4)对心脏衰弱的病畜,可先给予强心剂;对腹痛剧烈的病马应先行镇静(可静脉注射5%水合氯醛酒精溶液 100~300 mL 或 30%安乃近溶液 20 mL),以便于检查。

(5)一般可先行温水 1 000~2 000 mL 灌肠,以缓解直肠的紧张并排出蓄积的粪便以利于直检。

2. 操作方法

(1)术者将检手拇指放于掌心,其余四指并拢集聚呈圆锥形,以旋转动作通过肛门进入直肠,当直肠内蓄积粪便时应将其取出,再行入手;如膀胱内贮有大量尿液,应按摩、压迫以刺激其反射排空或行人工导尿术,以利入手检查。

(2)检手沿肠腔方向徐徐深入,直至检手套有部分直肠狭窄部肠管为止方可进行检查。当被检动物频频努责时,入手可暂停前进或随之后退,即按照"努则退,缩则停,缓则进"的要领进行操作,比较安全。切忌检手未找到肠管方向就盲目前进,或未套入狭窄部就急于检查。当狭窄部套手困难时,可以采取胳膊下压肛门的方法,诱导病畜作排粪反应,使狭窄部套在手上,同时还可减少努责作用。如被检动物过度努责,必要时用10%普鲁卡因 10~30 mL 作尾骶穴封闭,以使直肠及肛门括约肌弛缓而便于检查。

(3)检手套入部分直肠狭窄部或全部套入(指大马)后,检手做适当的活动,用并拢的手指轻轻向周围触摸,根据脏器的位置、大小、形状、硬度、有无肠带、移动性及肠系膜状态等,判定病变的脏器、位置、性质和程度。无论何时手指均应并拢,绝不允许叉开并随意抓、搔、锥刺肠壁,切忌粗暴以免损伤肠管。并应按一定顺序进行检查。

3. 检查顺序

(1)肛门及直肠　注意检查肛门的紧张度及附近有无寄生虫、黏液、肿瘤等,并感知直肠内容物的数量及性状,以及黏膜的温度和状态等。

(2)骨盆腔内部　入手稍向前下方检查可摸到膀胱、子宫等。膀胱位于骨盆腔底部。无尿时,可感触到如梨子状大小的物体,当其内尿液过度充满时,感觉如一球形囊状物,有弹性波动感。触诊骨盆腔壁光滑,注意有无脏器充塞或粘连现象,如被检动物有后肢运动障碍时,应注意有无盆骨骨折。

(3)腹腔内部检查

①牛直肠内部检查顺序　肛门—直肠—骨盆—耻骨前缘—膀胱—子宫—卵巢—瘤胃—盲肠—结肠袢—左肾—输尿管—腹主动脉—子宫中动脉—骨盆部尿道。

膀胱位于骨盆底部,空虚时触之如拳头大,充满时膀胱壁较紧张,触之有波动感。若呈异常膨大,为膀胱积尿。触之呈敏感反应,膀胱壁增厚,是膀胱炎之征。

耻骨前缘左侧为庞大瘤胃的上下后盲囊所占据,触摸时表面光滑,呈面团样硬度,同时可触之瘤胃的蠕动波,如触摸时感到腹内压异常增高,瘤胃上后盲囊抵至骨盆入口处,甚至进入骨盆腔内,多为瘤胃臌气或积食,借其内容物的性状,可鉴别之。

耻骨前缘的右侧可触到盲肠,其尖部常抵骨盆腔内,可感有少量气体或软的内容物。右腹饥饿窝为结肠袢部位,可触到其肠袢排列。在其周围是空回肠,正常时不易摸到。若触之肠袢呈异常充满而有硬块感时,多肠阻塞。若有异常硬实肠段,触之敏感,并有部分肠管呈臌气者,多疑为肠套叠或肠变位。

右侧腹腔触之异常空虚,多疑为真胃左方变位。

正常情况下,真胃及瓣胃是不能触到的。但当真胃幽门部阻塞或真胃扭转继发真胃扩张,或瓣胃阻塞抵至肋骨弓后缘时,有时于骨盆腔入口的前下方,可摸到其后缘,根据内容物的性状可区别之。

沿腹中线一直向前至第3~6腰椎下方,可触到左肾,肾体常呈游离状态,随瘤胃的充满度而偏于右侧;右肾因位置在前不易摸到。若触之敏感、肾脏增大、肾分叶结构不清者,多提示肾炎。肾盂胀大,一侧或两侧输尿管变粗,多为肾盂肾炎或输尿管炎。

母畜还可触诊子宫及卵巢的大小、性状和形态的变化。公畜触诊副性腺及骨盆部尿路的变化等。

②马直肠内部检查顺序　肛门—直肠—骨盆腔—膀胱—小结肠—左侧大结肠及骨盆曲—腹主动脉—左肾—脾脏—肠系膜根—十二指肠—胃—盲肠—胃膨大部。马腹腔各脏器位置如图3-39所示。

肛门及直肠:应注意肛门的紧张度及直肠内容物的多少、温度及有无创伤等。

骨盆腔及膀胱:骨盆腔由骨盆骨构成周壁光滑的空腔,耻骨前缘的前下方为膀胱,空虚无尿时仅呈拳头大的梨状物体,如充满尿液则呈囊状,触之有波动感。

小结肠:大部位于骨盆口前方、左侧,小部位于右侧,肠内的粪便呈鸡蛋大的球状物,多为串球样排列。小结肠位置可移动,故动物采取横卧保定时,宜注意其位置的改变。

左侧大结肠及骨盆曲:左腹下部触诊左大结肠,左下大结肠较粗且有纵带及肠袋,左上大结肠较细并无肠袋,重叠于左下大结肠上方、内侧而与之平行,内容物呈捏粉样硬度;左下大结肠行至骨盆前口处弯曲折回,而移行为左上大结肠,此即骨盆曲部,呈一迂回的盲端,约有小臂粗,表面光滑,游离,较易识别。

腹主动脉:位于椎体下方,腹腔顶部,稍偏左侧,触摸时有明显的搏动,呈管状物。

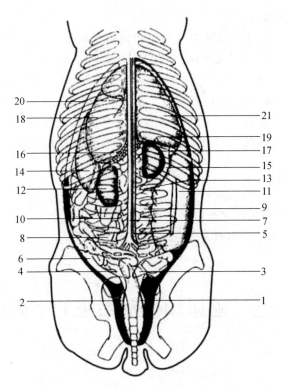

图 3-39　马腹腔纵剖各脏器位置示意图

1. 直肠　2. 膀胱　3. 骨盆曲　4. 左上结肠　5. 后腔静脉　6. 左下结肠　7. 腹主动脉　8. 小结肠
9. 回肠　10. 空肠　11. 盲肠底　12. 左肾　13. 横行十二指肠　14. 脾脏　15. 十二指肠
16. 胰腺　17. 右肾　18. 胃　19. 结肠胃状膨大部　20. 食管　21. 肝脏

左肾：脊柱下方，腹主动脉左侧，第 2、3 腰椎横突下方，可摸到其后缘，呈半圆形物，并有坚实感。

脾脏：由左侧肾脏区稍向下方至最后肋骨部可触知脾脏的后缘，紧贴左腹壁，呈边缘菲薄的扁平镰刀状，较硬而表面光滑，通常其边缘不超过最后肋骨。

肠系膜根：再回至主动脉处并再向前伸，可触知肠系膜根部，注意有无动脉瘤；在其后下部为左右横行的十二指肠。在体躯较小的马或采取横卧保定时，可于前方感知胃的后壁边缘。

盲肠及胃状膨大部：右侧下方肷部，可触知盲肠底和盲肠体，呈膨大的囊状物，其上部常有一定量的气体而具弹性。于盲肠的前内侧，腹腔的上 1/3 处，可触知大结肠末端的胃状膨大部。

也可根据临床的需要，为了判断某一器官的状态，而灵活地掌握其顺序及内容。

4. 注意事项

(1)对表面腹痛剧烈的病畜，可先行镇静，一般以 1% 的普鲁卡因溶液 10～20 mL 行后海穴封闭，可使直肠及肛门括约肌弛缓而便于检查。

(2)直肠检查是隔着直肠壁间接地进行触诊。因此，在操作时，应精心准备，严格遵守直检操作要领，以防由于粗暴或马虎大意，引起动物直肠壁穿孔，或对术者造成伤害，这对于初学者尤为重要。

(3)要熟悉腹腔、盆腔及其他部位需要检查的器官、组织的正常解剖位置和生理状态，以利判断病理过程的异常变化。

(4)直肠检查是兽医临床实践较为客观和准确的辅助检查法。但必须与一般临床检查结果及其所有症状、资料进行全面综合分析,才能得出合理正确的诊断。

(5)实践证明,直肠检查法的效果如何,能否在疾病的诊断上起到应有的作用,完全取决于检查者的熟练程度和经验。为此,应在学习和工作中反复多次练习和掌握。

(6)直肠检查可同时兼有治疗作用,特别是对某些肠段发现的闭结粪块可进行按压、破碎(或破结),结合深部温水灌肠(主要对后部肠管),可收到显著的效果。

四、作业与思考题

1. 一般临床上在什么情况下考虑采取直肠检查?
2. 直肠检查时,为了保障人畜安全,应注意哪些问题?

实验七　泌尿和生殖系统的临床检查

一、实验目的与要求

1. 了解肾脏、膀胱、尿道及外生殖器官的临床检查方法。
2. 练习牛(母牛)的尿道探诊方法。
3. 结合兽医院病例观察各种动物的异常排尿姿势。

二、实验器材

1. 器械　公、母畜导尿管各1支,母畜阴道开张器1个。
2. 材料　母牛1头、羊2头、犬2只、猫1只。保定用具及消毒药物、润滑剂(凡士林或液体石蜡)等。

三、实验内容与方法

(一)肾脏的检查

1. 视诊

当肾脏有病时,动物表现腰背僵硬,拱起,运步小心,后肢向前移动缓慢;牛有时可呈腰区膨隆;马间或表现为腹痛样症状;猪患肾虫病时,弓背、后躯摇摆。

2. 触诊

大动物可在腰背部强行加压或用拳捶击,也可由腰椎横突下侧方向向内探触,以观察动物是否呈现敏感反应。中、小动物如羊、犬、猫等,它们取站立姿势时,检查者立于动物后方,两手分别放在体躯两侧,以拇指于其腰背部作支点,其余四指指尖由腰椎之下对向腹内加压,由前至后或由后至前,也可由下向上以触诊肾脏的大小、硬度及敏感度;动物取横卧姿势时,可将一手置于腰背下方,另一手自上方以并拢的手指沿腰椎横突向下加压进行触诊。

3. 叩诊

健康动物于季肋头前缘左侧倒数第 2 腰椎,右侧倒数第 1 腰椎下方可叩诊出肾脏的浊(实)音区,不出现敏感反应。其范围因动物种类和体格大小而不同。病理情况下出现浊音区扩大或疼痛表现。

大动物可用直肠检查法触诊肾脏,其实际应用意义较大。

(二)膀胱的检查

膀胱触诊:膀胱位于骨盆腔底部,空虚时触之较软,大如梨状;中度充满时,轮廓明显,其壁较紧张,且有波动;高度充满时,可占据整个骨盆腔。

大动物膀胱检查,只能作直肠内部触诊,检查时应注意其位置、大小、充满度、紧张度及有无压痛等。

小动物如犬的膀胱检查,触诊时宜采取仰卧姿势,用一手在腹中线处由前向后触压。也可用两只手分别由腹部两侧,逐渐向体中线压迫,以感觉膀胱。当膀胱充满时,可在下腹壁耻骨前缘触到一有弹性的球形光滑体,过度充满时可达脐部。检查膀胱内有无结石时,最好用一手食指插入直肠,另一手的拇指与食指于腹壁外,将膀胱向后方挤压,以便直肠内的食指容易触到膀胱。

(三)尿道探诊及导尿

尿道探诊及导尿,主要用于怀疑尿道阻塞,以探查尿路是否通畅;也用于当膀胱充满而又不能排尿时,导出尿液;必要时可用消毒液进行膀胱冲洗以做治疗;还可用于采集尿液以供检验。通常应用与动物尿道内径相适应的橡皮导尿管,对母畜也可用特制的金属导尿管进行之(具体操作部分参考实验十)。

(四)外生殖器的检查

1. 公畜外生殖器的检查

主要用视、触诊方法。检查时主要注意阴囊、睾丸和阴茎的大小、形状、肿胀、分泌物和新生物。

睾丸和阴囊:注意大小、形状、硬度、肿胀及热痛反应。同时检查是否有隐睾。

包皮和阴茎:注意损伤(包括冻伤)、麻痹及新生物,特别是肿胀。

2. 母畜外生殖器的检查

主要用视、触诊方法,必要时借助阴道开张器扩张阴道,仔细观察阴道黏膜的状态,主要注意黏膜的颜色、湿度、损伤、肿物及溃疡。

当阴道和子宫脱出时,可见阴门外有脱垂的阴道和子宫。母牛胎衣不下时,可见阴门外吊挂着部分胎衣。

(五)乳腺的检查

主要用视、触诊方法。

注意乳房的大小、形状、外伤、皮肤的颜色和疹疱;触诊时注意温度、硬度及热、痛反应。

同时注意乳腺淋巴结的检查,判定其大小、可动性及热、痛反应。必要时可作乳汁的眼观检查,注意其颜色、黏稠度、有否絮状物及混合物等。

(六)排尿检查

主要用视诊方法。

动物种类和性别不同,其正常排尿姿势也不尽相同。应留心观察公和母牛、羊、马、猪、犬和猫的排尿姿势。

动物的排尿异常有频尿和多尿,少尿和无尿,尿闭,排尿困难和疼痛,尿失禁等。

此外,应注意检查尿色,尿的透明度、黏稠度和气味等。

四、作业与思考题

1. 肾脏的诊断部位、方法及临床意义是什么?
2. 临床上小动物膀胱检查的具体方法是什么?
3. 阐述对公犬进行导尿的具体操作过程及注意事项。

实验八　神经系统的临床检查

一、实验目的与要求

1. 掌握头颅、脊柱及感觉、反射功能的检查方法。
2. 利用实际病例,按通常的临诊程序进行全面系统的临床检查。
3. 初步练习填写病历。

二、实验器材

1. 器械　叩诊锤、针头。
2. 材料　牛、羊、犬及实际病例,胶头,病历夹。

三、实验内容与方法

(一)头颅、脊柱的视、触诊

头颅的视、触诊应注意其形状、大小、温度、硬度及外伤等变化。必要时,可采用直接叩诊法检查,以判定颅骨骨质的变化及颅腔、窦内部的状态。

注意脊柱的形状(上、下及侧弯曲),有否僵硬、局部肿胀、热痛反应及运步时的灵活情况。

(二)感觉机能检查

动物的感觉除视、嗅、听、味觉外,还包括皮肤的痛觉、触觉(浅触觉),肌、腱、关节感觉(深感觉)和内脏感觉。当感觉径路发生病变时,其兴奋性增高,对刺激的传送力增强,轻微刺激可引起强烈反应,称为感觉过敏;当感觉径路有毁坏性病变传送能力丧失时,对刺激的反应减弱或消失。

1. 痛觉检查

检查时,为避免视觉干扰,应先把动物眼睛遮住,然后用针头以轻微的力量针刺皮肤,观察动物的反应。一般多由感觉较钝的臀部开始,再沿脊柱两侧向前,直至颈侧、头部。对于四肢,可做环形针刺,较易发现不同神经区域的异常。健康动物针刺后立即出现反应,表现为相应部位的肌肉收缩、被毛颤动,或迅速回头、竖耳或做踢咬动作。检查时注意感觉减弱乃至消失及感觉过敏。

2. 深部感觉检查

检查深部感觉,是人为地使动物四肢采取不自然的姿势,例如使马的两前肢交叉站立,或将两前肢广为分开。当人为的动作除去后,健康马可迅速恢复原来的姿势,当深部感觉发生障碍时,则可在较长时间内保持人为的姿势而不改变。

3. 瞳孔检查

瞳孔检查,是用手电筒从侧方迅速照射瞳孔,观察瞳孔反应。健康动物,在强光照射下,瞳孔迅速缩小;除去强光时,随即复原。注意瞳孔放大及对光反应消失的变化,尤其是两侧瞳孔散大,对光反应消失。

用手压迫或刺激眼球,眼球不动,表示中脑受侵害,是病情严重的表现。

(三)反射机能检查

反射是神经系统活动的最基本方式,是通过反射弧的结构和机能完成的,故通过反射的检查,可辅助判定神经系统的损害部位。兽医临床常检查的反射有:

(1)耳反射　用细针、纸卷、毛束轻触耳内侧皮毛,正常时动物表现摇耳和转头,反射中枢在延髓及第1~2节颈髓。

(2)鬐甲反射　用细针、指尖轻触马鬐甲部被毛,正常时,肩部皮肌发生震颤性收缩。反射中枢在第7节颈髓及第1~4节胸髓。

(3)肛门反射　轻触或针刺肛门部皮肤,正常时,肛门括约肌产生一连串短而急的收缩。反射中枢在第4~5节荐髓。

(4)腱反射　用叩诊锤叩击膝中直韧带,正常时,后肢于膝关节部强力伸张。反射弧包括股神经的感觉、运动纤维和第3~4节腰髓。检查腱反射时,以横卧姿势,抬平被检肢,使肌肉松弛时进行为宜。

(四)病历记录法

病历记录是记载有关动物在病程经过中的临床检查所见以及诊断、治疗等方面的书面材料。它不仅是自己临床工作的记录和依据,又可供他人和有关部门参考。完整的病历既是医疗统计的基础数据,又是科学研究的原始资料,对科学资料的积累,实际经验的总结,都具有重要意义。因此对临床检查的所有结果,都应详细的记录于病历(病志)中。填写时一般应遵循如下几个原则:

(1)全面而详细　包括问诊、临床检查及某些辅助(特殊)检查的所见与结果,都应详尽地记入,某些检查的阴性结果也应记入,因为可以作为排除诊断的依据。

(2)系统而科学　为了记录的系统性,便于归纳、整理,所有记录内容应按系统有秩序地记载;所见的各种症状应以通用的名词和术语记入。

(3)具体而肯定　各种症候、表现,应尽可能具体和肯定,避免用可能、好像、似乎等不确切的词句。当然,如果不能确切肯定某种变化时,可在所见的后面加以问号,以便通过进一步的观察和检查再行确定之。

(4)通俗而易懂　词句应通顺,比喻和形象的描绘应简要明了,便于理解。

病历记录的一般内容、程序:

(1)病畜登记　动物种属、品种、性别、年龄、毛色、特征等。

(2)主诉及问诊材料　包括病史;详细的发病情况或流行病学调查的结果;饲养管理情况;就诊前的经过及处理等。

(3)临床检查所见　这是病历组成的主要内容,初诊病历记录更应详尽。

①记录体温、脉搏及呼吸数。

②整体状态的检查记录,包括精神状态、体格、发育、营养情况,姿势、结构的变化,表背的病变。

③各器官系统的检查所见,依次记录心血管系统、呼吸器官系统、消化器官系统、泌尿生殖系统、神经系统等症状、变化。

根据病畜的具体情况或检查者的习惯,也可按畜体各部位、器官的程序进行记录。

(4)辅助检查(特殊检查)的结果　一般以附表的形式记录之,如实验室检查(血、尿、粪便)结果,心电图、X射线、超声波所见等。

(5)病历日志　每日记载体温、脉搏、呼吸数(一般可绘制曲线图以表示之)。记录各器官、系统的新变化(一般仅重点记入与前日不同的所见),所采取的治疗措施、方法、处方及饲养管理上的改进等。各种辅助检查的结果,会诊的意见及决定等。

(6)病历的总结　当治疗结束时以总结方式,对诊断及治疗结果加以评定,并指出今后在饲养、管理上应注意的事项;如以死亡为转归时,应进行剖检,并将其剖检所见加以记录。最后应总结全部诊疗过程中的经验及教训。病历记录(病志)见表3-4。

表 3-4　病历记录(病志)格式表

年　　　月　　　日　　　门诊编号_____

畜主			住址						
畜种		年龄	性别			毛色		特征	
诊断	月　　日		转归	年　月　日			兽医师签名		
	月　　日			年　月　日					

主诉及病史:

检查所见:　　　　　体温/℃　　　　　脉搏/(次/min)　　　　　呼吸/(次/min)

　月　　日　检查所见及处理

兽医师签名

四、作业与思考题

1. 如何进行动物感觉机能的检查?
2. 兽医临床上所检查的神经反射的种类及反射机能病理变化的临床诊断意义是什么?
3. 结合临床病例,记录并撰写一份完整的病例报告。

实验九　常用治疗技术

一、实验目的与要求

1. 熟悉常用的注射器具,学会注射器的正确使用方法。
2. 掌握皮内注射法、皮下注射法、肌内注射法、静脉注射法、胸腔注射法和腹腔注射法的操作要领及注意事项。

二、实验器材

1. 器械　注射器、剪毛剪。
2. 材料　实验动物:牛、羊、犬等;脱脂棉、碘酊、酒精、生理盐水。

三、实验内容与方法

(一)皮内注射法

部位:根据动物种类和注射目的的不同,注射部位可选在颈部皮肤或尾根两侧的皮肤皱褶。

方法:保定动物,注射部位常规消毒,左手捏提皮肤成皱褶,右手持注射器,使针头与皮肤呈 30°,刺入皮内约 0.5 cm(感觉有较大阻力),推注药液至皮内形成一个小圆球即可。

注意事项:针头不可刺入过深,注射部位不能按摩,避免挤压。皮内注射的部位、方法一定要准确,否则将会影响诊断和预防接种的效果。

(二)皮下注射法

皮下注射是将药物注射于皮下组织内,经毛细血管、淋巴管吸收,一般经 5~10 min 呈现效果。凡是易溶解无强烈刺激性的药品及菌苗、疫苗等均可作皮下注射。

部位:选择富有皮下组织、皮肤容易移动的部位。牛、马等大动物多在颈部两侧;猪在耳根后或股内侧;羊多在颈部两侧或股内侧;犬、猫在颈部、背部两侧或股内侧;禽类在翅膀或大腿根部;雏鸡在颈背部或腿部。

方法:确实保定动物,局部剪毛消毒后,用左手的拇指和中指捏起皮肤,食指压其顶点,使其形成三角凹窝。右手持注射器,迅速将针头刺入凹窝中心的皮肤内,深 2 cm 左右。注入药液,拔出针头,局部再次消毒,并给以适当按摩,以促进药物分散吸收。

注意事项:皮下注射因吸收较慢,每点不可一次注射药液过多,必须分量注射时,可分点进行。刺激性较强的药品不能作皮下注射,以防引起局部炎性肿胀和疼痛,甚至造成组织坏死。

(三)肌肉注射法

部位:凡肌肉丰富的部位,均可进行肌肉注射。大动物多在颈侧及臀部;猪、羊多在颈侧部或臀部;犬、猫多在脊柱两侧的腰部肌肉或股部肌肉;禽类多在胸肌或大腿部。

方法:保定动物后,注射部位常规消毒,左手固定注射局部皮肤,右手持注射器垂直刺入肌肉,一般刺入深度为 $2\sim4$ cm,将注射器的内环回抽一下,如无血液抽出即可慢慢注入药液。注射完毕,用酒精棉球压迫针孔部,迅速拔出针头。

注意事项:注射部位应避开大血管及神经。有强烈刺激性的药物,如水合氯醛、钙制剂、浓盐水等,不能进行肌肉注射。长期进行肌肉注射的动物,注射部位应交替更换,以减少硬结的发生。刺入深度一般以针体的 2/3 为宜,以防针体折断。

(四)静脉注射法

部位:马、牛、羊等动物均可在颈静脉沟上 1/3 与中 1/3 交界处进行静脉注射。因为此处肌肉较薄,静脉比较浅在,操作容易,便于注射。猪的注射部位常选在耳静脉。犬、猫可在前肢正中静脉或后肢小隐静脉注射。

方法:剪毛消毒后,以手指压在(或以乳胶管勒紧)注射部位近心端静脉上,待血管隆起后,选择与静脉粗细相适宜的针头,以 $15°\sim45°$ 刺入血管内,见到回血后,将针头顺血管走向推进 $1\sim2$ cm(大动物),松开乳胶管,固定针头,将药液徐徐注入。注射完毕,左手拿酒精棉球压紧针孔,右手迅速拔出针头。为了防止针孔溢血,继续紧压局部片刻,最后涂以碘酊。当注射大量药液时,多采用分解动作。按上述方法刺入针头,当血液流出后,迅速连接排净空气的输液胶管和输液瓶,放低输液瓶,见回血时,将输液瓶提高,药液即流入静脉内。

注意事项:注射对组织有强烈刺激的药物,应先注射少量的生理盐水,证实针头确在血管内,再调换应注射的药液,以防药液外溢而导致组织坏死。

(五)胸腔注射法

部位:马、犬、猫在右侧第 6 肋间或左侧第 7 肋间;牛、羊、猪在右侧第 5、6 肋间或左侧第 6 肋间。各种动物都是在与肩关节水平线相交点下方 $2\sim3$ cm,即胸外静脉上方沿肋骨前缘刺入。

方法:动物保定后,局部剪毛、消毒,术者以左手于穿刺部位将局部皮肤向前稍拉 $1\sim2$ cm,右手持连接针头的注射器,沿肋骨前缘刺入(因肋骨后缘有血管和神经) $3\sim5$ cm(刺入深度可依据动物个体大小及营养程度确定);注入药液后,拔出针头,消毒处理。

注意事项:胸腔注射过程中,要防止空气进入胸腔,造成气胸。胸腔内有心脏和肺脏,刺入注射针时,一定注意不要损伤胸腔内的脏器。注入的药液温度应与体温相近。

(六)腹腔注射法

部位:马、牛在腹下最低点,白线两侧任选一侧进行。猪在第 5、6 乳头之间,腹下静脉和乳腺中间;犬、猫在耻骨前 $3\sim5$ cm 处,腹中线两侧。

方法:大动物一般站立保定,依据腹腔穿刺法进行。猪、犬、猫注射时将两后肢提起或后躯稍抬高,仰卧保定,局部严格剪毛消毒;术者左手将注射部位皮肤捏提成皱褶,右手持注射器垂直进针 2~3 cm,缓慢注入药液,注射完毕拔出针头,局部消毒处理。

注意事项:腹腔注射适用于无刺激性的药液,如进行大量输液,则宜用等渗溶液,最好将药液加温至接近体温的程度。腹腔内有各种内脏器官,在注射时,要防止损伤内脏器官。小动物腹腔内注射宜在空腹时进行,防止腹压过大,而误伤其他脏器。

四、作业与思考题

1. 牛、犬的静脉注射方法及要点是什么?
2. 简述犬的皮下注射、肌肉注射操作要领。

实验十　特殊治疗技术

一、实验目的与要求

1. 掌握瘤胃穿刺、瓣胃穿刺、膀胱穿刺和腹腔穿刺技术的操作要领及注意事项。
2. 熟练掌握导尿及膀胱冲洗技术的操作要领及注意事项。
3. 熟练掌握洗胃技术和灌肠技术的操作要领及注意事项。

二、实验器材

1. 器械　注射器、套管针、手术刀、剪毛剪、洗涤器、导尿管、导胃管、漏斗、吸引器、灌肠器、压力气筒、吊桶、塞肠器(有木质塞肠器与球胆塞肠器)。
2. 材料　牛、羊、犬等;脱脂棉、绳子等;碘酊、酒精、石蜡、0.1%高锰酸钾溶液、2%硼酸溶液、2%~3%碳酸氢钠溶液、1%~2%盐酸普鲁卡因溶液、1%~2%食盐水、生理盐水等。

三、实验内容与方法

(一)穿刺技术

1. 瘤胃穿刺技术

用途:当瘤胃臌气严重时,可作紧急排气或注入制酵剂。抽取瘤胃液作疾病诊断用。

穿刺部位:穿刺点在左侧髋骨外角与最后肋骨中点连线的中央,当瘤胃臌气时也可选在左肷部瘤胃隆起最高的部位作为穿刺点。

方法:牛、羊行站立保定,术部剪毛、消毒。术者以左手将局部皮肤稍向前移,右手持套管针与皮肤呈直角迅速刺入瘤胃(必要时可先用手术刀在术部皮肤做一小切口,易于使套管针刺入)。然后固定套管,拔出针芯,使瘤胃内的气体断续地、缓慢排出。如遇针孔阻塞,可用针芯通透,切忌拔出套管针。为了防止臌气继续发展,造成重复穿刺,因此,套管应继续固定,并留置一定的时间后才可拔出。必要时亦可从套管向瘤胃内注入某些制酵剂。拔出套管时应先插回针芯,同时压定针孔周围的皮肤,再拔出套管针,然后消毒处理。

在进行瘤胃穿刺时,应注意以下问题:

(1)放气时应注意病畜的表现,放气速度不宜过快,以防止发生急性脑贫血。

(2)整个过程要求术者始终用手固定套管针或穿刺针防止因瘤胃蠕动致使穿刺针滑脱瘤胃进入腹腔,而引发局部感染和继发腹膜炎。

(3)须经套管注入药液时,注药前一定要确切地判定套管是否在瘤胃内。

2. 瓣胃穿刺技术

用途:用于瓣胃阻塞的诊断与治疗。

穿刺部位:瓣胃位于右侧第7~10肋间,穿刺点应在右侧第8、9肋间,肩关节水平线上、下2 cm的部位。

方法:动物站立保定,术部剪毛、消毒后,将15~18 cm长的注射针头,沿肋骨前缘垂直刺入皮肤后,针头向左侧肘突方向刺入8~15 cm,如感觉有阻力,并且针头随瓣胃蠕动旋转,即刺入瓣胃。注射生理盐水后迅速回抽,若见混有草屑,即可确证已刺入瓣胃内。向瓣胃内注入药物后,迅速拔针,术部进行消毒处理。

3. 胸腔穿刺技术

用途:用于采集胸腔积液或者胸腔积气的排放。

穿刺部位:马、犬、猫在右侧第6肋间或左侧第7肋间;牛、羊、猪在右侧第5肋间或左侧第6肋间。胸外静脉上方、肩关节水平线下方2~3 cm处。

方法:大动物站立保定,犬、猫侧卧保定或取犬坐姿势,局部剪毛、消毒,犬、猫先用盐酸普鲁卡因局部浸润麻醉。术者以左手于穿刺部位将局部皮肤稍向前移,右手持适当大小的灭菌套管针(如无套管针,可用12~14号注射针头代替。针柄连接一小段胶管,接上注射器,防止空气进入胸腔),沿肋骨前缘垂直刺入。刺入深度,大动物2~4 cm,小动物1~2 cm,当感觉阻力突然消失时,即表示刺入胸腔。拔出套管针针芯,或用与胶管连接的注射器抽取胸腔积液。穿刺采样或排液(气)完毕,应立即插回针芯,然后一手紧压术部皮肤,一手拔出穿刺针,术部消毒。

4. 腹腔穿刺技术

用途:用于腹腔积液的采集与排放。

穿刺部位:一般在腹下最低点,白线两侧任选一侧进行。马、牛在剑状软骨突起后方10~15 cm,白线侧方2~3 cm处。在马,为了避开盲肠,宜在白线左侧;在反刍动物,为了避开瘤胃,宜在白线右侧;猪在脐后方,白线两侧1~2 cm处;犬在耻骨前缘至脐部腹中线的中点上。

方法:大动物一般站立保定,犬取右侧卧保定。术部常规剪毛消毒后,术者左手将术部皮肤向侧方稍稍移动,右手持腹腔穿刺套管针或注射针头,垂直刺入腹腔。刺入不宜过猛过深,穿透腹壁肌肉即可,以免伤及肠管。穿刺针刺入腹腔后,一手固定套管,一手拔出针芯,腹腔液经套管或针头可自动流出。若排液不畅,可由助手轻压两侧腹壁,以促使其充分排出;当肠系膜或网膜堵塞针孔而排液时,可缓慢摆动针头。

排液完毕,插回针芯,压紧针孔周围皮肤,拔出穿刺针,术部消毒。

5. 膀胱穿刺技术

用途:当排尿困难或尿闭时,作为急救措施,可行膀胱穿刺术,排出积尿。

穿刺部位:大动物可从直肠内进行膀胱穿刺;中、小动物则从下腹壁进行膀胱穿刺。

　　方法：大动物行柱栏内站立保定，手入直肠，掏尽宿粪。然后用手带入穿刺针，从直肠内刺入臌满的膀胱内排尿。在排尿过程中，术者的手要始终固定穿刺针，排尿完毕，则马上拔出穿刺针。中、小动物穿刺时，行侧卧或仰卧保定，于耻骨前缘的下腹壁上，垂直腹壁皮肤刺入膀胱内排尿。

　　6. 关节腔穿刺技术

　　用途：用于诊断和治疗关节疾病，多用于马。

　　穿刺部位：在其关节臌隆最明显部穿刺。

　　方法：各关节腔穿刺方法略有不同。

　　(1)蹄关节滑膜囊穿刺术在蹄冠背侧，蹄匣边缘上方 1～2 cm，中线两侧 1.5～2 cm 处。从侧面自上而下刺入伸腱突下 1.5～2 cm 深。

　　(2)冠关节滑膜囊穿刺术在系骨远端后面与屈腱之间的凹陷处。从上向下刺入 1.5～2 cm 深。

　　(3)球关节滑膜囊穿刺术在掌骨远端后面，系韧带前面和上籽骨前上方三者之间的凹陷内。从两侧由上向下与掌骨侧面呈 45°刺入 2.5～4 cm 深。

　　(4)桡腕关节滑膜囊穿刺术在副腕骨上缘，腕外屈肌腱分支与桡骨远端后方的凹陷处。由上向下刺入 2.5～4 cm 深。

　　(5)肘关节滑膜囊穿刺术在桡骨外侧韧带结节和肘突之间的凹陷处。向前下方刺入 2.5～3 cm 深。

　　(6)肩关节滑膜囊穿刺术在肩胛冈下端，冈下肌腱的前缘，臂骨大结节上方的凹陷处。由前向后稍偏内与马体表面呈 30°～45°刺入 4～5 cm 深。

　　(7)胫距关节滑膜囊穿刺术一般于前内关节盲囊内进行，即在趾长伸肌腱和跗关节内侧长韧带之间的凹陷处，关节的屈面，胫内踝下方刺入 1.5～3 cm 深。

　　(8)股膝关节滑膜囊穿刺术在膝外直韧带与膝中直韧带之间的凹陷处。稍向上方刺入 3～4 cm 深。

　　(9)髋关节滑膜囊穿刺术横卧保定，用长 10～15 cm 的针头，在股骨大转子和中转子之间的切迹处中央刺入，然后将针头向前内方呈水平方向刺入 8～12 cm 深。

　　在进行关节腔穿刺时，保定要确实，消毒要严格，以免发生感染。针入关节腔后即可有关节液流出，若无液体流出时可压迫关节囊或用注射器抽吸，但不可过深刺入关节腔内，以免损伤关节软骨。

　　(二)导尿技术与膀胱冲洗技术

　　1. 准备

　　(1)根据动物种类备用不同类型的导尿管。用前将导尿管放在 0.1%高锰酸钾溶液的温水中浸泡 5～10 min，前端蘸液体石蜡。

　　(2)冲洗药液宜选择刺激性或腐蚀性小的消毒、收敛剂。常用的有生理盐水、2%硼酸溶液、0.02%～0.1%高锰酸钾溶液、1%～2%石炭酸溶液、0.1%～0.2%雷佛奴尔溶液等。此外，也常用抗生素及磺胺制剂的溶液(冲洗药液的温度要与体温相近)。

　　(3)备好注射器与洗涤器。

　　(4)术者手、病畜的外阴部及公畜阴茎、尿道口要清洗消毒。

2. 操作步骤

(1)助手将尾巴拉向一侧或吊起。术者将导尿管握于掌心,前端与食指同长,呈圆锥形伸入阴道 15～20 cm(大动物),先用手指触摸尿道口,轻轻刺激或扩张尿道口,随即插入导尿管,徐徐推进,当进入膀胱后,则无阻力尿液自然流出。

(2)排完尿后,导尿管另端连接洗涤器或注射器,注入冲洗药液,反复冲洗,直至排出药液透明为止。

(3)公马冲洗膀胱或导尿时,先于柱栏内固定好两后肢,术者蹲于马的一侧,将阴茎拉出,左手握住阴茎前部,右手持导尿管插入尿道,徐徐推进,当到达坐骨弓附近时,则感有阻力推进困难,此时助手在肛门下方可触摸到导尿管的前端,轻轻按摩辅助向上转弯,术者与此同时继续推送导尿管,即可进入膀胱导出尿液。冲洗方法与母畜相同。导尿或冲洗完之后,还可注入治疗药液。尔后除去导尿管。

3. 注意事项

在进行导尿与膀胱冲洗时,应注意以下问题:

(1)严格无菌操作,预防尿路感染。

(2)当识别母畜尿道口有困难时,可用开膣器开张阴道,即可看到尿道口。

(3)插入导尿管时,防止粗暴操作,以免损伤尿道黏膜或造成膀胱壁的穿孔。

(4)导尿或冲洗膀胱时,要注意人畜安全。

(三)导胃与洗胃法

1. 准备

大动物于柱栏内站立保定,小动物行侧卧保定。

2. 操作步骤

(1)先用胃管测量到胃内的长度(牛从唇至倒数第 5 肋骨,羊从唇至倒数第 2 肋骨,马从鼻端至第 14 肋骨)并做好标记。

(2)装好开口器,固定好头部。

(3)从口腔徐徐插入胃管,到胸腔入口及贲门处时阻力较大,应缓慢插入,以免损伤食管黏膜。胃管前端经贲门到达胃内后,阻力突然消失,此时可有酸臭味气体或食糜排出。胃管插入胃内并经验证后可在胃管外端装上漏斗灌入温水,将头低下,利用虹吸原理或用吸引器抽出胃内容物。如此反复多次,逐渐排出胃内大部分内容物,直至病情好转为止。小动物的胃管插入胃内后,在胃管外端口连接装有灌洗液的注射器,向胃内注完相当量的灌洗液后,再抽出胃内容物,反复灌洗,直至吸出液体与灌洗液颜色相同为止。

(4)治疗胃炎时,导出胃内容物后,要灌入防腐消毒药。

(5)冲洗完之后,缓慢抽出胃管,解除保定。

3. 注意事项

在进行导胃与洗胃时,操作中要注意安全。使用的胃管要根据动物的种类选定,胃管长度和粗细要适宜。瘤胃积食宜反复灌入大量温水,方能洗出胃内容物。马胃扩张时,开始灌入温水不宜过多,以防胃破裂。

(四)灌肠法

1. 准备

(1)大动物柱栏内站立保定,吊起尾巴。中小动物于手术台上侧卧保定。

（2）木质塞肠器呈圆锥形，长 15 cm，中间有直径 2 cm 的小孔，前端钝圆，直径 6～8 cm，后端呈平面，直径 10 cm，两边附着两个铁环。塞入直肠后，将两个铁环拴上绳子，系在笼头或颈部套包上。

球胆塞肠器是在排球胆上剪两个相对的孔，中间插入一根直径 1～2 cm 的橡胶管，然后用胶密闭剪孔，胶管两端各露出 10～20 cm。塞入直肠后，向球胆内打气，胀大的球胆堵住直肠膨大部，即自行固定。

（3）灌肠溶液一般用微温水、微温肥皂水、1％温盐水或甘油（小动物用）。消毒、收敛用溶液有 0.1％高锰酸钾溶液、2％硼酸溶液等。治疗用溶液根据病情而定。营养溶液可备葡萄糖溶液、淀粉浆等。

2. 操作步骤

（1）一般方法　将灌肠液或注入液盛于漏斗（或吊桶）内，将漏斗举起或将吊桶挂在保定栏柱上。术者将灌肠器的胶管另一端，缓缓插入肛门直肠深部，溶液即可徐徐注入直肠内，边流边向漏斗（或吊桶）内倾注溶液，直至灌完。并随时用手指刺激肛门周围，使肛门紧缩，防止注入的溶液流出。灌完后拉出胶管，放下尾巴。

（2）中小动物灌肠　使用小动物灌肠器，一端插入直肠，另一端连接漏斗，将溶液倒入漏斗内，即可流入直肠。也可使用 100 mL 注射器连接胶管注入溶液。

（3）大量压力深部灌肠　主要应用于马的肠结石、毛球及其他异物性大肠阻塞、重危的大肠便秘等。

灌肠之前，先用 1％～2％盐酸普鲁卡因溶液 10～20 mL，在尾根下凹窝内（后海穴）与脊椎平行刺入 10 cm，进行注射，使肛门与直肠弛缓之后，将塞肠器插入肛门固定。然后将胶管插入木质塞肠器的小孔到直肠内（或与球胆塞肠器的胶管连接），高举吊桶或漏斗，溶液即可注入直肠内，也可用压力气筒压入溶液。一次平均可注入 10～30 L 溶液。灌完后为防止溶液逆流，可将塞肠器保留 15～20 min 后再取出。

3. 注意事项

在进行灌肠时，应注意以下问题：

（1）直肠内存有宿粪时，按直肠检查要领取出宿粪，再进行灌肠。

（2）防止粗暴操作，以免损伤肠黏膜或造成肠穿孔。

（3）溶液注入后由于排泄反射，溶液易被排出，为防止排出，用手压迫尾根，或于注入溶液的同时以手指刺激肛门周围，也可按摩腹部。最好办法是用塞肠器压紧肛门。

四、作业与思考题

1. 简述瘤胃穿刺的部位及操作要领。

2. 试述犬腹腔穿刺的操作过程。

3. 为什么要进行灌肠？如何选择灌肠液？

实验十一　血液常规检验

一、实验目的与要求

1. 掌握红细胞和白细胞的计数技术。
2. 学会血沉、血红蛋白、红细胞压积容量的检验方法。

二、实验器材

1. 器械　显微镜、分光光度计、离心机、计数板、红细胞稀释管或沙利氏吸管、一次性定量 $10~\mu L$ 或 $20~\mu L$ 毛细玻璃管、5 mL 吸管、中试管。血沉管、血红蛋白计、红细胞压积测定管和采血针头等。

2. 材料　供采血动物(山羊、家兔等);氯化钠、冰醋酸、硫酸钠、氯化高汞、结晶紫、盐酸、枸橼酸钠等。

三、实验内容与方法

(一)红细胞计数

红细胞计数(red blood cell count,RBC)是指计算每升血液内所含红细胞的数目。红细胞计数的方法很多,一般常用显微镜计数法。

1. 原理

血液经稀释后,充入血细胞计数室,用显微镜观察,计数一定容积内的红细胞数并换算成每升血液中的红细胞数。

2. 器材与试剂

(1)计数板　计数各种血细胞专用量具。临床上最常用的是改良纽巴(Neubauer)氏计数板。它由一块特制的厚玻璃构成,通过 H 形槽沟将其分成上下两个相同计数池。计数池两侧各有一条支柱,将盖玻片盖于计数池的两侧支柱上,盖片与计数池间形成 0.1 mm 高度的缝隙。在各池的平面玻璃上,刻划有 $9~mm^2$ 面积的刻度,分为 9 个大方格,每格长、宽各 1 mm,面积 $1~mm^2$,体积 $0.1~mm^3$,容量 $0.1~\mu L$。四角每一大方格都用单线划分为 16 个中方格,为计数白细胞之用。中央一个大方格用双线划分为 25 个中方格,每个中方格又划分为 16 个小方格,共计 400 个小方格,此为计数红细胞之用,如图 3-40 和图 3-41 所示。专用于计数板的盖玻片呈长方形,厚度为 0.4~0.7 mm,通常大小是 24 mm×20 mm×0.6 mm。

(2)试剂　稀释液:

①0.85%氯化钠溶液

②赫姆(Hayem)氏液

氯化钠(使溶液成为等渗)	1.0 g
结晶硫酸钠(增加溶液的密度,使红细胞不呈串钱状)	5.0 g
氯化高汞(固定红细胞,并具防腐作用)	0.5 g
蒸馏水	200 mL

溶解后加1%伊红溶液1滴,使呈红色,以便识别。

以上两种稀释液,任选一种即可。

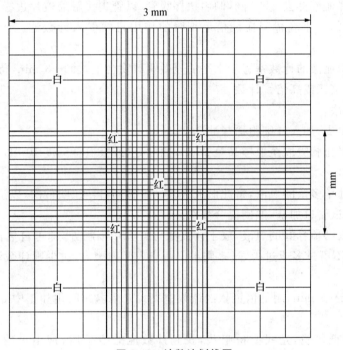

图 3-40　计数池划线图

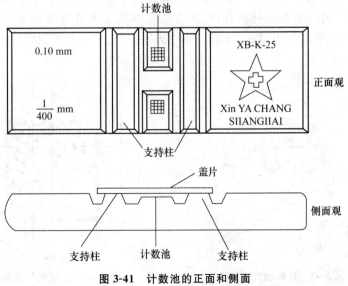

图 3-41　计数池的正面和侧面

3. 操作方法

（1）红细胞吸管稀释法

①用红细胞稀释管吸取血液至刻度"0.5"处，用脱脂棉球擦去吸管外面及尖端的血液。

②迅速将吸管插入红细胞稀释液内，吸稀释液至刻度"101"处。

③将吸管的两端夹持于拇指与中指（或食指）之间，振荡时应转换方向，以使血液和稀释液充分混合均匀。

④将管内稀释血液弃去 2～3 滴，倾斜执握吸管，以管尖接触盖玻片边缘与计数池空隙处，小心充液，使管尖的一小滴稀释血液借毛细管的作用自然引入计数池。计数池充液法见图 3-42。

⑤将充好稀释血液的计数室置于水平的显微镜载物台上，静止 3 min，待悬浮的血细胞完全沉落后，再用低倍镜或高倍镜计数。

（2）试管稀释法

①取小试管 1 支，加入红细胞稀释液 3.98 mL。

②用沙利氏吸血管吸取全血样品至 20 μL 刻度处（或吸血至刻度 10 μL 处，红细胞稀释液用 2 mL）。

③擦去吸管外壁多余的血液，将此血液吹入试管底部，再吸、吹数次，以洗出沙利氏管内黏附的血细胞，然后试管口加塞，颠倒混合数次。

④用吸管吸取已稀释好的血液，放于计数池与盖玻片接触处，即可自然流入计数池内（图 3-42）。注意充液不可过多或过少，过多则溢出而流入两侧槽内，过少则计数池中形成空气泡，致使无法计数。

⑤充池后待 2～3 min，用低倍镜依次计数中央大方格内的四角和正中 5 个中方格内的红细胞。

计数时，先用低倍镜，光线要稍暗些，找到计数池的格子后，把中央的大方格置于视野之中，然后转用高倍镜，在此中央大方格内选择四角与最中间的 5 个中方格（或用对角线的方法数 5 个中方格），每一中方格有 16 个小方格，所以总共计数 80 个小方格。计算时要注意压在左边双线上的红细胞应计数在内，压在右边双线上的红细胞则不计数在内；同样，压在上线的计入，压在下线的不计入，此即所谓"数左不数右，数上不数下"的计数法则。计数顺序如图 3-43 所示。

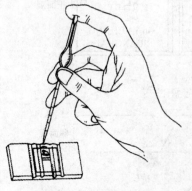

图 3-42　计数池充液法

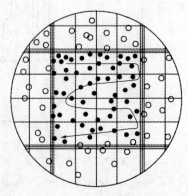

图 3-43　红细胞计数顺序

4. 计算

红细胞数/L＝5 个中方格内红细胞数×5×10×200×10^6＝5 个中方格内红细胞数×10^{10}

式中:5 个中方格(即 80 个小方格)内的红细胞总数;×5 为 5 个中方格换算成 1 个大方格;×10 为 1 个大方格容积 0.1 μL 换算成 1.0 μL;×200 为血液的稀释倍数;×10^6 为由微升换算成升。

5. 注意事项

(1)红细胞计数是一项细致的工作,稍有粗心大意,就会引起计数不准。为避免计数不准,关键是防凝、防溶、取样正确。防凝是指采取末梢血液的动作要快,防止血液部分凝固。取抗凝血时,抗凝剂的量要合适,不可过少使血液部分呈小块凝集;采血中应及时将血液与抗凝剂混匀。防溶是指防止过分振摇而使红细胞溶解,或是器材用水洗后未用生理盐水冲洗而发生溶血,使计数结果偏低。取样正确是指吸血 10 μL 或 20 μL 一定要准确,吸血管外的血液要擦去,吸血管内的血液要全部洗入稀释液中;稀释液的用量要准;充液量不可过多或过少,过多可使血盖片浮起,过少则计数室中形成小的空气泡,使计数结果偏低甚至无法计数。此外,显微镜台未保持水平,使计数室内的液体流向一侧,这些操作上的错误均可使计数结果不准确。

(2)器械清洗方法　沙利氏吸血管或红细胞稀释管,每次用完后,先用清水吸吹数次,然后在蒸馏水、酒精、乙醚中,按次序分别吸吹数次,干后备下次使用。血细胞计数板用蒸馏水冲洗后,用绒布轻轻擦干即可,切不可用粗布擦拭,也不可用乙醚、酒精等溶剂冲洗。

6. 正常参考值

健康动物除山羊的红细胞数较多外,其他动物的红细胞数为(6.0～8.0)×10^{12}/L。

7. 临床意义

(1)相对性增多　由多种原因导致的血浆容量减少,使红细胞相对增多,多为暂时性的,常见于剧烈呕吐、严重腹泻、水摄入减少、应用利尿剂后、大面积烧伤、多汗、多尿、急性肠胃炎、肠梗阻、肠变位、渗出性胸膜炎、某些传染病及发热性疾病等;也见于犬和猫焦躁不安、兴奋,且通常在 1 h 内恢复正常。

(2)绝对性增多　为红细胞增生过多所致,有原发性和继发性 2 种。原发性红细胞增多症,又叫真性红细胞增多症,与促红细胞生成素产生过多有关,见于肾癌、肝细胞癌、雄激素分泌细胞肿瘤、肾囊肿等疾病,红细胞可增加 2～3 倍。继发性红细胞增多,是由于代偿作用使红细胞绝对数增多,见于缺氧、高原环境、一氧化碳中毒、代偿机能不全的心脏病及慢性肺部疾病。

(3)红细胞减少　见于各种原因引起的贫血,如造血原料不足、造血功能障碍、红细胞破坏过多或失血等。

(二)白细胞计数

白细胞计数(white blood cell count,WBC)是指计算每升血液内所含白细胞的数目。白细胞的计数方法常用显微镜计数法。

1. 原理

用稀释液将红细胞破坏后,混匀充入计数池中,在显微镜下计数一定容积中的白细胞数,经换算求得每升血液中的白细胞总数。白细胞稀释液可用 2％的冰醋酸液,内加 1％结晶紫液 1 滴,以便与红细胞稀释液区别。

2. 操作方法

(1)白细胞吸管稀释法　用白细胞稀释管吸取血液到刻度"0.5"处,用棉花擦去管尖外部的血液,吸取白细胞稀释液至刻度"11"处,即为20倍稀释;用拇指和食指(或中指)分别堵住白细胞稀释管两端,充分摇荡,混匀;先弃去2～3滴后,将一小滴充入计数池内,静置2 min后,在低倍镜下计数。

(2)试管稀释法　在小试管内加入白细胞稀释液0.38 mL;用沙利氏吸血管吸取被检血至20 μL处,擦去管外黏附的血液,吹入小试管中,反复吹吸数次,以洗净管内所黏附的白细胞,充分振摇混匀;用毛细吸管吸取被稀释的血液,充入已盖好盖玻片的计数室内,静置2～3 min后,待白细胞下沉。用低倍镜计数四角的四个大方格内的白细胞数。计数方法和原则与红细胞计数相同。

3. 计算

$$白细胞数/L = 4个大格白细胞数 \div 4 \times 10 \times 20 \times 10^6$$

式中:÷4为每个大格内白细胞平均数;×10为因一个大格容积0.1 μL换算成1.0 μL;×20为血液稀释倍数;×10^6为将1 μL换算成1 L。

4. 注意事项

与红细胞计数的注意事项相同。初学者容易把尘埃异物与白细胞混淆,可用高倍镜观察,白细胞有细胞核的结构,而尘埃异物的形状不规则,无细胞结构。

5. 正常参考值

白细胞的正常值马、骡、驴、牛、绵羊为$(8.0～9.0) \times 10^9/L$,山羊、猪为$(13.0～14.0) \times 10^9/L$。

6. 临床意义

(1)白细胞增加　见于大多数细菌性传染病和炎性疾病,如炭疽、腺疫、巴氏杆菌病、猪丹毒、纤维素性肺炎、小叶性肺炎、腹膜炎、肾炎、子宫炎、乳房炎、蜂窝织炎等疾病。此外还见于白血病、恶性肿瘤、尿毒症、酸中毒等。

(2)白细胞减少　见于某些病毒性传染病,如猪瘟、马传染性贫血、流行性感冒、鸡新城疫、鸭瘟等;并见于各种疾病的濒死期和再生障碍性贫血。此外,还见于长期使用某些药物时,如磺胺类药物、青霉素、链霉素、氯霉素、氨基比林、水杨酸钠等。

(三)红细胞沉降速度的测定

红细胞沉降速度或称血沉(ESR),是指防凝血在特制的玻璃管中(血沉管),在单位时间内,观察红细胞下降的毫米数。其方法很多,主要介绍魏氏和涅氏2种方法。

1. 原理

红细胞沉降速度与红细胞串钱状的形成、红细胞数目的多少、血浆蛋白的组成以及测定时室温的变化、血沉管倾斜的程度等因素有关。

2. 操作方法

(1)魏氏法　魏氏血沉管长30 cm,内径为2.5 mm,管壁有200个刻度,每一刻度之间距离为1 mm,附有特制的血沉架如图3-44所示。

测定方法如下:

①取 3.8% 枸橼酸钠液 0.4 mL 置于小试管中。

②自颈静脉采血 1.6 mL,加入上述试管,轻轻混合。

③用血沉管吸取抗凝血至刻度"0"处,用棉花擦去管外血液,直立于血沉架上。

④经 15、30、45、60 min,分别记录红细胞沉降的刻度数,用分数形式表示(分母代表时间,分子代表沉降 mm 数)。

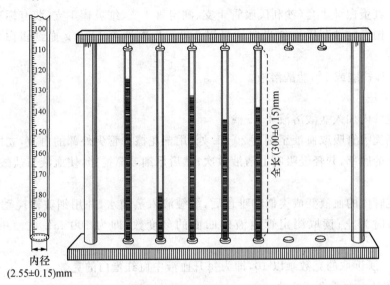

图 3-44　魏氏血沉架装置

(2)涅氏法　涅氏血沉管有 2 种,一种仅有 100 个刻度者,称为"六五"型血沉管;另一种除有 100 个刻度供测定血沉之外,一侧自上而下标有 20~125,用来表示血红蛋白的百分数,管中央自上而下标有 1~13,用来表示红细胞数($\times 10^6/mm^3$),这种管子特称为三用血沉管。二者测定血沉的结果是一致的,故可通用。测定方法是:向涅氏血沉管内加入 10% EDTA 二钠液 4 滴或加入草酸钠粉 0.02~0.04 g。自颈静脉采血,沿管壁接取血液至刻度"0"处,轻轻颠倒混合数次。垂直立于试管架上,经 15、30、45、60 min,分别读取红细胞沉降的数值。

3. 注意事项

(1)血沉管必须垂直静立(牛、羊的血液,血沉速度很慢,可倾斜 60°,以加速沉降。注意,其正常值也相应增加);血液柱面上不应有气泡;抗凝剂的量要按规定加入。

(2)测定时要在 20℃ 左右的温度下进行。

(3)报告结果时,必须注明是用什么方法测定的。

4. 临床意义

(1)血沉加快　见于贫血、急性全身性感染、浆膜腔急性炎症、脓肿、肾小球肾炎等。

(2)血沉减慢　见于大出汗、腹泻、肠阻塞等疾病。

(四)血红蛋白的测定

血红蛋白(homoglobin,Hb)是一种含铁的色蛋白,是红细胞的主要内含物,它是血红素和珠蛋白肽链连接而成的一种结合蛋白,属色素蛋白。每个正常红细胞内所含的血红蛋白占红细胞重量的 32%~36%,或红细胞干重的 96%。

血红蛋白测定是测定并计算出每升血液中血红蛋白的克数。测定血红蛋白的常用方法有沙利氏比色法和氰化高铁血红蛋白测定法。

1. 沙利(Sahli)氏比色法

(1)原理　血液与盐酸作用后,变为褐色的盐酸高铁血红蛋白,与标准比色柱相比,然后换算出每升血液中血红蛋白的克数。

(2)器材与试剂

沙利氏血红蛋白计1套(沙利氏吸管1支、测定管1支、细玻棒1支、装有标准玻璃色板的比色计1个),国产的沙利氏血红蛋白计是以100 mL血液含14.5 g血红蛋白为100％而设计的。

0.1 mol/L盐酸或1‰盐酸溶液。

(3)操作方法

①在测定管内加入盐酸溶液4～5滴。

②用沙利氏吸管吸取血液至刻度20 μL处,用棉花擦去管尖外部的血液,立即将管中的血液吹入测定管的底部,并轻轻吸吹上清液数次;然后用细玻棒搅拌,使血液与盐酸充分混合,静置10 min。

③待测定管内的血液变成类似咖啡色后,缓缓滴入蒸馏水,并用细玻棒搅动,直至颜色和标准色柱一致时为止;读取测定管内液体凹面的刻度数,即为100 mL血液中血红蛋白的克数。

(4)计算　所读取的克数乘以10,即为每升血液中血红蛋白的克数。

2. 氰化高铁血红蛋白测定法

(1)原理　表面活性剂溶解红细胞膜,释放血红蛋白。血红蛋白被高铁氰化钾氧化为高铁血红蛋白(Hi),在一定的pH下,Hi与氰离子(CN^-)结合生成稳定的棕红色氰化高铁血红蛋白(HiCN)。HiCN在波长540 nm处有一吸收峰,测定其吸光度,可求得血红蛋白浓度(g/L)。

(2)试剂的配制(HiCN转化液)

氰化钾	50 mg
高铁氰化钾	200 mg
无水磷酸二氢钾	114 mg
TritonX-100(或其他非离子表面活性剂)	1.0 mL
蒸馏水	1 000 mL

配成后用滤纸过滤,置棕色瓶中,塞紧后保存于冷暗处,但勿使结冰,可保存数月。此液应透明、淡黄色,pH在7.0～7.4,以蒸馏水作空白,用540 nm比色,吸光度应小于0.001。若变浑、变绿或发生混浊则应废弃。

(3)操作方法

①取血液20 μL加入5 mL血红蛋白转化液中,充分混匀,静置5 min。

②用分光光度计比色,波长540 nm,光径1 cm,以转化液或蒸馏水作为空白,测定吸光度。

(4)注意事项

①可用末梢血液直接测定,静脉血按每毫升血液1.5 mg EDTA·Na_2的比例抗凝,不可用肝素抗凝(可致混浊)。

②HiCN 法结果准确可靠，操作简便，但试剂中 KCN 为剧毒，在配制和保存过程中应提高警惕，防止污染。用于大量标本时，应注意废液处理，可用解毒液除毒，即按每升加次氯酸钠 35 mL 混匀后敞开过夜，使 CN^- 氧化成 CO_2 和 N_2 挥发后，再排入下水道。

（5）计算

$$血红蛋白(g/L) = 测定管吸光度 \times (64\ 458 \div 44\ 000) \times 251 = 测定吸光度 \times 367.7$$

式中：64 458 为目前国际公认的血红蛋白平均分子量；44 000 为 1965 年国际血液标准化委员会公布的血红蛋白摩尔吸光度；251 为稀释倍数。

（6）正常参考值　各种动物血红蛋白正常值在 90～120 g/L。

（7）临床意义　参考红细胞计数。

（五）红细胞压积容量（PCV）的测定

红细胞压积容量（packed cell volume，PCV）又叫压容或比容，是指红细胞在血液中所占容积的比值。红细胞压积主要与血液中红细胞的数量及其大小有关，常用来做红细胞各项平均值的计算，据此作为贫血的形态学分类；此外在兽医临床上还借此以了解血液浓缩程度，作为补液量的参考。测定红细胞压积的方法有比重测定法、折射计法、放射性核素法、血细胞分析仪法、温氏法和毛细血管高速离心法等。目前在兽医临床上采用温氏法较为广泛，这里介绍温氏法。

1. 原理

在 100 刻度玻璃管中，充入抗凝血，经一定时间离心后，红细胞下沉并紧压于玻璃管中，读取红细胞柱所占的百分比，即为红细胞压积容量。

2. 操作方法

（1）用长针头吸满抗凝血，插入温氏管底部，轻捏胶皮乳头，自下而上挤入血液至刻度 100 处。温（Wintrobe）氏管的管长 11 cm，内径约 2.5 mm，管壁有 100 个刻度。一侧自上而下标有 0～100，供测定血沉用，另一侧标有 100～0，供测定比容用，见图 3-45。如无这种特制的管子，可用有 100 刻度的小玻璃管代替。可选用长 12～15 cm 的针头，将针尖剪去并磨平，针柄部接以胶皮乳头。也可用细长微细吸管代替。

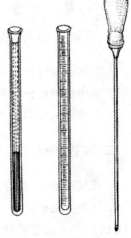

（2）置离心机中，以 3 000 r/min 的速度离心 30～45 min（马的血液离心 30 min，牛、羊的血液离心 45 min），取出观察，记录红细胞层高度，再离心 5 min，如与第一次离心的高度一致，此时红细胞柱层所占的刻度数，即为 PCV 数值，用百分数表示。

3. 注意事项

（1）温氏管及充液用具必须干燥，以免溶血。

图 3-45　温氏红细胞压积测定管及充液长针头

（2）离心时，离心机的转速必须达到 3 000 r/min 以上，并遵守所规定的时间。

（3）用一般离心机离心后，红细胞层呈斜面，读取时应取斜面 1/2 处所对应的刻度数。血浆与红细胞层之间的灰白层是白细胞与血小板组成的，不应计算在内。

4. 正常参考值

各种动物 PCV 正常值在 30%～40%。

5. 临床意义

(1)红细胞压积增高　见于各种原因所致的红细胞绝对性增多时,如真性红细胞增多症、肺动脉狭窄、高铁血红蛋白血症;见于各种原因所引起的血液浓缩的疾病,如急性胃肠炎、肠便秘、肠变位、瓣胃阻塞、渗出性胸膜炎和腹膜炎以及某些传染病和发热性疾病。由于红细胞压积增高的数值与脱水程度成正比,因此在临床上可根据这一指标的变化而推断机体的脱水情况,并计算补液的数量及判断补液量的实际效果。

(2)红细胞压积降低　见于各种贫血,但降低的程度并不一定与红细胞数一致,因为贫血的类型不同。

四、作业与思考题

1. 红细胞与白细胞计数方法的主要区别是什么?

2. 临床上进行红细胞数、血红蛋白含量、红细胞压积容量、血液沉降速度等测定的诊断意义是什么?

实验十二　畜禽血细胞形态比较

一、实验目的与要求

1. 掌握血液涂片的制作方法和染色技术。

2. 掌握白细胞分类技术。

3. 了解各类细胞的形态特征。

二、实验器材

1. 器械　显微镜、白细胞分类计数器、载玻片、染色盆及支架、染色缸、洗瓶等。

2. 材料　瑞氏染粉、姬氏染粉、甲醇、甘油、磷酸氢二钠(Na_2HPO_4)0.2 g、磷酸二氢钾(KH_2PO_4)0.3 g、香柏油、吸水纸等。

三、实验内容与方法

白细胞分类计数(differential count of white blood cell,DC)是指利用染色的血液涂片计算血液中各类白细胞的百分率。其原理是将血液制成分布均匀的薄膜涂片,用复合染料染色,根据各类白细胞着色特征予以分类计数,得出相对比值(百分率),以观察数量、形态和质量的变化,对疾病有辅助诊断意义。

（一）涂片方法

取无油脂的洁净载玻片数张，选择边缘光滑的载片作为推片（推片一端的两角应磨去，也可用血细胞计数板的盖玻片作为推片），用左手的拇指及中指夹持载片，右手持推片；先取被检血 1 小滴，放于载玻片的右端，将推片倾斜 30°～40°角，使其一端与载片接触并放于血滴之前，向后拉动推片，使与血滴接触，待血液扩散形成一条线状之后，以均等的速度轻轻向前推动推片，则血液均匀地被涂于载片上而形成一薄膜。

良好的血片，血液应分布均匀，厚度要适当。对光观察时呈霓虹色，血膜应位于玻片中央，两端留有空隙，以便注明动物类别、编号和日期，如图 3-46 和图 3-47 所示。

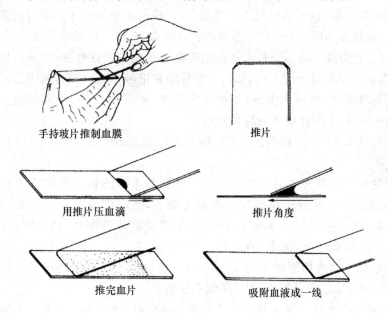

手持玻片推制血膜　　　　　　　推片

用推片压血滴　　　　　　　　推片角度

推完血片　　　　　　　　吸附血液成一线

图 3-46　血片的制备

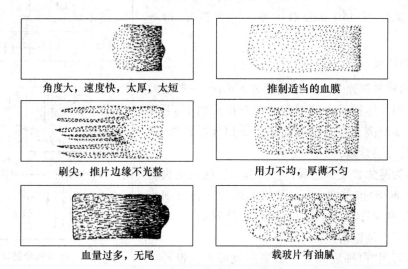

角度大，速度快，太厚，太短　　　　推制适当的血膜

刷尖，推片边缘不光整　　　　用力不均，厚薄不匀

血量过多，无尾　　　　　　载玻片有油腻

图 3-47　各种血膜的比较

(二)染色方法

1. 染液及其配制

(1)瑞(Wright)氏染液　瑞氏染粉 0.1 g,甲醇 60.0 mL。将染色粉置于研钵中,加少量甲醇研磨,使其溶解,然后将已溶解的染液倒入洁净的棕色玻瓶,剩下未溶解的染料再加少量甲醇研磨,如此继续操作,直至全部染料溶解并用完甲醇为止。在室温中保存 7 d 后即可应用。新配制的染液偏碱性,放置后可呈酸性。保存时间愈久,染色力愈佳。

(2)姬(Giemsa)氏染液　姬氏染粉 0.5 g,纯甘油 33.0 mL,纯甲醇 33.0 mL。先将染粉置于研钵中,加入少量甘油,充分研磨,然后加入其余量的甘油,水浴加温(60℃)1～2 h,经常用玻璃棒搅拌,使染色粉溶解,最后加入甲醇混合,装棕色瓶中保存 1 周后过滤即成原液。临用时取此原液 1 mL,加 pH 6.8 的缓冲液或新鲜蒸馏水 10 mL,即成应用液。

(3)瑞-姬氏复合染液　瑞氏染粉 1.0 g,姬氏染粉 0.3 g,中性甘油 10 mL,甲醇 500 mL。先将瑞氏染粉与姬氏染粉置于研钵中,加入少量甘油和甲醇,充分研磨,吸出上层染液置棕色瓶中,再加甲醇继续研磨,再吸出上液,如此连续数次,直至 500 mL 甲醇用完。配好后每天早、晚各振摇 3 min,共 5 d,存放 1 周后可使用。

(4)缓冲液(pH 6.4～6.8)磷酸氢二钠(Na_2HPO_4)0.2 g,磷酸二氢钾(KH_2PO_4)0.3 g。

2. 染色过程

(1)瑞氏染色法　是最常用的染色法之一。将自然干燥的血片用蜡笔于血膜的两端各画一道横线,以防染色液外溢。置血片于水平支架上,滴瑞氏染液于血片上,并计其滴数,直至将血膜浸盖为止,待染 1～2 min 后,滴加等量缓冲液或蒸馏水,轻轻吹动使之混匀,再染 4～10 min,用蒸馏水冲洗,洗干,油镜观察。

(2)姬氏染色法　涂片用甲醇固定 1～2 min。将血片直立于装有姬氏应用液的染色缸中,染色 30～60 min,取出用蒸馏水冲洗,干燥后镜检。

(3)瑞-姬氏复合染色法　将血片置于染色架上,滴加瑞-姬氏复合染液 3～5 滴,使其迅速布满血膜,约 1 min 后,滴加缓冲液 5～10 滴,轻轻摇动玻片使之充分混合,5～10 min 后用流水冲去染液,待干镜检。

(三)分类镜检

先用低倍镜检视血片上白细胞的分布情况,一般是粒细胞、单核细胞及体积较大的细胞分布在血片的上、下缘及尾端,淋巴细胞多在血片的起始端。滴加显微镜油,转过油镜头进行分类计数。

计数时,为避免重复和遗漏,可用四区、三区或中央曲折计数法(图 3-48)推移血片,记录每一区的各种白细胞数。每张血片最少计数 100 个白细胞,连续观察 2～3 张血片,求出各种白细胞的百分比。

记录时,可用"白细胞分类计数器",也可事先设计一表格,用画"正"字的方法记录,以便于统计百分数。白细胞分类计数表见表 3-5。

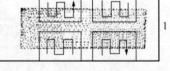
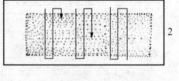
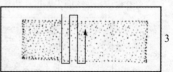

图 3-48　白细胞分类计数顺序
1. 四区计数法　2. 三区计数法
3. 中央曲折计数法

表 3-5 白细胞分类计数统计

动物种类	门诊号			诊断		日期
计数区	I	II	III	IV	合计/个	百分比/%
嗜碱性	1			1	2	1
嗜酸性	2	3	2	1	8	4
嗜中性						
杆状核	3	2	1	2	8	4
分叶核	27	31	22	30	110	55
淋巴细胞	15	17	19	15	66	33
单核细胞	2	1	2	1	6	3
合 计	50	54	46	50	200	100

(四)各种白细胞的形态特征

各种白细胞的形态特征主要表现在细胞核及细胞浆的特有形状上,并应注意细胞的大小。各种白细胞的形态特征详见表 3-6。

表 3-6 各种白细胞的形态特征(瑞氏染色法)

白细胞分类	细胞核							细胞浆	
	位置	形状	颜色	核染色质	细胞核膜	多少	颜色	透明带	颗粒
嗜中性幼年型	偏心性	椭圆	红紫色	细致	不清楚	中等	蓝、粉红色	无	红或蓝、细致或粗糙
嗜中性杆状核	中心或偏心性	马蹄形、腊肠形	浅紫蓝色	细致	存在	多	粉红色	无	嗜中、嗜酸或嗜碱
嗜中性分叶核	中心或偏心性	3~5叶者居多	深紫蓝色	粗糙	存在	多	浅粉红色	无	粉红色或紫红色
嗜酸性白细胞	中心或偏心性	2~3叶者居多	较淡紫蓝色	粗糙	存在	多	蓝、粉红色	无	深红、分布均匀,马的最大,其他动物次之
嗜碱性白细胞	中心性	叶状核不太清楚	较淡紫蓝色	粗糙	存在	多	浅粉红色	无	蓝黑色,分布不均匀,大多在细胞的边缘
淋巴细胞	偏心性	圆形或微凹入	深紫蓝色	大块中等块致密	浓密	少	天蓝深蓝或淡红色	胞浆深染时存在	无或有少数嗜天青蓝色颗粒
大单核细胞	偏心或中心性	豆形、山字形、椭圆形	淡紫蓝色	细致网状边缘不齐	存在	很多	灰蓝或云蓝色	无	很多,非常细小,淡紫色

(五)白细胞数参考值

见附录中附表四。

(六)临床意义

(1)嗜中性粒细胞增多见于某些传染病,急性化脓性疾病,急性炎症及严重的外伤感染等;减少见于病毒性疾病及濒死期。

(2)嗜酸性粒细胞增多主要见于变态反应性疾病、寄生虫病、皮肤病及注射血清之后;减少见于毒血症、尿毒症等。

(3)嗜碱性粒细胞变化,比较少见。

(4)淋巴细胞增多见于病毒性感染性疾病,也可见于某些细菌感染、布氏杆菌病、结核病、血孢子虫病等;减少见于嗜中性粒细胞增多引起的淋巴细胞相对性减少,放射性损伤等。

(5)单核细胞增多见于原虫性疾病(如焦虫病、锥虫病),某些慢性细菌性疾病(布氏杆菌病、结核病)及某些病毒性疾病(马传染性贫血等);减少见于急性败血症,急性传染病初期及垂危期。

四、作业与思考题

1. 如何制作一张合格的血涂片?
2. 白细胞可以分为哪几类? 其临床诊断意义是什么?

实验十三　　其他血液检验

(血小板、嗜酸性白细胞和网织红细胞的计数方法)

一、实验目的与要求

1. 掌握血小板、嗜酸性白细胞的计数方法。
2. 了解网织红细胞计数的操作步骤。

二、实验器材

1. 器械　显微镜、血细胞计数板、试管、吸管和毛细吸管等。
2. 材料　尿素、枸橼酸钠、伊红、甲醛、煌焦油蓝、甘油、乙醇、碳酸钾和蒸馏水等。

三、实验内容与方法

(一)血小板计数

血小板计数(PC)常用直接计数法。

1. 原理

尿素能溶解红细胞及白细胞而保留血小板,在血细胞计数室内计数,求出每微升血液中血小板数,经换算求得每升血液中的血小板数。

2. 操作方法

(1)吸取稀释液(常用复方尿素稀释液:尿素 10.0 g,枸橼酸钠 0.5 g,40％甲醛 0.1 mL,蒸馏水加至 100.0 mL。溶解后过滤,置于冰箱内可保存 2 周)0.38 mL 置于小试管中。

(2)用沙利氏吸血管吸取抗凝血至 20 μL 处,擦去管外黏附的血液,吹入试管中,反复吸、吹数次,混匀。

(3)用毛细吸管吸取上述稀释好的血液,充入计数池。将计数板置于放有湿棉球的培养皿中,静置 10~20 min,置显微镜下计数。

(4)在高倍镜下精确计数红细胞计数区内 4 个角及中心部位中方格内的血小板数。

3. 计算

$$\frac{血小板数}{L} = 5 个中格内的血小板数(N) \times 5 \times 10 \times 20 \times 10^6 = N \times 10^9$$

或

$$\frac{血小板数}{L} = 1 个大格内所数血小板数 \times 10 \times 20 \times 10^6$$

即

$$\frac{血小板数}{L} = 1 个大格内所数血小板数 \times 0.2 \times 10^9$$

4. 注意事项

(1)血小板为圆形、椭圆形或不规则的折光小体,切勿将尘埃等异物计入。计数时,应不断调节显微镜的微调螺旋,以便识别血小板或异物。

(2)充入计数池前,应将稀释的试管充分振摇,但不能过猛,以防血小板破裂。

5. 正常参考值

健康动物血小板数值($\times 10^9$/L)为:马 150~300,牛、羊 200~500,猪 150~450,犬 200~900,猫 300~700。

6. 临床意义

(1)血小板增多　血小板增多可分为原发性和继发性 2 种。

原发性血小板增多见于原发性血小板增多症,这是一种原因不明的出血性疾病。

继发性血小板增多多为暂时性的,见于急性、慢性出血,骨折,创伤,手术后;也可见于其他骨髓增生性疾病,如真性红细胞增多症。

(2)血小板减少　血小板生成减少见于穗状葡萄球菌中毒病、某些真菌毒素中毒、某些蕨类植物中毒、马传染性贫血和白血病等。

血小板破坏过多见于免疫性血小板减少性紫斑(同族免疫性、自体免疫性)、感染以及伴有弥散性血管内凝血过程的各种疾病。

(二)嗜酸性白细胞计数

嗜酸性白细胞计数(EC)是用直接计数法求出每升血液中嗜酸性白细胞的绝对值。

1. 原理

用嗜酸性白细胞稀释液将血液稀释一定倍数,破坏红细胞和部分其他白细胞,将嗜酸性白细胞染色,在计数室内计数一定体积内嗜酸性白细胞数,经换算成每升血液中的嗜酸性白细胞数。

2. 操作方法

嗜酸性白细胞计数所用器材与白细胞计数同。稀释液可用下列任何一种:曼(Manners)氏稀释液:尿素 50.0 g,枸橼酸钠 0.5 g,伊红 0.1 g,蒸馏水加至 100.0 mL。混合、溶解,保存备用。此液由于尿素浓度较高,不易挥发,故可保存很长时间。甘油乙醇稀释液:95%乙醇 30.0 mL,甘油 10.0 mL,碳酸钾 1.0 g,枸橼酸钠 0.5 g,2%伊红水溶液 10.0 mL,蒸馏水加至 100.0 mL。混合、溶解,保存备用。此试剂稳定,在室温下可保存 6 个月。

(1)任选一种稀释液,吸取 0.38 mL,置于小试管中。

(2)用沙利氏吸血管吸取抗凝血至 20 μL 处,擦去管外黏附的血液,吹入试管中,反复吸、吹数次,以洗出管中的血液。

(3)轻轻振荡约 10 s,静置 10 min 后,再摇匀,充入计数池。

(4)用低倍镜计数 10 个大方格(两侧计数池的中央和四角的大方格)中所有被染成淡红色的嗜酸性白细胞总数,代入下式计算:

$$\frac{嗜酸性白细胞数}{L}=10\ 个大方格内嗜酸性白细胞数\times20\times10^{6}$$

3. 注意事项

(1)按红细胞计数的注意事项进行操作。

(2)嗜酸性白细胞易破碎,故不宜用力振摇;稀释后,应在 30 min 内计数,放置时间过长,也会使细胞破裂。

4. 正常参考值

各种动物嗜酸性白细胞正常值为$(0.2\sim0.7)\times10^{9}/L$。

5. 临床意义

(1)嗜酸性白细胞增多　见于肝片吸虫、球虫、旋毛虫、丝虫、钩虫、蛔虫、疥癣等寄生虫病,还见于荨麻疹、饲草过敏、血清过敏、药物过敏及湿疹等疾病。

(2)嗜酸性白细胞减少　见于尿毒症、毒血症、严重创伤、中毒、过劳等。

(三)网织红细胞计数

网织红细胞计数有直接计数法和间接计数法 2 种,此处仅介绍间接计数法。

1. 原理

网织红细胞是晚幼红细胞与成熟红细胞之间的过渡型细胞,其胞浆中残存的核糖核蛋白等嗜碱性物质,经煌焦油蓝染色后,显示蓝绿色网状结构。

2. 操作方法

网织红细胞计数所用器械与白细胞分类计数同。所用试剂主要有 1%煌焦油蓝盐水溶液:煌焦油蓝 1.0 g,枸橼酸钠 0.6 g,氯化钠 0.68 g,蒸馏水加至 100.0 mL。混合溶解后,过滤备用。1%煌焦油蓝乙醇溶液:煌焦油蓝 1.0 g,95%的乙醇 100.0 mL。混合溶解后,贮于密闭瓶中备用。

(1)试管法　在试管或凹玻片中,加入 1%煌焦油蓝盐水溶液 1 滴,再加新采取的血液 1 滴,混匀,加盖,置37℃温箱或室温中放置10~15 min,取此混合液推成薄片,干燥后镜检。

(2)玻片法　于载玻片上置 1%煌焦油蓝乙醇溶液数滴,使其均匀涂抹于玻片上,干燥后备用。取一小滴血液滴于上述已制备好的载玻片一端,按常法推制血片。将血片放在有湿棉球的平皿中,经 10~15 min 后,取出,干后镜检。

为便于计数,在目镜内放一中央挖空(每边各为 4 mm)的有色塑料片,以缩小视野。通常计数 1 000 个红细胞(包括网织红细胞)内,网织红细胞所占的百分比。

网织红细胞是在红细胞内有丝状、点状或网状的蓝色颗粒,细胞的体积比成熟红细胞略大。

3. 注意事项

网织红细胞在涂片的尾端及两边较多,因此在观察时要兼顾到这些区域。

4. 正常参考值

马、牛、羊的外周血液中看不到网织红细胞(牛仅在出生后 24~48 h 可有少量网织红细胞)。猪、犬、猫的正常值(%):猪 0.4(0~1),犬 0.8(0~1.5),猫 0.6(0.2~1)。

5. 临床意义

(1)网织红细胞计数增高　提示骨髓造血功能旺盛,见于各种增生性疾病(如失血性贫血、溶血性贫血),增高 5%~10%,急性溶血时可多至 60% 以上。

(2)网织红细胞计数减少　提示骨髓造血功能低下,如再生障碍性贫血、肾病、内分泌疾病。

四、作业与思考题

1. 临床上哪些疾病会造成血小板数量的减少?

2. 什么情况下会导致血液中网织红细胞数量的增多?

实验十四　血液流变学检验

一、实验目的与要求

1. 掌握血液比黏度和血浆纤维蛋白原的测定方法。

2. 了解血液比黏度和血浆纤维蛋白原测定的原理和临床意义。

二、实验器材

1. 器械　分光光度计、离心机、恒温水浴锅、奥斯瓦德氏黏度计、离心管和秒表等。

2. 材料　亚硫酸钠、双缩脲试剂、蛋白标准液、生理盐水和蒸馏水等。

三、实验内容与方法

血液流变学(hemorheology)是研究血液的流动性与黏滞性及血液中红细胞和血小板等有形成分的聚集性与变形性的科学。血液流变学与兽医临床中的许多问题,如心血管疾病、血液疾病、脑部疾病及其他系统的疾病都有着密切的关系,如当血液的流动性和黏滞性发生异常,使血流缓慢、停滞或阻断,则会导致动物机体的全身性或局部性循环障碍,组织或器官便可因缺血、缺氧引起其生理功能降低或引起一系列的病理变化,甚至导致动物死亡。因此,血液流变学检查对动物疾病的诊断、防治和病因学的研究都具有重要意义。由于血液流变学参数较多,本实验仅选择血液黏滞度和血浆纤维蛋白原2种指标供参考。

(一)血液黏滞度的测定

血液黏滞度是指在一定温度与压力下,血液通过毛细血管时所遭到的内部抵抗或其摩擦情况。在测定时是以血液的比黏度来表示的。

1. 原理

血液比黏度测定是在一定温度下,使一定量的血液自然地通过一定长度和内径的毛细玻璃管时所需要的时间,与相同体积的生理盐水(或蒸馏水)流过同一毛细玻璃管(或相同的毛细玻璃管)所需时间的比值即为该血液的比黏度。如同时测定红细胞压积,还可计算出全血还原比黏度。

$$血液比黏度(\eta_b) = \frac{t_b}{t_w}$$

式中：t_b 为血液通过毛细玻璃管所需要的时间,t_w 为生理盐水流过毛细玻璃管所需的时间。

$$血液还原比黏度 = \frac{t_b - t_w}{PCY \cdot t_w}$$

2. 操作方法

常用的方法有奥斯瓦德(Oswald)和黑斯(Hess)氏法,这里介绍奥斯瓦德氏法。

将黏度计夹于支架上并呈直立状;把右侧玻璃管用胶管连接于左侧玻璃管上,注入被检血2 mL 于右侧玻璃管中;将右侧玻璃管中的血液吸至左侧玻璃管的刻度"Y"处;然后使之自然流下,观察并记录血液由"Y"流至"X"处所需要时间。另以同样器械,用同样方法,在相同的温度(室温为20℃)下,再测定生理盐水(或蒸馏水)由"Y"流至"X"处所需要的时间,最后以水流时间除血流时间,即得出被检血液的比黏度。

3. 正常参考值

健康动物的血液比黏度正常参考值见表3-7。

表 3-7　健康动物比黏度正常参考值

畜种	平均值与变动范围	畜种	平均值与变动范围	畜种	平均值与变动范围
马	4.6(3.4～7.2)	绵羊	5.2(4.4～6.0)	猫	4.5(4.0～5.0)
牛	4.8(4.6～5.2)	猪	4.5(4.0～5.0)	兔	4.0(3.5～4.5)
山羊	5.5(5.0～6.0)	犬	4.6(3.8～5.5)	鸡	5.0(4.5～5.5)

4. 临床意义

比黏度值与黏滞度成正比,液体的黏滞度愈大则通过毛细管所需要的时间愈长,其比黏度也愈高,所以比黏度可以反映黏滞度的大小。血液的黏滞度取决于血液中有形成分的数量,并与血红蛋白、二氧化碳以及血浆中的蛋白质、盐类的含量有关,当上述这些成分的量增加时,则黏滞度增高。所以血液黏滞度测定对了解血液的流动性及其在生理和病理条件下的变化,研究微循环障碍的原因、诊断和防治血栓性疾病有着重要的意义。

(1)血液黏滞度增高　见于心脏、血管疾病,如高血压病、慢性心力衰竭等;血液病,如各种原因所致的白细胞增多、真性红细胞增多症、弥散性血管内凝血等;脑部疾病,如脑出血等;内分泌疾病及营养代谢性疾病,如糖尿病、高脂血症;其他疾病,如胸膜炎、肺炎、腹膜炎、肝硬化和脱水性疾病。

(2)血液黏滞度减低　见于各类贫血性疾病,如仔猪贫血、牛巴贝西焦虫病等。

(二)血浆纤维蛋白原的测定

血浆纤维蛋白原测定的方法很多,常用亚硫酸钠沉淀法。

1. 原理

用12.5%亚硫酸钠溶液将血浆中的纤维蛋白原沉淀分离,然后以双缩脲试剂显色,与蛋白标准液比色以求得纤维蛋白原的含量。

2. 操作方法

亚硫酸钠沉淀法测定血浆纤维蛋白原所用试剂:12.5%亚硫酸钠溶液;双缩脲试剂,酒石酸钾钠 10 g,氢氧化钠 35 g,硫酸铜 2.5 g,蒸馏水加至 1 000 mL;蛋白标准液(1 mL=0.006 g)。取健康马血清(无溶血现象者),用凯氏定氮法测出蛋白质含量,然后用 15%氯化钠-麝香草酚液稀释成每毫升含蛋白质 0.006 g,置冰箱中可保存 1 年。

取离心管 1 支,加入被测血浆 0.5 mL 及 12.5%亚硫酸钠溶液 9.5 mL,边加边摇匀,然后置于 37℃水浴中 10 min,倾去上清液(小心,勿使管底纤维蛋白沉淀散失),再以 12.5%亚硫酸钠溶液 10 mL 洗涤一次。洗涤时用玻棒将沉淀搅起,然后再离心 10 min,倾去上清液(小心,勿使沉淀散失)。将离心管倒立于滤纸上,使管内液体流尽,此即测定管。再取 2 支试管,连同上述测定管,按表 3-8 步骤操作。

表 3-8　血浆纤维蛋白原测定步骤　　　　　　　　　　　　mL

步骤	测定管	标准管	空白管
蛋白标准液	—	0.25	—
12.5%亚硫酸钠溶液	1.0	0.75	1.0
双缩脲试剂	4.0	4.0	4.0

充分混匀,置 37℃水浴中 20 min,以空白管调"0"点,用波长 520 nm 滤光板比色,读取各管光密度。

$$每百毫升血浆中纤维蛋白原含量=\frac{测定管光密度}{标准管光密度}\times 0.006\times 0.25\times \frac{100}{0.5}$$

上式简化后为:

$$每百毫升血浆中纤维蛋白原含量=\frac{测定管光密度}{标准管光密度}\times 0.3$$

3. 正常值

各种健康动物血浆纤维蛋白原的正常值(g/100 mL)为:马 0.2~0.4,牛 0.2~0.6,绵羊 0.1~0.5,山羊 0.2~0.3,猪 0.2~0.4,犬 0.1~0.3。

4. 临床意义

纤维蛋白原是一种和血液凝固有关的血浆球蛋白,它在肝脏中合成。在血液凝固过程中,纤维蛋白原在凝血酶的作用下转化为纤维蛋白,形成互相交织的纤维网将血液内的有形成分包罗在内而形成血块,因此在出血性疾病,特别是在严重大出血疾病的诊断中,常需要测定纤维蛋白原的含量。

(1)纤维蛋白原增多　提示机体内存在炎症或组织损伤,增多的程度常与炎症的范围与程度相一致。见于各种急性感染、化脓性炎症、大手术后、大叶性肺炎等。牛的创伤性网胃-腹膜炎时,每 100 mL 血浆中纤维蛋白原可增加至 1.5 g。

(2)纤维蛋白原减少　提示机体存在出血性素质潜在的可能。见于先天性纤维蛋白原缺乏,砷、磷、氯仿中毒及其他原因所致的肝脏严重损伤;也可见于伴有弥散性血管内凝血过程的疾病;严重营养不良、维生素 K 缺乏、恶性贫血、大出血等,纤维蛋白原均可减少。

四、作业与思考题

1. 血液比黏度值与血栓形成之间的相互关系表现在哪些方面?
2. 血液流变学在兽医临床诊断中意义是什么?

实验十五　尿液检验

一、实验目的与要求

1. 掌握尿液化学检验方法及尿沉渣的检查方法。
2. 学会认识某些尿沉渣及管型。

二、实验器材

1. 器械　pH 计、显微镜、离心机、载玻片、盖玻片、小试管、滴管、酒精灯、试管架和试管夹等。

2. 材料　广泛 pH 试纸、精密 pH 试纸、蛋白质试纸、35％硝酸、磺柳酸、联苯胺、冰醋酸、过氧化氢溶液、乙醚、95％乙醇、亚硝基铁氰化钠、氢氧化钠、醋酸、酮体检查试纸、普通滤纸、尿糖试纸、标准色板、班(Benedict)氏试剂、奥氏试剂、盐酸、三氯化铁和氯仿等。

三、实验内容与方法

(一)尿液酸碱度测定

1. 原理

肾小管上皮细胞分泌的 H^+ 与肾小管滤液中的 NH_3^- 或 HPO_4^{2-} 结合,形成 NH_4^+ 或可滴定酸($H_2PO_4^-$)随尿液排出。摄入不同的饲料时,尿液 pH 常发生改变。临床上常用 pH 试纸或 pH 计测定尿液的 pH。

2. 方法

(1)pH 试纸法　先用 pH 广泛试纸条,然后再用精密试纸条浸湿被检的新鲜尿液,立即与标准色板比较,判断尿液的 pH 范围,做出半定量。

(2)pH 计测定法　用 pH 计电极可精确测出尿液 pH。

3. 参考值

健康家畜尿液的 pH 为:马 7.2~7.8,牛 7.7~8.7,猪 6.5~7.8,山羊 8.0~8.5,羔羊6.4~6.8,犬 6.0~7.0,猫 6.0~7.0。

(二)尿液蛋白质检验

1. 原理

检查尿液中蛋白质的方法很多,其原理均为基于蛋白质遇酸类、重金属盐或中性盐作用发生凝固或沉淀,或加热使其凝固,或加酒精使其凝固,然后根据浑浊程度判断尿液中蛋白质的含量。

2. 方法

(1)干化学试纸法　按蛋白质试纸产品说明书要求,取有效试纸条,浸入被测尿液中一定时间,取出后在容器边缘除去多余尿液,30 s 内对照标准色板比色,根据说明判断结果。

(2)硝酸法　取 1 支中试管,先滴加 35%硝酸 1~2 mL(20~40 滴),随后沿试管壁缓缓滴加尿液,使两液重叠,静置 5 min,观察结果。两液重叠面产生白色环者为阳性反应。白色环愈宽,表示蛋白质含量愈高,可用 1~3 个"+"号表示之。

(3)加热醋酸法　取约 10 mL 新鲜尿液于一耐热大试管内,将试管斜置在火焰上,煮沸上部尿液。滴加稀醋酸(冰醋酸 5 mL 加水至 100 mL 配制而成)3~4 滴,再煮沸后,在黑色背景下对光观察结果。如有浑浊或沉淀,提示尿内含有蛋白质。浑浊程度越高,表示蛋白质含量越高,可用 1~4 个"+"号表示之。

(4)磺柳酸法　取酸化尿液 1~2 滴置于载玻片上,滴加 20%磺柳酸液 1~2 滴,在黑色背景上观察,如有蛋白质存在,立即产生白色浑浊。此法观察极为方便,灵敏度高。

(5)磺基水杨酸法　取试管 1 只,加入澄清尿液 2~3 mL,滴加磺基水杨酸试剂(由磺基水杨酸 20 g,加入溶解至 100 mL 配制而成),立即轻轻混匀,于 1 min 内观察结果,如有浑浊或沉淀,提示尿内含有蛋白质。根据浑浊程度判断为 1~4 个"+"。

应注意马的尿中含有大量碳酸钙,因此应事先加入适量 10%醋酸液使尿呈酸性,尿液即透明,便于观察结果。

(三)尿中潜血的检验

健康动物的尿液不含有红细胞或血红蛋白。尿液中混有不能用肉眼直接观察出来的红细胞或血红蛋白叫作潜血(或叫隐血),可用化学方法加以检查。

1. 原理

尿液中的血红蛋白或红细胞被酸破坏所产生的血红蛋白,在过氧化氢酶的作用下(但并非为酶,因为被煮沸后仍有触媒作用),它可以分解过氧化氢而产生新生态的氧,使联苯胺氧化为呈蓝色的联苯胺蓝。

2. 操作方法

(1)联苯胺法　取联苯胺少许(约一刀尖),溶解在 2 mL 冰醋酸中,加过氧化氢溶液 2~3 mL,混合。混合后,加入等量被检尿液,如液体变为绿色或蓝色,表示尿中有血红蛋白存在。本法简便且比较灵敏,但当尿中含有大量磷酸盐时,可发生乳白色沉淀,使反应无法测出。遇此情况,可选用下述改良联苯胺法。

(2)改良联苯胺法　取尿液 10 mL 置于试管中,加热煮沸以破坏可能存在的过氧化氢酶。待冷却后,加入冰醋酸 10~15 滴,使尿呈酸性。再加乙醚约 3 mL,加塞充分振摇。然后静置片刻,使乙醚层分离(如乙醚层成胶状不易分离时,可加入 95% 乙醇数滴以促其分离)。血红蛋白在酸性环境下,可溶于乙醚内。取滤纸 1 小片,滴加联苯胺冰醋酸饱和液数滴,再在此处滴加上述乙醚浸出液数滴,待乙醚蒸发后,再滴加新鲜过氧化氢液 1~2 滴。如尿内含有血液,滤纸上可显蓝色或绿色,其颜色深度与含量成正比。

根据颜色的深浅,用 1~4 个"+"号报告结果(绿色+,蓝绿色++,蓝色+++,深蓝色++++)。

尿液应先加热煮沸,以破坏可能存在的过氧化氢酶,防止产生假阳性。所用试管、滴管等器材,必须清洁。

3. 临床意义

尿潜血检验阳性提示尿液中含有红细胞或血红蛋白。

(1)血尿　常见于泌尿器官的炎症(如急性肾炎、肾盂肾炎、输尿管炎、膀胱炎、尿道炎、尿道结石等)、肿瘤(肾脏和膀胱肿瘤)、寄生虫病(如犬恶丝虫幼虫病、肾膨结线虫病等)、某些中毒性疾病(如铜、砷、汞、甜三叶草等中毒)。

(2)血红蛋白尿　常见于引起溶血的各种疾病,如钩端螺旋体病、血液寄生虫病(如血孢子虫病、巴贝斯虫病、附红细胞体病)、血型不合的输血、严重烧伤、某些中毒性疾病(如犬的洋葱中毒)等。

(四)尿液葡萄糖的检验

健康动物的尿中可有微量葡萄糖,定性试验为阴性。糖定性试验呈阳性的尿液称为糖尿,表示单位时间内流经肾小球中葡萄糖过多(高血糖)或肾小管上皮细胞回收葡萄糖能力下降。

1. 葡萄糖氧化酶试纸定性(半定量)试验

(1)原理　葡萄糖在葡萄糖氧化酶的催化下,失去两个氢离子后形成葡萄糖酸内酯,再经水化后,氢离子与空气中氧结合,分解成葡萄糖酸和过氧化氢,后者在过氧化物酶存在下,还原生成水,使供氢体色素原(无色邻甲苯胺或甲基联苯胺)氧化而呈色,根据颜色深浅,判断葡萄糖含量。

(2)器材和试剂

尿糖试纸:含葡萄糖氧化酶、过氧化物酶、邻联甲苯胺试剂。

标准色板:为黄色至蓝色不同浓度的色板。

(3)操作方法:可按说明书进行。一般是将尿糖试纸浸入尿水中,2~4 s 后取出,1 min 后在自然光下与标准色板比较判断结果。不变色为阴性(一),淡灰色为弱阳性(+),灰色为阳性(++),灰蓝色为强阳性(+++),紫蓝色为极强阳性(++++)。

2. 糖还原试验(Bebeduct)法

本法使用较广,其敏感度为 5.5 mmol/L,许多单糖和一些非糖还原物质都能和它反应,因此本法是测定尿中总还原物。

(1)原理　葡萄糖含有醛基,在热碱性溶液中,能将硫酸铜还原成黄色的氧化铜或黄红色的氧化亚铜。又因二价铜盐在水解时会生成不溶解的氢氧化铜沉淀,故在试剂中加入枸橼酸钠,使其与铜离子络合,以保持稳定状态。

(2)班(Benedict)氏试剂　结晶硫酸铜 17.3 g,无水碳酸钠 100.0 g,枸橼酸钠 173.0 g,蒸馏水加至 1 000 mL。先将枸橼酸钠及无水碳酸钠溶解于 700 mL 蒸馏水中,可加热促其溶解。另将硫酸铜溶解于 100 mL 蒸馏水中,然后将硫酸铜溶液慢慢倾入已冷却的上液内,并加蒸馏水至 1 000 mL,过滤保存于褐色瓶内备用。

(3)操作方法　取班氏试剂 5 mL 置于试管中,加尿液 0.5 mL(约 10 滴)充分混合,加热煮沸 1～2 min,静置 5 min 后观察结果。

(4)结果判断　管底出现黄色或黄红色沉淀者为阳性反应。黄色或黄红色的沉淀愈多,表示尿中葡萄糖含量愈高。亦可按表 3-9 估计葡萄糖的大约含量。

表 3-9　尿中葡萄糖大约含量

符　号	反　应	葡萄糖的含量/(g/100 mL)
—	试剂仍呈清晰蓝色	无糖
+	仅在冷却后才有微量黄绿色沉淀	0.5 以下
++	静置后,管底有少量黄绿色沉淀	0.5～1
+++	静置后,管底有多量黄色沉淀	1～2
++++	静置后,管底有多量黄红色沉淀	2 以上

(5)注意事项

①尿液中如含有蛋白质,应把尿液加热煮沸,然后过滤,再进行检验。

②尿液与试剂一定要按规定的比例加入,如尿液加得过多,由于尿液中某些微量的还原物质,也可产生还原作用而呈现假阳性反应。

③应用水杨酸类、水合氯醛、维生素 C 及链霉素治疗时,尿中可能有还原物质而呈假阳性反应。

3. 临床意义

(1)暂时性糖尿　又称生理性的糖尿,见于恐惧、兴奋等引起的机体肾上腺素分泌增多及肾小管对葡萄糖的重吸收暂时性降低,也见于饲喂大量含糖饲料等。

(2)病理性糖尿　可见于糖尿病、甲状腺功能亢进、肾上腺皮质功能亢进、肾脏疾病、化学药品中毒、肝脏疾病等。

(五)尿中酮体的检验

酮体包括 3 种物质,即 β-羟丁酸、乙酰乙酸和丙酮。健康动物的尿中含微量的酮体,用一般化学试剂无法检出。当尿中含有多量酮体时,称为酮尿。

1. Lange 法

(1)原理　酮体中的丙酮和乙酰乙酸在碱性溶液中与亚硝基铁氰化钠作用可产生紫红色

的亚铁五氰化铁,这种产物在醋酸溶液内不但不褪色,反而颜色会加深。

(2)试剂

①5%亚硝基铁氰化钠溶液。此液不能长期保存,应配制新鲜溶液并贮于棕色瓶中,可保存1周。

②10%氢氧化钠溶液。

③20%醋酸溶液。

(3)操作方法　取中试管1支,先加入尿液5 mL,随即加入5%亚硝基铁氰化钠溶液和10%氢氧化钠溶液各0.5 mL(约10滴),颠倒混合,再加20%醋酸溶液约1 mL(20滴),再颠倒混合,观察结果。

(4)结果判断　尿液呈现红色者为阳性,加入20%醋酸溶液后红色又消失者为阴性。根据颜色深浅的不同,可估计酮体的大约含量,见表3-10。

表3-10　尿中酮体大约含量

符号	反应	酮体的大约含量/(mg/100 mL)
+	浅红色	3～5
++	红色	10～15
+++	深红色	20～30
++++	黑红色	40～60

2. Rothera 改良法

(1)试剂　称取亚硝基铁氰化钠粉末10 mg、硫酸铵20 g和无水碳酸钠20 g研磨混合,密封保存。

(2)操作方法　取上述试剂约1 g放在白色瓷凹板上,加2～3滴尿液,混合。在数分钟内出现不褪色的紫红色为阳性。

3. 试纸法

购商品酮体检查试纸(单联或多联),浸入尿液中取出,除去试纸上多余尿液,按规定时间与标准色板比较判定结果。

4. 碘仿结晶体法

取尿液10 mL,加复方碘溶液数滴,再加10%氢氧化钾溶液数滴,如果尿液中含有酮体,则呈现浑浊沉淀并有碘仿气味,取一小滴于显微镜下,可看到雪花状的碘仿结晶。

5. 临床意义

(1)糖尿病性酮尿　糖尿病病畜一旦出现酮尿,首先应考虑酮症酸中毒,并为发生酮中毒昏迷的前兆。糖尿病出现酸中毒或昏迷迹象时,尿酮体检查呈阳性,并可用来与低血糖、酸中毒或高渗性昏迷相区别,因为后三者尿酮体一般不高。

(2)非糖尿病性酮尿　感染性疾病如结核病、肺炎、败血症等的发热期,严重腹泻,长期饥饿,全身麻醉后等,均可出现酮尿。

(3)服用双胍类降糖药　服用降糖药后,由于药物有抑制细胞呼吸的作用,使脂肪代谢氧化不完全,可出现血糖正常而尿酮体阳性的现象。

(4)中毒　如氯仿、乙醚麻醉后,磷中毒等。

尿中出现酮体,主要是机体碳水化合物和脂肪代谢障碍,主要见于奶牛的酮病、奶羊的妊娠毒血症、仔猪的低血糖等,也可发生于犬和猫的糖尿病。

(六)尿中尿蓝母的检验

由蛋白质分解的色氨酸经肠内细菌的作用而产生靛基质,或称吲哚(Indole),它在肝脏内氧化为羟吲哚(Indoxyl),再与硫酸盐结合成为羟吲哚硫酸钾,称为尿蓝母(Indican)。尿蓝母本为动物尿中的正常成分,但因含量不多,用化学试剂检验多呈阴性,马属动物的尿中,常可检出少量的尿蓝母(+)。当尿中出现大量的尿蓝母时,称为尿蓝母尿。检查方法常采用奥氏法(Obermayer)。

1. 原理

尿蓝母经盐酸作用,分解为硫酸钾和氧化吲哚,后者再被三氯化铁氧化而生成靛蓝,靛蓝易溶于氯仿中,因氯仿被染成蓝色,如氧化过剧,则可使羟吲哚成为吲哚醌(红靛)而显红色。

2. 试剂

(1)奥氏试剂　浓盐酸 100.0 mL,三氯化铁 0.2 g。

(2)氯仿

3. 操作方法

取中试管 1 支,加尿液及奥氏试剂各 5 mL,试管口加一橡皮塞,充分颠倒混合 10~20 次,静置 5~10 min,使试剂与尿液充分作用,然后加氯仿 1 mL,再颠倒混合 10 余次,静置片刻,待氯仿下沉管底后,观察结果。

4. 结果判断

氯仿被染成蓝色者为阳性反应,呈现微灰绿色或不染色者为阴性反应。阳性反应时,可根据蓝色的深浅程度,如浅蓝色、蓝色、深蓝色、黑蓝色分别以+、++、+++、++++号表示之。

5. 注意事项

尿液加奥氏试剂后,试管加塞颠倒混合,此时应注意用食指压紧橡皮塞,以防管内液体喷出。

6. 临床意义

尿蓝母按其来源可分为肠型尿蓝母和组织性尿蓝母 2 种,肠型尿蓝母见于各种肠阻塞、肠套叠、小肠卡他及其他伴有肠内蛋白质分解旺盛的疾病;组织性尿蓝母见于组织的崩解,如肺坏疽、子宫炎及内脏器官的脓肿等。

(七)尿液胆红素的检验

尿胆红素的检验即检查尿中的直接胆红素,由于尿中干扰因素多,一般只做定性或半定量检验。正常动物血浆中游离胆红素主要与白蛋白结合成为间接胆红素(非结合胆红素),其分子量大不能从肾小球滤过,故尿中不含间接胆红素。间接胆红素随血液到达肝,大部分与葡萄糖醛酸结合,形成胆红素葡萄糖醛酸酯,称为直接胆红素(结合胆红素),直接胆红素不能通过肝细胞侧膜进入血窦,只能从胆道系统排出体外,在肠道内也不能被肠黏膜吸收,故血中不应存在直接胆红素或含量极微。但肝细胞分泌障碍,肝内、外胆道阻塞使胆红素排泄受阻而逆流入血,血浆中直接胆红素(结合胆红素)浓度即升高,超过肾阈时,尿中即出现直接胆红素。

1. Harrison 法

(1)原理　胆红素与氯化钡反应,形成胆红素钡盐沉淀而浓缩,滴加酸性三氯化铁试剂使胆红素氧化成胆绿素而呈绿色。

（2）试剂

①0.5 mol/L 氯化钡溶液。

②Fouchet 试剂　称取三氯化铁 0.9 g、三氯乙酸 25 g,加蒸馏水溶解并稀释至 100 mL。

（3）操作方法

取尿液 5～10 mL,加 1/2 体积的 0.5 mol/L 氯化钡溶液,混匀,离心沉淀 3～5 min,弃去上清液。向沉淀物加 Fouchet 试剂 2～3 滴,呈绿色反应时为阳性,无绿色反应者为阴性。

（4）主要事项

①尿中硫酸根或磷酸根不足时,少量胆红素钡盐不易沉淀,此时可加硫酸或磷酸溶液 2 滴,以便于产生沉淀。

②胆红素在阳光照射下易分解,因此应选用新鲜尿液。

③本法敏感度较高,为 0.05 mg/dL 或 0.9 μmol/L。

2. 试纸法

（1）原理　在强酸性介质中,胆红素与试纸上的二氯苯胺重氮盐起偶联作用,生成红色偶氮化合物。

（2）试纸与器材　市售胆红素试纸及标准色板等。

（3）操作方法　将胆红素试纸浸入被检尿液中 3～5 s(按产品说明书要求),取出后与标准色板比色。根据试纸颜色的深浅,对照标准色板判断结果。

（4）注意事项

①试纸应避光保存于干燥处,并注意有效期。

②试纸在使用和保存过程中,不能接触酸、碱物质和气体,勿用手触摸。

③尿液标本应为新鲜尿液。

3. 尿液胆红素检验的临床意义

尿胆红素增高表示血清结合胆红素增高,可帮助快速诊断临床上可疑的黄疸。黄疸病畜如尿胆红素阴性,则提示有血液内非结合胆红素增高的疾病,如溶血性黄疸,多见于肝细胞性黄疸和阻塞性黄疸。肝细胞性黄疸时,尿胆红素阳性出现早,持续时间并不很长;而阻塞性黄疸时持续时间长,与黄疸程度一致,直到阻塞解除后方可转为阴性。一般来讲,血清结合胆红素愈高,尿内胆红素愈多,但也会受到血清白蛋白含量、肾脏排出胆红素阈值的变化和尿 pH 等因素的影响。

4. 用全自动或半自动生化分析仪测定尿液胆红素

具体用法参照试剂盒说明书。

（八）尿液中尿胆素原的检验

1. Ehrlich 醛反应定性法

（1）原理　尿胆素原在酸性溶液中与对二甲氨基苯甲醛反应,生成红色化合物,此醛化反应与尿胆素原所含的吡咯环有关。

（2）试剂　先将对二甲氨基苯甲醛 2.0 g 溶于 80 mL 蒸馏水中,再加入浓盐酸 20 mL,边加边摇,置于棕色瓶保存,此试剂称为 Ehrlich 试剂。

（3）操作方法

①如尿内含有胆红素,应先取尿液和 0.5 mol/L 氯化钡溶液各 1 份混匀,2 000 r/min 离心 5 min,除去胆红素,取上清液试验。

②直接取尿或除去胆红素上清液 1 mL,加 Ehrlich 试剂 0.1 mL 混匀。

③静置 10 min,在白色背景下从管口向管底观察结果。

(4)结果判定　阴性(不显樱红色),弱阳性(呈淡樱红色),阳性(呈樱红色),强阳性(呈深樱红色)。

(5)注意事项

①尿液必须新鲜,应避光保存。

②尿中含有酮体、磺胺类药等可出现假阳性。

③反应结果受试管中液体高度影响,应统一用 10 mm×75 mm 试管。

④也可用尿胆素原试纸检测,详见有关产品说明书,但敏感性较差。

2. 尿胆原定量法

(1)原理　尿液中的尿胆原与醛试剂作用,生成尿胆原醛红色化合物。生成的红色与人工标准酚磺酞的颜色比较,得出尿胆原含量。

(2)试剂配制

①醛试剂　称取对二甲氨基苯甲醛 0.7 g,溶于浓盐酸(AR)150 mL 中,再加入蒸馏水100 mL,混匀,贮存于棕色瓶内,可保存 3～6 个月。

②饱和乙酸钠溶液

③抗坏血酸粉(AR)

④酚磺酞(酚红)标准液　准确称取酚磺酞 20.0 mg,溶于 10 mmol/L NaOH 溶液中至100 mL,作为贮存液。临用时,用 10 mmol/L NaOH 溶液稀释 100 倍,其红色程度相当于结合尿胆原 5.86 μmol/L。

(3)操作方法

①取尿作胆红素定性试验,如阳性,应以尿液 10 mL 与 0.5 mol/L 氯化钙溶液 2.5 mL 充分混合后过滤,收集尿液备用。报告结果时应将测定结果乘以 1.25,以校正稀释倍数。

②将 100 mg 抗坏血酸溶于 10 mL 尿液中,混匀后取 2 支试管,分别标明测定管和空白对照管,每管中各加入上述尿液 1.5 mL;向空白管加饱和乙酸钠溶液 3.0 mL,混匀再加醛试剂1.5 mL;测定管加醛试剂 1.5 mL,混匀再加饱和乙酸钠溶液 3.0 mL。

③于 10 min 内,用 562 nm 波长比色,蒸馏水调“0”,分别读取空白管、测定管及标准管的吸光度(562 nm 波长,直径 1 cm 比色皿,此标准液吸光度为 0.384)。

(4)计算

$$尿胆原(\mu mol/L) = \frac{测定管吸光度-空白管吸光度}{标准管吸光度} \times 5.86 \times \frac{6.0}{1.5}$$

(5)注意事项

①尿液标本必须新鲜,收集后立即测定,避免阳光的照射。

②尿中其他物质也可能与醛试剂显色,但通常反应时间较长,故在加入醛试剂混匀后,应立即加入饱和乙酸钠终止颜色反应。

③尿中如有胆红素则呈绿色反应,必须预先除去。

④磺胺类、普鲁卡因、卟胆原、5-羟吲哚乙酸等与醛试剂作用呈假阳性。

(6)临床意义

①增多

· 胆红素产生过多,如溶血性或旁路性高胆红素血症。

· 肝细胞功能受损,处理自肠道重吸收的尿胆原的能力下降,血与尿中尿胆原的浓度增加。尿中尿胆原在反映肝细胞损伤方面比尿内胆红素更灵敏,是早期发现肝炎的简易有用的方法。黄疸高峰期,由于胆汁淤积而尿胆原暂时减少,恢复期又升高,直至黄疸消退后恢复正常,故尿内尿胆原暂时缺乏后再出现是肝内胆汁淤积减轻的早期证据。

· 肠道感染使尿胆原在小肠内形成和吸收增加。

· 肠道排空延迟,尿胆原在肠道停留时间延长,以致吸收增多或因细菌作用而使其形成增加。

· 胆道感染时,细菌使胆汁中的胆红素转变为尿胆原,从胆管吸收入血,再从尿液排出。

②减少

· 进入肠道内的胆红素减少,如肝内、外胆道阻塞和黄疸性肝炎及其胆汁淤积时,尿中尿胆原明显减少,完全阻塞时消失。如果持续阴性超过 1 周的阻塞性黄疸,应首先考虑恶性胆道阻塞;间歇性阴性多为胆石性阻塞。

· 严重再生障碍性贫血,胆红素产生减少。

· 小肠内菌群减少,如服用广谱抗生素或磺胺等抑制肠道菌群,尿胆原生成减少,使尿中尿胆原减少。

· 小肠排空增快。

· 新生幼畜肠道内 β 葡萄糖醛酸酶活性较高,易使结合胆红素转变为非结合胆红素,且因肠内无细菌,故非结合胆红素不能迅速转变成尿胆原,使尿中尿胆原减少。

· 肾功能不全时,尿胆原排泄减少。

(九)尿沉渣的检查

尿沉渣有 2 类:有机沉渣和无机沉渣。有机沉渣包括各种细胞和各种管型,无机沉渣包括碱性尿中的盐类结晶和酸性尿中的盐类结晶。

1. 尿沉渣标本的制备与检查方法

(1)将尿液静置 1 h 或低速(1 000 r/min)离心 5～10 min。

(2)取沉淀物 1 滴,置于载玻片上。用玻棒轻轻涂布使其分散开来。滴加 1 滴稀碘溶液(不加也可),加盖玻片,低倍镜观察。

(3)镜检时,宜将聚光器降低,缩小光圈,使视野稍暗,用低倍镜观察得到大体印象后转换高倍镜仔细观察。

2. 尿中的有机沉渣

(1)上皮细胞(图 3-49)

肾上皮细胞:呈圆形或多角形。细胞核大而明显,核呈圆形或椭圆形,位于细胞中央。细胞浆中有小颗粒。

肾盂及尿路上皮细胞:比肾上皮细胞大,肾盂上皮细胞呈高脚杯状,细胞核较大,偏心。尿路上皮细胞多呈纺锤形,也有呈多角形及圆形,核大,位于中央或略偏心。

膀胱上皮细胞:为大而多角的扁平细胞,内有小而圆或椭圆形的核。

图 3-49　尿中的上皮细胞
1. 肾上皮细胞　2. 肾盂及尿路
上皮细胞　3. 膀胱上皮细胞

（2）红细胞、白细胞及黏液

红细胞：典型的红细胞形态呈双凹盘形，淡黄色；但在高渗尿中呈皱缩状；在低渗环境中，则呈影红细胞（shadow cell）。

白细胞：新鲜尿中，外形与外周血中的白细胞结构一样，只是没有染色的核不清楚，浆内颗粒清晰可见。炎症时，外形多不规则，结构模糊，浆内充满粗大颗粒，核不清楚，细胞常成团，界线不清（细胞肿胀，形态不规则，结构不清，常成团分布），此种细胞称为脓细胞。

黏液：为无结构的带状物，被稀碘液染成淡黄色，比透明管型宽，称为假管型。

（3）管型（尿圆柱）

上皮管型：由脱落的肾上皮细胞与蛋白性物质黏合而成。能看到其中的细胞。

颗粒管型：为肾上皮细胞变性、崩解所形成的管型。细胞结构不明显，表面散在有大小不等的颗粒。

透明管型：结构细致、均匀、透明、边缘明显，长短不一，伸直而少弯曲。

红细胞管型：由红细胞与蛋白性物质黏合而成，或是红细胞聚集在透明管型之中而形成。

脂肪管型：为上皮管型和颗粒管型脂肪变性而形成，是一种较大的管型，表面有脂肪滴和脂肪结晶，有强的屈光性。

蜡样管型：质地均匀，轮廓明显，具有毛玻璃样的闪光，表面似蜡块，长而直，很少有弯曲，较透明管型宽。尿中管型模式见图3-50。

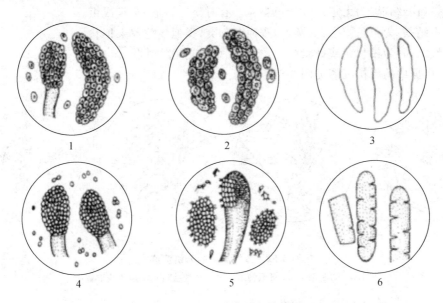

图 3-50　尿沉渣中的各种管型

1. 上皮管型　2. 颗粒管型　3. 透明管型　4. 红细胞管型

5. 脂肪管型　6. 蜡样管型

3. 尿中的无机沉渣

（1）碱性尿中的无机沉渣见图3-51。

碳酸钙结晶：圆形，具有放射状线纹。此外有哑铃状、磨刀石状、饼干状等。

磷酸铵镁结晶：为多角棱柱体及棺盖状结晶，也有雪花片状或羽毛状。

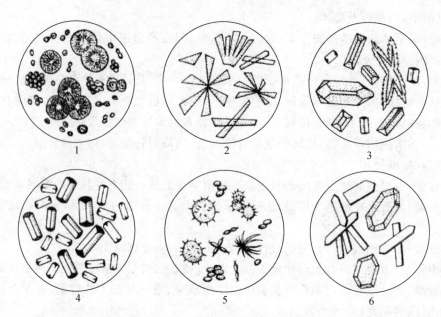

图 3-51　碱性尿中的无机沉渣
1. 碳酸钙结晶　2. 磷酸钙结晶　3、4. 磷酸铵镁结晶　5. 尿酸铵结晶　6. 马尿酸结晶

磷酸钙(镁)结晶:为无定形浅灰色颗粒。有时呈三棱形、聚集成束。

尿酸铵结晶:为黄色或褐色,圆形,表面有刺突,类似曼陀罗果穗状。

马尿酸结晶:为棱柱状或针状结晶,有时成束如交错的针状、扇形或小帚状。

(2)酸性尿中的无机沉渣见图 3-52。

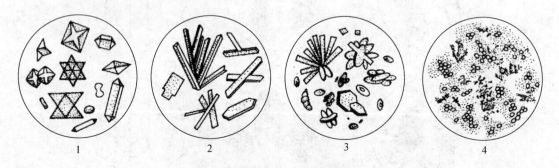

图 3-52　酸性尿中的无机沉渣
1. 草酸钙结晶　2. 硫酸钙结晶　3. 尿酸结晶　4. 尿酸盐结晶

草酸钙结晶:为四角八面体,如信封状,有十字形折光体。

硫酸钙结晶:为长棱柱状或针状,有时聚集成束状、扇状。

尿酸结晶:为棕黄色的磨刀石状、叶簇状、菱形片状、十字状或梳状等。

尿酸盐结晶:呈棕黄色小颗粒状,聚积成堆。

(十)尿液其他沉淀物的检查

细菌:采尿时如无菌操作仍发现有大量细菌,则表明尿道感染。

酵母:通常为酵母污染,诊断意义不大。

原虫性尿:多为粪便污染所致,亦可见于生殖道的毛滴虫污染。

寄生虫卵:寄生于尿、生殖道内的寄生虫所产的虫卵。如猪肾虫、犬肾线虫等。

精子:主要见于犬。

脂肪滴:由于肾上皮细胞、白细胞发生脂肪变性,尿内可出现发亮的、大小不等的小滴,呈圆形,是中性脂类,能被苏丹Ⅲ染色。

(十一)尿液干化学试带(条)法尿液检查

1. 原理

(1)尿液干化学试带(条)构成　在1块90 mm×5 mm长条形的塑料片的一端每隔一定距离(约2 mm)有一正方形试剂模块(5 mm×5 mm),其中有一块在试纸条一端,为空白模块作为对照使用,不参与反应;其余模块分别含有相应干式化学试剂。

(2)检测项目　尿液的酸碱度(pH)、比密(SG)、蛋白质(PRO)、葡萄糖(GLU)、酮体(KET)、胆红素(BIL)、尿胆原(URO)、亚硝酸盐(NIT)、白细胞(LEU/WBC)、红细胞(RBC/ERY)或隐血(Hb)等,一个或多个检测内容可组成不同的组合。

(3)试带反应原理

①酸碱度(pH)　采用pH指示剂法。用甲基红(pH 4.6～6.2)和溴麝香草酚蓝(pH 6.0～7.8)两种指示剂适量组合成为复合pH试剂模块,其呈色范围为pH 4.5～9.0,颜色发生橙红、黄绿及蓝色变化。

②尿比密(SG)　采用离子交换pH指示剂法。尿液中电解质释放出的阳离子与试带中的离子交换体中的H^+交换,释放出的H^+与酸碱指示剂反应,根据指示剂显示的颜色(蓝、绿及黄)可换算尿液中的电解质浓度,以电解质浓度来代表密度,从而得出比密值。

③尿蛋白(PRO)　采用pH指示剂蛋白误差法。试剂模块中主要含有酸碱指示剂溴酚蓝、枸橼酸缓冲系统和表面活性剂。在pH 3.2时,溴酚蓝电离、带负电荷并释放H^+,带负电荷的溴酚蓝与此时带正电荷的蛋白质(白蛋白)生成复合物,导致溴酚蓝进一步电离产生更多的H^+,当超过缓冲范围时,指示剂发生颜色改变(黄、绿及蓝),变色程度与蛋白质含量成正比。

④尿葡萄糖(GLU)　采用葡萄糖氧化酶法。尿液中葡萄糖在试带中葡萄糖氧化酶的催化下,生成葡萄糖酸内酯和过氧化氢。在有过氧化物酶的情况下,以过氧化氢为电子受体使色素原(邻甲联苯胺、碘化钾等)氧化而呈色。色素原不同,呈色可为蓝色、红褐色或红色。

⑤尿酮体(KET)　采用亚硝基铁氰化钠法。检测尿酮体的模块中主要含有亚硝基铁氰化钠,可与尿液中的乙酰乙酸、丙酮产生紫色反应。其对乙酰乙酸的敏感性为50～100 mg/L,对丙酮为400～700 mg/L,不与β-羟丁酸起反应。

⑥尿亚硝酸盐(NIT)　采用偶氮法。尿液中含有来自食物或蛋白质代谢产生的硝酸盐,如尿液中含有大肠埃希菌等具硝酸盐还原酶的细菌时,可将硝酸盐还原为亚硝酸盐,亚硝酸盐与芳香胺的重氮化反应形成重氮盐,随后发生偶联反应,形成红色重氮色素。

⑦尿胆红素(BIL)　采用偶氮法。在强酸性介质中,胆红素与试带上的二氯苯胺重氮盐起偶联作用,生成红色偶氮化合物。

⑧尿胆原(URO)

醛化反应法:在强酸条件下尿胆原和对-二甲氨基苯甲醛发生醛化反应,生成樱红色缩合物。

偶氮法:在强酸条件下尿胆原和对-四氧基苯重氮四氟化硼发生重氮盐偶联反应,生成胭脂红色化合物。

⑨尿白细胞(LEU)　采用中性粒细胞酯酶法。中性粒细胞的酯酶能水解吲哚酚酯生成吲哚酚和有机酸,吲哚酚可进一步氧化形成靛蓝,或吲哚酚和重氮盐反应生成紫色重氮色素。

⑩尿红细胞(RBC)或血红蛋白(Hb)　采用过氧化物酶法。血红蛋白中亚铁血红素具有弱的过氧化物酶样作用,以催化 H_2O_2 作为电子受体使色原(常用的有邻联甲苯胺、氨基比林、联苯胺等)氧化呈蓝绿色,其颜色的深浅与血红蛋白成正比。

2.操作方法

(1)混匀尿液　将采集到的尿液充分混合,置于试管中。

(2)浸湿尿液干化学试带　将尿液干化学试带完全浸入尿液样本中 $1\sim2$ s,确认检测垫湿润,然后立即取出。

(3)沥去多余尿液　沿试管壁将试带上多余尿液除去,必要时用纸巾吸去多余尿液。

(4)比色与分析

①目视比色　与配套的尿液干化学试带标准色板目视比色,判定定性或半定量结果。

②干化学尿液分析仪分析　多联试带也可用干化学尿液分析仪自动分析结果。

(5)报告检测结果　根据检测结果如实报告。

3.注意事项

(1)尿液干化学试带应根据厂家推荐的条件(如温度、暗处等)保存,在有效期内使用。每次测试只取所需要量的试带,并应立即将瓶盖盖好。

(2)试带与尿液的反应时间需严格遵循产品说明书的规定,操作中注意切勿触摸试带上的反应检测模块。

(3)试带浸入尿液标本的时间应在 $1\sim2$ s,所有试剂模块,包括空白模块,要全部渗入尿液中,试带上过多的尿液标本应去除干净。

(4)必要时,试带法干化学检测尿液结果应采用传统湿化学法做确证试验。

附:尿液干化学分析仪检查

1.原理

尿液中化学物质与干化学试带(试条)上检测模块的试剂发生特异的颜色反应,呈色的深浅与尿液中相应物质的浓度成正相关。将试带置于尿液分析仪的检测槽,各模块依次受到仪器特定光源照射,颜色及其深浅不同,对光的吸收反射程度也不同。颜色越深吸收光量值越大,反射光量值越低,反射率越小。仪器的球面积分仪将不同强度的反射光转换为相应的电信号,其电流强度与反射光强度呈正相关,结合空白和参考模块经计算机处理校正为测定值,最后以定性和半定量的方式报告检测结果。

2.操作方法

(1)开启电源,尿液分析仪会自动运行系统诊断检测,自检无误后进入主"选择"屏幕开始启动测试。

(2)触摸"试条测试"进行尿液试条测试,进入"准备测试",确保测试台插件以试条测试面朝上,同时准备好试条、尿液样品和纸巾。

(3)触摸"开始"键,在 8 s 内完成下面的操作:将试条完全浸入尿液样本,确认检测垫湿润;立即移开试条,沿容器边缘拖试条以便将多余尿液沥除干净;用纸巾吸去多余尿液(不要将检测垫置于纸巾上,也不要用纸巾覆盖检测垫);检测垫朝上,将试条放入测试台通道末端。

(4)8 s后,测试台和试条会被自动拉入分析仪,分析仪自动定标,在定标完成之后,试条测试随即开始。测试结束,若设置自动打印结果,那么随即会显示"打印"屏幕,直至完成打印才消失,否则"结果"屏幕将会显示,显示测试结果,触摸"打印"键,打印检测结果。

(5)测试结束,测试台和试条会被自动推出分析仪,从测试台上将使用过的试条取下,并按照实验室规范标准对废弃物进行处理,擦拭测试台插件。

(6)触摸"完成"键以完成测试并返回到主"选择"屏幕。

3. 注意事项

(1)使用一次性洁净容器盛取尿液样品,防止非尿液成分混入,尿液样本应在 1 h 内完成测试,测试前要充分混合均匀。

(2)要保持尿液分析仪试条测试台插件的清洁和无尿渍污物存留。

(3)分析测定结果要结合临床客观实际,必要时要进行确证试验。

四、作业与思考题

1. 如何测定尿潜血? 其临床意义是什么?
2. 酮体在酮病诊疗中的意义是什么?
3. 如何区别尿液中的有机沉渣和无机沉渣?

实验十六　粪便检验

一、实验目的与要求

1. 了解粪便检验的内容。
2. 掌握酸碱度及粪便潜血检验的方法。

二、实验器材

1. 器械　显微镜、酸度计、镊子、载玻片、酒精灯和小试管等。
2. 材料　联苯胺、冰醋酸、过氧化氢、广泛 pH 试纸等。

三、实验内容与方法

(一)粪便酸碱度测定

常用 pH 试纸法。取 pH 试纸 1 条,用蒸馏水浸湿(若粪便稀软则不必浸湿),贴于粪便表面数秒钟,取下纸条与 pH 标准色板进行比较,即可测得粪便的 pH。也可用手枪式酸度计,将电极直接与粪球接触,即可读出 pH。

(二)粪便潜血检验

1. 原理

与尿液潜血检验同。

2. 操作方法

(1)用竹镊子在粪便的不同部分,选取绿豆大小的粪块,置洁净的载玻片上涂成直径约1 cm 的范围。如粪便干燥,可加少量蒸馏水调和涂布。

(2)将玻片在酒精灯上缓缓通过数次,以破坏粪中的过氧化氢酶。

(3)冷后,滴加联苯胺冰醋酸液(联苯胺约 0.1 g,加冰醋酸约 2 mL,振荡,溶解。临用时配制,不能久存)10~20 滴及新鲜 30% 过氧化氢溶液 10~20 滴,用火柴棒搅动混合,将玻片置于白色背景上观察。

3. 结果判定

根据颜色的出现时间,用"±"或 1~3 个"＋"号表示结果。详见表3-11。

表 3-11　粪便潜血检验结果判定表

符号	蓝色开始出现的时间/s	符号	蓝色开始出现的时间/s
±	60	＋＋	15
＋	30	＋＋＋	3

4. 注意事项

(1)所用器材应清洁无血迹。

(2)一定要将粪便标本加热处理,否则可呈现假阳性。

(3)肉食动物应禁食 3 d 肉类食物。

(4)联苯胺、过氧化氢液贮存时间过久者,不易发生颜色反应。

(三)粪中病理混杂物的观察

粪中除饲料残渣外,在病理情况下,往往混有血细胞、脓细胞、上皮细胞等物。肉食动物若发生阻塞性黄疸,还可见到大量脂肪酸;胰腺疾病时,因胰液分泌紊乱,出现大量中性脂肪。

1. 粪便涂片方法

由粪便不同部分采取少许粪块,置洁净的载玻片上,加少量生理盐水,用火柴棒混合并涂成薄片,以能透过书报字迹为宜,加盖玻片,先用低倍镜观察整个涂片,然后用高倍镜仔细观察。

2. 观察

(1)红细胞　为小而圆、无细胞核的发亮物,常散在或与白细胞同时出现。

(2)白细胞　为圆形、有核、结构清晰的细胞,常分散存在。

(3)脓球　结构模糊不清,核隐约可见,常常聚集在一起甚至成堆存在。

(4)上皮细胞　柱状上皮细胞来自肠黏膜,扁平上皮细胞来自肛门附近。

(5)中性脂肪　镜检淡黄色折光性强,呈滴状或无色有折光块状,苏丹Ⅲ染红色,在冷乙醇或氢氧化钠中不溶,但加热或用乙醚可溶化。

(6)游离脂肪酸　为无色细长针状结晶或块状,苏丹Ⅲ染色块状呈红色,针状结晶不着色,加热、冷乙醇、氢氧化钠和乙醚均可使其溶化。

(7)结合脂肪酸 为针束状或块状,苏丹Ⅲ染色不着色,除冷乙醇可使其溶化外,加热、氢氧化钠和乙醚都不会使其溶化。

(四)粪中寄生虫卵的观察

该实验部分参考预防兽医学分册相关粪中寄生虫卵检查的实验。

四、作业与思考题

1. 如何测定粪潜血?其临床意义是什么?
2. 如何制备粪便涂片?

实验十七 血浆二氧化碳结合力测定与血清钾、钠及氯化物测定

一、实验目的与要求

1. 掌握血浆二氧化碳结合力测定的原理及方法,了解其检验结果的临床诊断意义以及治疗中的价值。
2. 初步掌握血清中钾、钠离子及氯化物的测定原理及方法,了解其检验结果的临床诊断意义。

二、实验器材

1. 器械 二氧化碳结合力测定仪、半自动生化分析仪、胶头滴管、移液器、吸耳球、试管夹、电解质与血液气体分析仪、火焰分光光度计、冰箱、容量瓶和棕色瓶等。

2. 材料 动物血液、乳酸、盐酸、碳酸氢钠、酚红、生理盐水、蒸馏水、氯化钾、氯化钠、硫酸锂、硝酸锂、碳酸锂、氯化锂、醋酸钠、磷酸二氢钠、磷酸氢二钠、硝酸汞、硝酸、二苯胺脲、冰醋酸、明胶、麝香草酚蓝、麝香草酚和去离子水,钾、钠、氯测定试剂盒等。

三、实验内容与方法

(一)血浆二氧化碳结合力的测定

血浆二氧化碳结合力(或称血浆 CO_2 结合量)是指血浆中以 HCO_3^- 形式存在的 CO_2 含量。血浆二氧化碳结合力测定是判断代谢性酸碱平衡障碍的一个常用指标。

1. 血浆二氧化碳结合力测定仪测定法(量积法)

(1)原理 血浆中的碳酸氢盐在加入乳酸后转变为碳酸,并分解成水和 CO_2 ,测量 CO_2 容积,与同等条件测量标准碳酸氢钠分解的 CO_2 容积而比,即可算出血浆中二氧化碳结合力的

含量。

(2)试剂配制

①标准碳酸氢钠溶液(30 mmol/L)　精确称取已干燥的碳酸氢钠2.520 g溶于少量0.9%氯化钠溶液(此液需用新鲜或重新煮沸过的蒸馏水配制)中,移至1 000 mL容量瓶中,再加0.9%氯化钠溶液稀释至刻度,此液应密闭保存(在开瓶时,首先摇匀后再开瓶)。

②22%乳酸溶液　取乳酸(含量85%~90%)1份,加蒸馏水3份,混匀,室温保存。

(3)操作方法　取静脉血约3 mL,迅速分离血浆;准确吸取血浆1.0 mL,加入反应瓶中,在盛酸杯中加入5滴22%乳酸溶液,用镊子小心将盛酸杯放入到反应杯中;将量气管与反应杯连接,用血管钳夹紧橡皮管的排气端,记下未测前量气管的液体高度;用木试管夹夹持反应瓶,左右摇动,使盛酸杯倾倒,持续约0.5 min,此时产生的CO_2在量气管中液体不再上升,记下读数,算出量气管液体实际上升数值。

取另一干净反应瓶,准确加入标准碳酸氢钠溶液1.0 mL,于盛酸杯中加入22%乳酸溶液5滴,按上述操作,算出量气管液体上升的实际数值。

(4)计算　在标准状况下,1 mmol CO_2占22.4 mL体积,1 mmol碳酸氢钠加酸后产生1 mmol CO_2,因而30 mmol/L碳酸氢钠溶液即相当于CO_2含量为67.2%。

$$血浆二氧化碳结合力=\frac{测量数值}{标准数值}×67.2\%=容积\%$$

(5)临床意义

①血浆二氧化碳结合力降低　主要见于代谢性酸中毒,是因动物机体内代谢性酸性物质生成过多,使血液内碳酸氢钠消耗过多,其含量下降所致;还见于呼吸性碱中毒,发生于肺排出CO_2过多(换气过度)机体内CO_2不足,即肺部CO_2的排出超过体内CO_2的产生,使血液动脉血CO_2分压和碳酸降低。

②血浆二氧化碳结合力增加　主要见于代谢性碱中毒,是因动物血液中碳酸氢钠过多所致;还见于呼吸性酸中毒,发生于肺排出CO_2障碍,即肺CO_2排出速度明显低于组织中CO_2产生的速度,致CO_2在血中潴留引起动脉血CO_2分压和碳酸升高。

2. 滴定法

(1)原理　血浆(血清)中加入过量的标准盐酸溶液,使酸与HCO_3^-起中和反应,释放出CO_2,然后以标准的氢氧化钠溶液滴定剩余的盐酸,以氢氧化钠的消耗量计算出血浆HCO_3^-含量,以血浆(血清)原来的pH作为滴定的终点。

(2)试剂配制

①0.01 mol/L盐酸　取精确标定的1.00 mol/L盐酸溶液1.0 mL移至100 mL容量瓶中,用生理盐水稀释至刻度。

②0.01 mol/L氢氧化钠　取精确标定的1.00 mol/L氢氧化钠1.0 mL,移至100 mL容量瓶中,用生理盐水稀释至刻度,此液应密闭保存,约可用1周。

③酚红指示剂　称取酚红50 mg,加0.01 mol/L氢氧化钠14.1 mL,研磨溶解后加生理盐水至250 mL。

④生理盐水

(3)操作方法　取小试管2支,标明测定管及对照管,各管加入新鲜血浆(或血清)0.1 mL,

酚红指示剂2滴。对照管中加入生理盐水2.5 mL。测定管中准确加入0.01 mol/L盐酸0.5 mL,振摇1 min,使CO_2逸出,再加生理盐水2 mL,混匀,然后用微量滴定管将0.01 mol/L氢氧化钠逐滴加入,滴至与对照管同样颜色为终点。

（4）计算

$$血浆(清)HCO_3^-(mmol/L)=(0.5-滴定用0.01\ mmol/L氢氧化钠\ mL\ 数)\times$$

$$0.01\times\frac{1\ 000}{0.1}$$

（5）注意事项

①血液标本应避免与空气接触并迅速分离血浆,及时操作。

②所用器皿必须中性,否则影响结果。

③0.01 mol/L氢氧化钠不稳定,应密封保存,避免吸收CO_2,0.01 mol/L盐酸比较稳定,故每天应做校正滴定,用粉红作指示剂,以红色出现10 s而不褪色作为终点。

④本法测定结果也包括血浆中的CO_3^{2-}及氨基甲酸的CO_2,但与HCO_3^-相比,前两者含量很少,故用HCO_3^-表示之。常规检验是在室温下进行,结果不完全等于血浆中实际HCO_3^-。当实际HCO_3^-很高时,此法结果可能略偏低。

⑤生理盐水必须中性,偏酸或偏碱均会影响结果的准确性。

(二)血清钾、钠的测定

1. 火焰光度法

（1）原理　钾、钠在火焰激发下发出一定波长的光,利用此原理可进行火焰光度分析。钾的波长为767 nm,钠的波长为589 nm,用相应波长的滤色片将谱线分离,然后通过光电管或光电池转换成电信号,经放大器放大后进行测量。样品溶液中钾、钠的浓度越大,所发射的光也愈强。用已知含量的标准液与待测标本液对比,即可计算出血清、尿液等标本中钾、钠的浓度。

（2）标准溶液　钾、钠混合标准液的浓度一般为K^+ 5 mmol/L,Na^+ 140 mmol/L,有商品供应。

（3）操作方法　将血清和标准液用蒸馏水稀释100倍。用蒸馏水调零,测定标准液和血清的光强度。

（4）计算

$$Na^+浓度(mmol/L)=\frac{I_U}{I_s}\times140$$

$$K^+浓度(mmol/L)=\frac{I_U}{I_s}\times5$$

式中:I_u和I_s分别表示测定和标准的光强度。

（5）注意事项

①溶血或延迟分离血清均可使血清钾浓度增高,应及时分离血清,置于具有塞子的试管内于冰箱中保存。若遇标本溶血,应在报告单上注明,以避免临床医生误解。

②放置测定管和标准管的位置及液面要一致,否则会影响结果。

③测定用的玻璃器皿必须用去离子水冲洗干净,不得有离子污染。测定时宜用小型烧杯,吸液前后液面差距尽量小,不宜用小口径试管。

④在测定过程中应保证空气压力和可燃气体压力的恒定。

⑤尿液标本钾、钠浓度波动范围大,故稀释倍数要作适当调整,使尿钾的测定浓度在 10 mmol/L 以内,尿钠的测定读数位于高、中、低 3 个标准管中两个标准读数之间,以便作比较法计算尿钠浓度。尿液稀释方法见表 3-12。

表 3-12 尿液稀释方法

尿液/mL	去离子水/mL	稀释倍数
0.5	9.5	20
0.1	9.9	100
1∶100 稀释尿 2.0	8.0	500
1∶100 稀释尿 1.0	9.0	1 000

⑥火焰光度计的各种管道应保证通畅,不得有堵塞,燃料气压及助燃气压应保持恒定,其两者的比例要合适。

⑦每次测定应用定值质控血清作质量控制,若失控,应及时寻找产生错误的原因。

⑧国产火焰光度计所用燃料(汽油、液化石油气等)为易燃物,有一定的危险性,应注意安全。

2. 离子选择电极(ISE)法

(1)原理 离子选择电极分析法是以测量电池的电动势为基础的定量分析方法。将离子选择电极和一个参比电极连接起来,置于待测的电解质溶液中,就构成一个测量电池,此电池的电动势(E)与被测离子活度的对数符合能斯特(Nernst)方程。

$$E = E_0 + \frac{2.303RT}{nF} \lg a_x \cdot f_x$$

式中:E_0 为离子选择电极在测量溶液中的电位;E 为离子选择电极的标准电极电位;n 为被测离子的电荷数;R 为气体常数[8.314 J/(K·mol)];T 为绝对温度(273+t℃);F 为法拉第常数(96 487 C/mol);a_x 为被测离子的活度;f_x 为被测离子活度系数。

离子选择电极由钾、钠离子不同活度的作用而产生不同的电位。这种电位的变化由离子活度所决定,与钾、钠离子的浓度成比例。

用离子选择性电极测定钾钠的方法有 2 种,一种是直接电位法,一种是间接电位法。

①直接电位法 样品(血清、血浆、全血)或标准液不经稀释直接进入 ISE 管道作电位分析,因为 ISE 只对水相中离解离子选择性地产生电位,与样品中脂肪、蛋白质所占据的体积无关。一些没有电解质失调而有严重的高血脂和高蛋白血症的血清样品,由于每单位体积血清中水量明显减少,定量吸取样品作稀释后,再用间接电位法或火焰光度法测定,会得到假性低钠、钾血症,但用直接电位法就能真实反应符合生理意义的血清水中离子的活度(脂质和蛋白质占据体积无关)。文献报道,直接电位法比间接电位法或火焰光度法高 2%~4%。有的厂家生产的直接钠钾离子分析仪,为了能与火焰光度法测得结果一致,设有血清水中钠钾数值与火焰光度法数值相互校正的计算程序。如果选用这个程序,当样品血清蛋白质和脂肪含量在正常范围内,直接电位法与火焰光度法数值相同,如为高血脂、高蛋白或低蛋白样品,则二者结果将有差异。

②间接电位法　样品(血清、血浆、脑脊液)与标准液要用指定离子强度与 pH 的稀释液作高比例稀释,再送入电极管道,测量其电位,这时样品和标准液的 pH 和离子强度趋向一致,所测溶液的离子活度等于离子浓度,所以间接电位所测得结果与火焰光度法相同,以 mmol/L 浓度报告。

(2)试剂配制　各厂家生产的仪器所需试剂都是配套供应的。间接 ISE 分析时低、高浓度斜率液及血清用指定 pH、离子强度的稀释液作高度稀释,离子活度即为离子浓度,斜率液可在指定 pH 的缓冲液中添加指定浓度的 NaCl 与 KCl 即可,容易配制成功。直接 ISE 是测定离子活度的,离子活度与溶液的 pH 及离子强度有关。低、高浓度斜率液除用 NaCl 与 KCl 外,还要添加特定量的醋酸钠或磷酸二氢钠/磷酸氢二钠,调节特定 pH 来模拟血清水的离子活度,不同厂家的电极敏感性不一,自配斜率液比较困难。最好使用原厂家供应的配套试剂。

(3)操作方法　生产钠钾离子:选择电极分析仪的厂家很多,所用的电极基本相同,钠多采用硅酸锂铝玻璃电极膜制成,寿命较长。钾电极多采用缬氨霉素膜制成,这种电极膜有规定的使用寿命,需定期更换。

各种型号 ISE 分析仪的试剂配方、试剂用量、操作方法有所不同,一般步骤如下:

①开启仪器,清洗管道。

②用适合本仪器的低、高值斜率液进行两点定标。

③间接电位法的样品由仪器自动稀释后再行测定。直接电位法的样品可直接吸入电极管道进行测定。

④测定结果由仪器内微处理器计算后打印数值。

⑤每天用完后清洗电极和管道后再关机。

(4)注意事项

①ISE 法优点是选择性高,钠电极选择比 Na：K＝300：1。缬氨霉素钾电极选择比 K：Na＝5 000：1。

②标本用量少,直接电极法可以用全血标本。

③不需要燃料,安全。

④自动化程度高。

⑤可与自动生化分析仪组合。

火焰光度法和离子选择电极法是医学检验规程推荐的测定血清钾、钠的方法,火焰光度法测定结果准确而方便快速,但仪器较贵且消耗费用较高,离子选择电极法操作较麻烦,兽医诊疗部门还难以推广。目前许多兽医诊所已拥有生化分析仪,因此,可以用其测定血清钾、钠。

3. 全自动或半自动生化分析仪测定血清钾、钠

购买钾、钠试剂盒,按照试剂盒说明书的步骤用全自动或半自动生化分析仪测定血清钾、钠的含量。

(三)氯化物的测定

1. 硝酸汞滴定法

(1)原理　用标准硝酸汞溶液滴定血清(浆)、尿液或脑脊液中的氯离子,生成可溶性的而难解离的氯化汞(不与二苯胺脲指示剂起反应)。当滴定到达终点时,过量硝酸汞中的汞离子

与二苯胺脲作用,呈淡紫红色。根据硝酸汞的消耗量,计算出氯化物的浓度。

(2)试剂配制

①硝酸汞溶液(2.5 mmol/L)　称取硝酸汞 $Hg(NO_3)_2 \cdot H_2O$ 0.875 g,溶于含有 3 mL 浓硝酸的去离子水 1 L 中,此溶液配制后,放置 2 d,经滴定标化后使用。

②指示剂　称取二苯胺脲(二苯偶氮碳酰肼或称二苯基卡巴腙)0.1 g,溶于 100 mL 95% 乙醇中,置棕色瓶内,放冰箱保存,可使用 1 个月。

③氯化物标准液(100 mmol/L)　将氯化钠(AR)置 110~120℃烘箱中干燥 4 h,取出置干燥器中至恒重,准确称取 5.845 g,置 1 L 容量瓶中,以去离子水溶解并稀释至刻度。

④0.1 mol/L 硝酸

(3)操作方法

①用血清直接测定　在试管中加入血清(浆)、尿液或脑脊液 0.1 mL,加去离子水 1 mL,指示剂两滴,混合,此时出现淡红色。用硝酸汞溶液以微量滴定管进行滴定,边滴边混匀,淡红色渐消退至出现不消褪的淡紫色为终点,记录硝酸汞溶液用量(mL)。在另一试管中加入氯化物标准液 0.1 mL,如标本一样滴定,记录硝酸汞溶液用量(mL)。

②用血滤液测定　如果标本溶血、黄疸、重度混浊,用血清直接测定时终点难以判定。可取血清 0.2 mL 于小试管中,加入钨酸蛋白沉淀剂 1.8 mL,边加边摇,放置数分钟后离心。取血滤液 1 mL 于试管中,加入指示剂 2 滴,如上法一样滴定至出现不消褪的淡紫色,记录硝酸汞溶液的用量(mL)。

(4)计算

$$氯化物浓度(mmol/L) = \frac{滴定标本用去硝酸汞溶液量(mL)}{滴定标准液用去硝酸汞溶液量(mL)} \times 100$$

$$24\ h\ 尿液氯化物含量(mmol/L) = 尿氯化物浓度(mmol/L) \times 24\ h\ 尿量(L)$$

(5)注意事项

①试验所用器皿必须洗净,滴定管固定专用,以保证结果准确一致。

②采血后迅速将血浆或血清分离,以免因血浆中 HCO_3^- 与红细胞内氯离子发生转移而使血浆氯化物测定结果偏高。

③不去除蛋白标本的滴定结果要比除蛋白者高 1~2 mmol/L,这可能是部分汞离子与蛋白质相结合的缘故。

④脑脊液、尿液标本如混浊或含有血液,应先离心后取上清液进行滴定。

⑤指示剂的选择　用于氯化物测定的二苯氨脲指示剂有两种:一种为二苯卡巴腙(diphenyl carbazone),化学名称为苯基碳偶氮苯或二苯偶氮碳酰肼,这种指示剂终点明显、稳定。另一种为二苯卡巴肼(diphenylcarbazide),化学名称为二苯基碳酰二肼,这种指示剂终点不太明显,变色迟缓。就灵敏度而言,前者比后者约高 3 倍,故购买时应选择前者。配好的指示剂不太稳定,曝光后更易变质,故必须置棕色瓶中避光保存。

⑥pH 对显色的影响　此法滴定的标本应为弱酸性(pH 6.0 左右)。滴定终点明显,若标本偏碱(如碱性尿),加指示剂后出现红色,应加稀盐酸数滴,使红色消失,再行滴定,但过酸(pH 4.0 以下)终点也不明显。

⑦每天在滴定标本的同时应与定值质控血清一起进行,以利于保证质量。

2. 电量分析法

临床化学常用的氯化物测定仪是一种用电量滴定法测定氯化物的专用仪器,国内有数家仪器厂生产。此法操作简便,也适合于常规检验用。

(1)原理 体液中氯化物电量滴定法是用仪器在恒定的电流和在不断搅拌的条件下,以银丝为阳极,不断生成的银离子与氯离子结合,生成不溶性的氯化银沉淀。当标本中氯离子与银离子完全作用时,溶液中出现游离的银离子,此时溶液电导明显增加,使仪器的传感装置和计时器立即切断电流并自动记录滴定所需时间。溶液中氯化物浓度用法拉第常数进行计算(96 487 C/mol 氯化物)。库仑与滴定时间和电流的乘积成正比。但在实际应用中不测电流,只需精确测定滴定标本所需时间与滴定标准液所需时间进行比较,最后由微处理器自动换算成浓度,数字显示测定结果,以 mmol/L 报告。

(2)试剂配制

①酸性稀释液 取冰醋酸 100 mL、浓硝酸 6.4 mL 置于约盛 800 mL 蒸馏水的 1 L 容量瓶中,用蒸馏水稀释至刻度,此溶液较稳定。

②明胶溶液 溶解明胶 6 g、水溶性麝香草酚蓝 0.1 g 及麝香草酚 0.1 g 于 1 000 mL 热蒸馏水中,冷却并分装于试管中,每管约 10 mL,塞紧并置于冰箱保存,明胶溶液在室温中不稳定,室温过夜后即不能使用。

③氯化物标准液(100 mmol/L) 配制方法与上法相同。

(3)操作方法

①血清(浆)或脑脊液 于滴定杯内加入去离子水 0.1 mL,酸性稀释液 4 mL,明胶溶液 4 滴,调节仪器使读数为零。每天测定前应先用氯化钠标准液校准仪器。校标时,加氯化钠标准液 0.1 mL,酸性稀释液 4 mL,明胶液 4 滴,调节标准读数,使显示为 100 mmol/L。同法滴定标本,以 0.1 mL 样品代替标准液,读出测定结果。

②尿液 尿中氯化物含量的波动范围比血液大,为使标本量适应仪器的测定范围,需要取不同的标本量。标本用量不得少于血清的 1/3,亦不宜超过血清量的 1 倍,即 0.03~0.2 mL。

(4)注意事项

①每次滴定后,银电极用蒸馏水清洗数次后擦干。

②本法线性范围可达 150 mmol/L。

③不同厂家仪器的操作方法和维护保养略有差别,严格按照说明书使用。

3. 全自动或半自动生化分析仪测定法

购买氯化物测定试剂盒,按照试剂盒说明书的要求及步骤用全自动或半自动生化分析仪测定氯化物的含量。

(四)电解质与血液气体分析仪测定

以爱德士 IDEXX VetStat 电解质与血液气体分析仪为例。该分析仪可快速地检测钠(Na^+)、钾(K^+)、氯(Cl^-)、酸碱值(pH)、二氧化碳分压(pCO_2)、氧分压(pO_2)、碳酸氢根(HCO_3^-)等项目。

1. 原理

VetStat™电解质与血液气体分析仪是一个触摸屏控制的仪器,它从被称为光学电极的离子传感器上测量荧光。一次性使用的试剂盒内含有校准、样本测量和废物保存所需要的所有元素。试剂盒的具体校准信息是通过扫描试剂盒上的条形码写入分析仪内。试剂盒随后被装入测量室内。分析仪将试剂盒加温到$(37.0\pm0.1)℃[(98.6\pm0.1)℉]$,通过使用机器马达传感器传送校准混合气体,进行校准验证。试剂盒内的缓冲溶液对 pH 和电解质电极进行校准。校正完成后,分析仪通过机器蠕动泵将血液样本吸入试剂片内。与血液样本平衡后,荧光就被测量好了。测量后,装有血液样本的试剂片从分析仪内移出。分析仪内不装任何试剂、血液或废物。

2. 检测项目

一次性使用的试剂盒:每个一次性使用的试剂片都在生产过程进行校准。每个试剂盒包装都贴上条形码,附带着校准信息,以及它的批号和到期日期。试剂盒上的条形码可通过条形码阅读器扫描读出。然后放入一次性使用的试剂片,并使用精确的混合气体和试剂片盒内的缓冲液进行自动校正。

可以从表3-13中5种一次性使用的试剂盒选择。

表 3-13　试剂盒及其检测项目

试剂盒	检测项目
电解质试剂片	钠(Na^+)、钾(K^+)、氯(Cl^-)
电解质8+试剂片	Na^+,K^+,Cl^-,pH,pCO_2,TCO_2,HCO_3^-,anion gap
呼吸与血液气体试剂片	Na^+,K^+,Cl^-,pH,pCO_2,TCO_2,HCO_3^-,anion gap,base excess,pO_2,SO_2,THb
游离钙试剂片	Ca^{2+}
葡萄糖试剂片	GLU

3. 操作步骤

(1)血样采集和处理　用含微量肝素锂(lithium heparin)1 mL 注射器针筒采集检测动物的动脉血或静脉血,采血后,针筒的空气要立即排出并马上盖上塞子。血样要立刻测试(最好在 5 min 内),如果无法立刻测试,把血样暂时存放在含冰块的冰水中,超过 1 h 的血样就须丢弃,不可进行测试。

(2)电解质与血液气体分析仪检测操作步骤

①打开电源,电解质和血液气体分析仪会自动运行系统诊断检测,自检无误后进入屏幕首页。

②将试剂片条形码面对分析仪右前下方的条形码判读器,将条形码扫描输入分析仪内。

③按下样本测试槽(SMC)下的按钮打开上盖,打开铝箔包装取出试剂片,用无尘纸擦拭试剂片两面将保护液擦去,将试剂片载入 SMC 后,轻压固定,关上 SMC 上盖,分析仪会自动测试校正试剂片。

④校正程序进行中,使用屏幕输入病畜数据,输入完成后,按 Finish 键(病畜数据也可在样本分析之前、之后或分析过程中输入)。

⑤当试剂片校正完成后,状态指示灯会消失,屏幕显"Mix and Place the Sample",用手掌把针筒旋转并上下混合约 10 s 使样本混合均匀。取下塞子,如果针筒前端有气泡,需轻轻打掉气泡,再把针筒直接插入测试片吸入口,最后再按"OK"键,分析仪会自动将样本吸入进行检测。

⑥检测结束后,结果会自动出现在屏幕上并打印,选 Up 或 Home 修改病畜数据或关闭结

果显示。结果关闭后,分析仪会提醒将测试片取出。

⑦打开 SMC 上盖,取出并丢弃测试片,关上盖子。

4. 注意事项

(1)采集全血时,抗凝剂只能选用肝素锂;采血后应立刻进行测试(5 min 内),若不能立刻进行检测,将样品放在冰盒内并在 1 h 内进行完成,超过 1 h 的样本应废弃不能检测。

(2)若测试片条形码毁损或无法阅读,选 Manual 后以屏幕键盘输入条形码。

(3)分析仪在校正程序进行中,请勿打开 SMC 上盖,否则分析仪将取消测试片校正程序,且测试片不能再使用。

(4)校正后测试片在分析仪只可保留 10 min,若超过 10 min 后还未将样本注入,分析仪屏幕会显示讯息,并要求丢弃试剂片。

(5)请勿将样本推入测试片,分析仪会自动将样本吸入。

(6)分析仪检测进行中,绝不要打开 SMC 上盖。

四、作业与思考题

1. 简述血浆二氧化碳结合力的测定方法及临床诊断意义。
2. 低钾血症的病因是什么?
3. 严重腹泻时血钠浓度可能有何变化?
4. 血清中氯化物的检测有何临床意义?

实验十八 血液葡萄糖的测定

一、实验目的与要求

1. 基本掌握血液葡萄糖的测定方法。
2. 了解血液葡萄糖测定的临床意义。

二、实验器材

1. 器械 分光光度计、冰箱、干燥箱、水浴锅、试管和容量瓶等。
2. 材料 磷酸氢二钠、无水磷酸二氢钾、氢氧化钠、盐酸、葡萄糖氧化酶、过氧化物酶、4-氨基安替吡啉、叠氮钠、硫脲、邻甲苯胺、冰醋酸和氯化钠等。

三、实验内容与方法

(一)葡萄糖氧化酶(GOD)法

1. 原理

葡萄糖在葡萄糖氧化酶作用下,生成葡萄糖酸及过氧化氢。后者被过氧化物催化释放氧,氧化 4-氨基安替吡啉和酚生成红色醌类化合物。

2. 试剂配制

(1)磷酸盐缓冲液(0.1 mol/L pH 7.0) 磷酸氢二钠($Na_2HPO_4 \cdot 12H_2O$)21.42 g,无水磷酸二氢钾 5.3 g 溶于 800 mL 蒸馏水中,用少量 1 mol/L 氢氧化钠或盐酸调溶液 pH 至 7.0 ± 0.1。蒸馏水稀释至 1 000 mL。

(2)酶试剂 取葡萄糖氧化酶 1 200 IU,过氧化物酶 1 200 IU,4-氨基安替吡啉 10 mg,叠氮钠 100 mg,溶于上述磷酸盐缓冲液约 80 mL 中,调 pH 至 7.0,用磷酸盐缓冲液加至 100 mL。此溶液置冰箱保存,至少可稳定 3 个月。

(3)1 g/L 酚 称取酚(AR)100 mg,溶于 100 mL 蒸馏水中。

(4)酶酚混合试剂 取酶试剂和酚试剂等量混合,置冰箱中可稳定 1 个月。

(5)葡萄糖标准贮存液(100 mmol/L) 取无水葡萄糖置 80℃烤箱中干燥至恒重。冷却后,精确称取 1.802 g,以 2.5 g/L(12 mmol/L)苯甲酸溶液溶解并移入 100 mL 容量瓶中,2.5 g/L 苯甲酸溶液稀释至刻度,混匀。

(6)葡萄糖标准应用液(5 mmol/L) 准确吸取葡萄糖标准贮存液 5.0 mL 于 100 mL 容量瓶中,用 2.5 g/L 苯甲酸溶液稀释至刻度,混匀。

3. 操作方法

(1)取 15 mm×100 mm 试管,分别标明测定(U)、标准(S)、空白(B),依次加入血清(血浆)、标准应用液及蒸馏水各 20 μL。

(2)各管加入酶酚混合试剂 3 mL,混匀,置 37℃水浴 15 min,冷却,用分光光度计 505 nm 波长比色,以空白管调零,分别读取各管吸光度(A)。

4. 计算

$$血糖浓度(mmol/L) = \frac{A_U}{A_S} \times 5.0$$

5. 注意事项

(1)采血后应尽快分离血清并及时测定。离体后血液葡萄糖,因红细胞的酶解作用在 37℃每小时约下降 1 mmol/L,25℃每小时下降 0.4 mmol/L,4℃每小时下降 0.1 mmol/L,若不能及时测定,应加糖酵解抑制剂。

(2)动脉血较静脉血高 0.56 mmol/L;毛细血管血较静脉血高 0.22 mmol/L。临床分析时应予以注意。

(3)0.10 g/L 的左旋多巴可使测定结果呈负误差。半胱氨酸浓度达 150 mg/L 时可使测定结果偏高 0.72 mmol/L。维生素 C 浓度 0.1 g/L 时,可使血糖测定结果偏低 1.3%~7.6%;1.0 g/L 时,可使反应不显色。血红蛋白浓度 15.0 g/L 时,测定结果增加 3.4%~9.0%。

(4)葡萄糖氧化酶的最适 pH 5.1,过氧化物酶最适 pH 6.8,试剂配方多采用 pH 6.6~7.5。

(5)酶酚混合液与葡萄糖反应后,在 2 h 内呈色稳定。线性范围 2.5~20 mmol/L。当测定结果超出线性范围时,应将标本用生理盐水稀释后,再进行测定。

(6)酚易被氧化变红,可先配制 500 g/L 的贮存液,置棕色瓶中贮存,用时作 500 倍稀释即可。

(二)邻甲苯胺法

1. 原理

在加热的强酸溶液中,葡萄糖的醛基与邻甲苯胺缩合,生成的葡萄糖基胺脱水为蓝色席夫氏碱。其颜色深浅与葡萄糖含量成正比。

2. 试剂配制

(1)邻甲苯胺试剂 于洁净 1 L 容量瓶中加入硫脲 1.5 g,邻甲苯胺 60 mL,冰醋酸约 500 mL,混合,直至硫脲完全溶解后,加冰醋酸至刻度。置棕色瓶中,室温保存。

(2)葡萄糖标准液 同葡萄糖氧化酶法。

3. 操作方法

(1)取 16 mm×150 mm 试管,分别标明测定管(U)、标准管(S)、空白管(B),依次加入样本、标准应用液和蒸馏水各 0.1 mL。

(2)各管分别加入邻甲苯胺试剂 5 mL。

(3)混匀,置沸水浴中,煮沸 12 min,取出置冷水中冷却 3 min。分光光度计 630 nm 波长,以空白管调零,读取标准管与测定管吸光度。

4. 计算

$$葡萄糖浓度(mmol/L) = \frac{A_U}{A_S} \times 5.0$$

5. 注意事项

(1)邻甲苯胺若显红棕色,则应重蒸馏,否则将影响测试结果。

(2)反应条件影响显色强度。因此,测定管、标准管和空白管的加热时间及温度必须完全一致。

(3)最终反应液偶尔会产生混浊,最常见的原因是高脂血症。此时可向显色液中加入异丙醇充分混匀,脂质溶解后浊度即清除,结果乘以稀释倍数。

(4)标本采集、保存同葡萄糖氧化酶法。

(三)葡萄糖脱氢酶(GDH)法

1. 原理

葡萄糖脱氢酶催化葡萄糖脱氢,氧化生成葡萄糖酸(D-葡萄糖酸-δ-内酯)。

$$\beta\text{-}D\text{-葡萄糖} + NAD \xrightarrow{GDH} 葡萄糖酸内酯\text{-}NADH$$

向反应液中加入变旋酶可缩短反应到达平衡的时间。在反应过程中,NADH 的生成量与葡萄糖浓度呈正比关系。

2. 试剂配制

(1)磷酸盐缓冲液(pH 7.6) 120 mmol/L 磷酸盐、150 mmol/L 氯化钠和 1.0 g/L 叠氮钠,用磷酸或氢氧化钠调节至 pH 7.6(25℃),然后分装成 100 mL/瓶,冰箱保存。

(2)酶混合液 用上述磷酸盐缓冲液配制,酶混合液中含 GDH≥4 500 IU/L、变旋酶 ≥90 IU/L 和 NAD 2.2 mmol/L,置冰箱保存,可稳定 12 周,若试剂吸光度大于 0.04 nm (340 nm,光径 1.0 cm,用蒸馏水调零)时,提示酶混合液需要重新配制。

(3)5 mmol/L 葡萄糖标准应用液 见 GOD 法。

3. 操作方法

取 16 mm×100 mm 试管,按表 3-14 编号与操作。

表 3-14　葡萄糖脱氢酶法操作步骤

μL

试剂	测定管(U)	标准管(S)	空白管(B)
血清、血浆、尿液	10	10	—
蒸馏水	—	—	10
酶混合液	2	2	2

充分混匀,置 20℃室温 10 min 或 37℃水浴 7 min,分光光度计波长 340 nm,比色杯光径 1.0 cm,以空白管调零,读取测定管和标准管吸光度(A_U、A_S)。

4. 计算

$$葡萄糖浓度(mmol/L) = \frac{A_U}{A_S} \times 5.0$$

5. 注意事项

(1)葡萄糖脱氢酶(GDH)的系统命名为 $β\text{-}D\text{-}$葡萄糖,NAD 氧化还原酶对葡萄糖具有高度特异性,其测定结果与己糖激酶法具有良好的一致性。

(2)吸光度与葡萄糖浓度的线性关系达 33.3 mmol/L(600 mg/dL)。每批新配酶混合液,必须用 11 mmol/L(200 mg/dL)和 33.3 mmol/L(600 mg/dL)葡萄糖标准液进行线性范围校正。当葡萄糖浓度太高时,用 150 mmol/L NaCl 将标本稀释 2 倍后重新测定。

(3)脂血症的干扰在于 340 nm 波长处产生吸光度。此时,须做对照管(血清 10 μL,加 150 mmol/L NaCl 2 mL,用盐水调零,340 nm 读取吸光度)。测定管吸光度减去对照管吸光度后,按公式计算。

(4)一般浓度的抗凝剂或防腐剂如肝素、EDTA、柠檬酸盐、草酸盐、氟化物和碘乙酸等不干扰测定。胆红素 85.5 μmol/L(5 mg/dL),血红蛋白 950 mg/L(95 mg/dL),抗坏血酸 2 g/L(200 mg/dL),谷胱甘肽 200 mg/L(20 mg/dL),尿酸 100 mg/L(10 mg/dL),尿素 20 g/L(2 000 mg/dL),肌酐 250 mg/L(25 mg/dL)等不干扰测定。但当胆红素 200 mg/L (20 mg/dL)和血红蛋白 1 g/L(100 mg/dL)时,可使表观葡萄糖浓度分别增高 130 mg/L (13 mg/dL)和 40 mg/L(4 mg/dL)。

(5)其他单糖与 GDH 反应的相对速率如下:

2-脱氧葡萄糖	125%
葡萄糖	100%
$D\text{-}$葡萄糖胺	31%
$D\text{-}$木糖	15%
$D\text{-}$甘露糖	8%
果糖	—
半乳糖	—

哺乳动物体内,不含 $α\text{-}$脱氧葡萄糖,而其他几种单糖的含量亦可忽略不计。但当口服木糖吸收试验时,不能用 GDH 法测定血清葡萄糖浓度。

(四)己糖激酶(HK)法

1. 原理

在己糖激酶催化下,葡萄糖和 ATP 发生磷酸化反应,生成葡萄糖-6-磷酸(G-6-P)与 ADP。前者在葡萄糖-6-磷酸脱氢酶(G-6-PD)催化下脱氢,生成 6-磷酸葡萄糖酸(6-GP),同时使 $NADP^+$ 还原成 NADPH。

$$葡萄糖 + ATP \xrightarrow{HK} G\text{-}6\text{-}P + ADP$$

$$G\text{-}6\text{-}P + NADP^+ + H^+ \xrightarrow{G\text{-}6\text{-}PD} 6\text{-}G\text{-}P + NADPH$$

根据反应方程式,NADPH 的生成速率与葡萄糖浓度成正比,在波长 340 nm 监测吸光度升高速率,计算血清中葡萄糖浓度。

2. 试剂配制

(1)酶混合试剂的成分与浓度

三乙醇胺盐酸缓冲液(pH 7.5)	50 mmol/L
$MgSO_4$	2 mmol/L
ATP	2 mmol/L
$NADP^+$	2 mmol/L
HK	≥1 500 U/L
G-6-PD	2 500 U/L

根据试剂盒说明书复溶后,混合配制成酶试剂,置棕色瓶中放冰箱保存,约可稳定 7 d。

(2)葡萄糖标准应用液(5 mmol/L)　见 GOD 法。

3. 操作方法

(1)速率法测定　以全自动生化分析仪为例。

①主要参数

系数	8.2
孵育时间	30 s
监测时间	60 s
波长	340 nm
吸样量	0.5 mL
温度	37℃

②加样　37℃预温酶混合试剂 1 000 μL,加血清 20 μL,立即吸入全自动生化分析仪,监测吸光度升高速率($\Delta A/\min$)。

③计算

$$血清葡萄糖(mmol/L) = \Delta A/\min \times \frac{1}{6.22} \times \frac{1\,020}{20} = \Delta A/\min \times 8.2$$

(2)终点法测定　取 16 mm×100 mm 试管,按照表 3-15 进行操作。

以上各管充分混匀,在 37℃水浴,准确放置 10 min,分光光度计波长 340 nm、比色杯光径 10 mm,用蒸馏水调零,分别读取各管吸光度(A_U、A_C、A_S 和 A_B)。

表 3-15　终点法测定步骤　　　　　　　　　　　　　　　　　　　mL

加入物	测定管(U)	对照管(C)	标准管(S)	空白管(B)
血清	0.02	0.02	—	—
5 mmol/L 葡萄糖应用液	—	—	0.02	—
生理盐水	—	2.0	—	0.02
酶混合试剂	2.0	—	2.0	2.0

①计算

$$血清葡萄糖(mmol/L) = \frac{A_U - A_C - A_B}{A_S - A_B} \times 5$$

②参考值　空腹血清葡萄糖为 3.9～6.1 mmol/L(70～110 mg/dL)。

4. 注意事项

(1)己糖激酶方法的特异性比葡萄糖氧化酶法高,是公认为测定血糖的参考方法,适用于自动生化分析仪。轻度溶血、脂血、黄疸、维生素 C、氟化钠、肝素、EDTA 和草酸盐等不干扰本法测定。溶血标本若血红蛋白超过 5 g/L 时,因为从红细胞释放的有机磷酸酯和一些酶能消耗 $NADP^+$,故干扰本法测定。

(2)虽然根据 NADPH 的摩尔吸光度可以直接计算血清葡萄糖浓度,但建议最好同时测定标准管和空白管(蒸馏水代替血清)。此时计算公式应为:

$$血清葡萄糖(mmol/L) = \frac{测定\ \Delta A/min - 空白\ \Delta A/min}{标准\ \Delta A/min - 空白\ \Delta A/min} \times 标准液浓度(mmol/L)$$

四、作业与思考题

1. 临床上血液葡萄糖测定的方法有几种?
2. 血液葡萄糖指标在疾病诊断中的作用是什么?

实验十九　肝功能检查

一、实验目的与要求

1. 初步掌握血清蛋白质(总蛋白、白蛋白、球蛋白及醋酸纤维薄膜电泳)、总胆红素、结合胆红素及与肝功能损害有关的血清酶的测定方法。

2. 了解尿液胆红素、尿胆原,血清黄疸指数、血清麝香草酚、血清脑磷脂胆固醇的测定步骤及其临床意义。

二、实验器材

1. 器械 分光光度计、电泳仪、电泳槽、光密度计、加样器、吸管和容量瓶等。
2. 材料 醋酸钠、苯甲酸钠、乙二胺四乙酸二钠、咖啡因、氢氧化钠、硫酸钠、酒石酸钠、碘化钾、亚硝酸钠、琥珀酸、氨基苯磺酸、盐酸、叠氮钠、胆红素、氯仿、碳酸钠、胆酸钠、枸橼酸钠、聚氧化乙烯月桂醚、乙酸钠、溴甲酚绿、氯化钡、三氯化铁、三氯乙酸、二甲氨基苯甲醛、盐酸、磺溴酞钠、重铬酸钾、氯化钠、巴比妥钠、巴比妥、麝香草酚、硫酸钡、脑磷脂、胆固醇、乙醚、磷酸氢二钠、磷酸二氢钾、DL-丙氨酸、α-酮戊二酸、2,4-二硝基苯肼、丙酮酸钠、碳酸氢钠、4-氨基安替比林、磷酸苯二钠、铁氰化钾、二乙醇胺、乳酸锂、氧化型辅酶Ⅰ、生理盐水和蒸馏水等。

三、实验内容与方法

(一)总蛋白测定

蛋白质是血清的主要成分,大部分由肝细胞合成,分子量 5 000~100 000。它主要分为白蛋白和球蛋白 2 种,在机体中具有重要的生理功能。通过总蛋白(total protein,TP)的测定,可以间接了解机体的营养状况,协助某些疾病的诊断,目前多采用双缩脲法。

1. 原理

蛋白质多肽链中的肽键(CONH)在碱性条件下,与铜离子络合形成紫红色化合物。在波长 540 nm 处有最大吸收,所产生的络合物颜色与蛋白质的浓度成正比。通过与同样处理的蛋白标准液相比较,可求出血清总蛋白的浓度。

2. 试剂配制

(1)6 mol/L 氢氧化钠溶液 溶解 240 g 氢氧化钠(AR)于新鲜制备的蒸馏水或刚煮沸冷却的去离子水中,稀释至 1 L。置聚乙烯瓶内密封保存。

(2)双缩脲试剂 称取未风化的硫酸钠($Na_2SO_4 \cdot 5H_2O$)3 g。溶于 500 mL 新鲜制备的蒸馏水或刚煮沸冷却的去离子水中,加酒石酸钾钠 9 g,碘化钾 5 g,待完全溶解后,加入 6 mol/L 氢氧化钠 100 mL,蒸馏水稀释至 1 L,置聚乙烯瓶内密封保存。

(3)双缩脲空白试剂 溶解酒石酸钾钠 9 g,碘化钾 5 g 于新鲜制备的蒸馏水或刚冷却的去离子水中,加 6 mol/L 氢氧化钠 100 mL,再加蒸馏水稀释至 1 L。

(4)蛋白标准液 收集混合血清,用凯氏定氮法测定蛋白含量,也可以用定值参考血清或标准液作标准。

3. 操作方法

按表 3-16 进行。

表 3-16 总蛋白测定步骤   mL

加入物	测定管(U)	标准管(S)	空白管(B)
待检血清	0.1	—	—
蛋白标准液	—	0.1	—
蒸馏水	—	—	0.1
双缩脲试剂	5.0	5.0	5.0

混匀,置 37℃,30 min,波长 540 nm,以空白调零,读取各管的吸光度。

4. 计算

$$血清总蛋白(g/L) = \frac{A_U}{A_S} \times 标准液浓度(g/L)$$

5. 注意事项

(1)吸光度的数值与试剂成分、pH、反应温度等条件有关,所以上述条件在实验中必须保持一致。

(2)高脂、高胆红素和溶血的标本,应作标本空白来消除。

(3)双缩脲试剂配好后,必须密闭保存,阻止吸收空气中的 CO_2。

(4)酚酞、溴磺酞钠在碱性溶液中呈色,影响双缩脲的测定结果,右旋糖酐可使测定管浑浊,理论上也可用相应的标本空白管来消除,但如果标本空白管吸光度太高,可影响测定的准确度。

(二)白蛋白测定

白蛋白(albumin,Alb)系由肝实质细胞合成,分子量为 66 458。在血浆中半衰期为 15～19 d,是血浆中含量最多的蛋白质,占血浆总蛋白质的 40%～60%,其合成率受食物中蛋白质含量影响,但主要受血浆白蛋白水平调节。在生理条件下为负离子,是血浆中主要载体,许多物质可与其结合而被运输,也可结合活性物质(如药物,激素等)而抑制其活性。同时对维持渗透压和酸碱平衡具有重要作用。

1. 溴甲酚绿法

(1)原理 溴甲酚绿在 pH 4.2 的环境中,在有非离子去垢剂聚氧化乙烯月桂醚存在时,可与白蛋白反应形成蓝绿色复合物,在波长 630 nm 具有吸收峰,吸光度与白蛋白浓度成正比,与同样处理的白蛋白标准液比较,可求得血清中白蛋白含量。

(2)试剂配制

①0.5 mol/L 琥珀酸缓冲储存液(pH 4.0) 溶解氢氧化钠 10 g,琥珀酸 56 g 于 800 mL蒸馏水中,用 1 mol/L 氢氧化钠调 pH 至 4.05～4.15,加水至 1 000 mL,此液置 4℃冰箱保存。

②溴甲酚绿储存液(10 mmol/L) 溶解溴甲酚绿 1.75 g 于 15 mL 1 mol/L 氢氧化钠中,用蒸馏水稀释至 250 mL。

③叠氮钠储存液 溶解叠氮钠 40 g 于 1 000 mL 蒸馏水中。

④聚氧化乙烯月桂醚储存液 溶解 25 g 聚氧化乙烯月桂醚于约 80 mL 蒸馏水中,加温助溶,加蒸馏水至 100 mL。

⑤溴甲酚绿试剂 于 1 000 mL 容量瓶中加蒸馏水 40 mL,加琥珀酸缓冲储存液 100 mL,用吸管准确加入溴甲酚绿储存液 8.0 mL,并用蒸馏水将吸管上残留的少量染料洗到液体内,加叠氮钠储存液 2.5 mL,聚氧化乙烯月桂醚储存液 2.5 mL,然后用蒸馏水稀释至刻度。配好的溴甲酚绿试剂的 pH 应为 4.10～4.20。

⑥40 g/L 白蛋白标准液 也可以用定值参考血清作白蛋白标准,均需置冰箱 4℃保存。

(3)操作方法 按表 3-17 进行。

混匀,室温放置 10 min,波长 630 nm,空白调零,读取各管的吸光度。

表 3-17　白蛋白测定步骤（溴甲酚绿法）　　　　　　　　　　　　　　mL

加入物	测定管（U）	标准管（S）	空白管（B）
待检血清	0.02	—	—
白蛋白标准液	—	0.02	—
蒸馏水	—	—	0.02
溴甲酚绿试剂	4.0	4.0	4.0

（4）计算

$$血清白蛋白(g/L) = \frac{A_U}{A_S} \times 标准液浓度(g/L)$$

（5）注意事项

①样本可以为血清、血浆（EDTA 抗凝）。

②线性范围 10～60 g/L，正常血清的批内变异系数低于 3%，批间变异系数约为 6.3%。

③溴甲酚绿染料结合法测定过程中，溴甲酚绿不但与白蛋白迅速呈色反应，而且同时可与血清中多种蛋白成分呈色反应，其中 α 球蛋白、转铁蛋白、触珠蛋白更为显著，只是其反应速度较白蛋白慢，所以有人主张用定值血清作标准比较理想，读取 1 min 吸光度计算结果。

④60 g/L 白蛋白标准与溴甲酚绿结合后，溶液在波长 630 nm，1 cm 光径比色杯测定的吸光度应为 0.811±0.035，如达不到此值，表示灵敏度较差。

⑤试剂中的聚氧化乙烯月桂醚可以用其他表面活性剂代替，如吐温-20，用量为 2 mL/L。

⑥水杨酸类、青霉素以及其他药物与溴甲酚绿竞争白蛋白上的结合点，所以上述物质存在时对测定结果有影响。

⑦标本脂血、溶血、高胆红素时，应作标本空白来消除干扰。

2. 溴甲酚紫法

（1）原理　溴甲酚紫在 pH 5.2 的醋酸盐缓冲液中与白蛋白反应形成绿色复合物，在波长 603 nm 有吸收峰，且颜色深浅与白蛋白浓度成正比，与同样处理的标准液相比较，可求出血清白蛋白含量。

（2）试剂配制

①50 mol/L 溴甲酚紫溶液　称取溴甲酚紫 675 mg 溶于 10 mL 无水乙醇，并加至 25 mL，置冰箱保存。

②聚氧化乙烯月桂醚溶液（250 g/L）　配制同溴甲酚绿法。

③溴甲酚紫试剂　称取无水乙酸钠 6.30 g（或 3 结晶水的乙酸钠 10 g）溶于 950 mL 蒸馏水中，加 Brij-35 溶液 1.0 mL 和 50 mmol/L 溴甲酚紫溶液 1.0 mL，用 150 mmol/L 乙酸调 pH 至 5.2±0.03（约需 10 mL），加蒸馏水至 1 000 mL。

④白蛋白标准液　必须使用动物的白蛋白或动物的定值血清。

（3）操作方法　按表 3-18 进行。

混匀，室温放置 1 min，波长 603 nm，以空白调零，读取各管的吸光度。

（4）计算

$$血清白蛋白(g/L) = \frac{A_U}{A_S} \times 标准液浓度(g/L)$$

表 3-18　白蛋白测定步骤(溴甲酚紫法)　　　　　　　　　　　　mL

加入物	测定管(U)	标准管(S)	空白管(B)
待检血清	0.025	—	—
白蛋白标准液	—	0.025	—
生理盐水	—	—	0.025
溴甲酚紫试剂	5.0	5.0	5.0

(5)注意事项

①严重的脂血、溶血和高胆红素血可用标本空白来消除。

②标准液必须用动物的白蛋白或血清。

③溴甲酚紫法反应最适 pH 为 5.2,接近 α 球蛋白和 β 球蛋白的等电点,从而抑制了这些蛋白与溴甲酚紫的非特异性反应,使结果更准确。

(三)血清蛋白醋酸纤维素薄膜电泳法分类测定

1. 原理

胶体颗粒在一定条件下可以带有电荷,带有电荷的胶体颗粒又可以借静电吸引力在电场中泳行,带正电荷者泳向负极,带负电荷者泳向正极,此种现象称为电泳。

血清中各种蛋白质都有它特有的等电点。各种蛋白质在各自的等电点时呈电中性状态,它的分子所带正电荷量与所带负电荷量相等。将蛋白质置于比其等电点较高的 pH 缓冲液中,它们将形成带负电荷质点,在电场中均向正极泳动。由于血清中各种蛋白质的等电点不同,带电荷量多少有差异,蛋白质的分子量大小也不同,所以在同一电场中泳动速度也不同。蛋白质分子小带电荷多,泳动速度较快;分子大而带电荷少,泳动较慢。血清蛋白在 pH 8.6 的巴比妥缓冲液中进行电泳,按其泳动速度可以分出以下的主要区带,从正极端起依次为白蛋白、α1 球蛋白、α2 球蛋白、β 球蛋白及 γ 球蛋白等区带。

2. 试剂配制

(1)巴比妥-巴比妥钠缓冲液(pH 8.6±0.1,离子强度 0.06)称取巴比妥 2.21 g、巴比妥钠 12.36 g 于 500 mL 蒸馏水中,加热溶解,待冷至室温后,再用蒸馏水补足至 1 L。

(2)染色液

①丽春红 S 染色液　称取丽春红 S 0.4 g 及三氯醋酸 6 g,用蒸馏水溶解,并稀释至 100 mL。

②氨基黑 10 B 染色液　称取氨基黑 10B 0.1 g,溶于无水乙醇 20 mL 中,加冰醋酸 5 mL、甘油 0.5 mL,使溶解。另取磺基水杨酸 2.5 g,溶于 74.5 mL 蒸馏水中。再将二液混合摇匀。

(3)漂洗液

①3%(V/V)醋酸溶液　适用于丽春红 S 染色的漂洗。

②甲醇 45 mL、冰醋酸 5 mL 和蒸馏水 50 mL,混匀。适用于氨基黑 10B 染色的漂洗。

(4)透明液　称取柠檬酸($C_6H_5Na_3O_7 \cdot 2H_2O$)21 g 和 N-甲基-2-吡咯烷酮 150 g,以蒸馏水溶解,并稀释至 500 mL。亦可选用十氢萘或液体石蜡透明。

(5)0.4 mol/L 氢氧化钠溶液。

3. 操作方法

(1)将缓冲液加入电泳槽内,调节两侧槽内的缓冲液,使其在同一水平面。

(2)醋纤膜的准备。取醋纤膜(2 cm×8 cm)一张,在毛面的一端(负极侧)1.5 cm 处,用铅笔轻画一横线,作点样标记,编号后,将醋纤膜置于巴比妥-巴比妥钠缓冲液中浸泡,待充分浸透后取出(一般约 20 min)。夹于洁净滤纸中间,吸去多余的缓冲液。

(3)将醋纤膜毛面向上贴于电泳槽的支架上拉直,用微量吸管吸取无溶血血清在横线处沿横线加 3~5 μL。样品应与膜的边缘保持一定距离,以免电泳图谱中蛋白区带变形,待血清渗入膜后,反转醋纤膜,使光面朝上平直地贴于电泳槽的支架上,用双层滤纸或 4 层纱布将膜的两端与缓冲液连通,稍待片刻。

(4)接通电泳,注意醋纤膜的正、负极,切勿接错。电压 90~150 V,电流 0.4~0.6 mA/cm 宽(不同的电泳仪所需电压、电流可能不同,应灵活掌握),夏季通电 45 min,冬季通电 60 min,待电泳区带展开 25~35 mm,即可关闭电源。

(5)染色。通电完毕,取下薄膜直接浸于丽春红 S 或氨基黑 10B 染液中,染色 5~10 min(以白蛋白带染透为止),然后在漂洗液中漂去剩余染料,直至背景无色为止。

(6)定量

①洗脱法 将漂洗净的薄膜吸干,剪下各染色的蛋白区带放入相应的试管内,在白蛋白管内加 0.4 mol/L 氢氧化钠 6 mL(计算时吸光度乘 2),其余各加 3 mL,振摇数次,置 37℃水箱 20 min,使其染料浸出。氨基黑 10B 染色用分光光度计,在波长 600~620 nm 处读取各管吸光度,然后计算出各自的含量(在醋纤膜的无蛋白质区带部分,剪一条与白蛋白区带同宽度的膜条,作为空白对照)。

丽春红 S 染色,浸出液用 0.1 mol/L 氢氧化钠,加入量同上,10 min 后,向白蛋白管内加 40%(V/V)醋酸 0.6 mL(计算时吸光度乘 2),其余各加 0.3 mL,以中和部分氢氧化钠,使色泽加深。必要时离心沉淀,取上清液,用分光光度计,在 520 nm 处,读取各管吸光度,然后计算出各自的含量(同上法做空白对照)。

②光密度计扫描法

透明:吸去薄膜上的漂洗液(为防止透明液被稀释影响透明效果),将薄膜浸入透明液中 2~3 min(延长一些时间亦无碍)。然后取出,以滚动方式平贴于洁净无划痕的载物玻璃片上(勿产生气泡),将此玻璃片竖立片刻,除去一定量透明液后,置已恒温至 90~100℃烘箱内烘烤 10~15 min,取出冷至室温。用此法透明的各蛋白区带鲜明,薄膜平整,可供直接扫描和永久保存(用十氢萘或液体石蜡透明,应将漂洗过的薄膜烘干后进行透明,此法透明的薄膜不能久藏,且易发生皱折)。

扫描定量:将已透明的薄膜放入全自动光密度计暗箱内,进行扫描分析。

4. 计算

$$各组分蛋白 = \frac{A_X}{A_T} \times 100\%$$

$$各组分蛋白(g/L) = \frac{各组分蛋白百分数(\%) \times 血清总蛋白(g/L)}{100}$$

式中:A_T 为各组分蛋白吸光度总和;A_X 为各个组分蛋白(Alb,α_1,α_2,β,γ)吸光度。

5. 注意事项

(1)每次电泳时应交换电极,可使两侧电泳槽内缓冲液的正、负离子相互交换,使缓冲液的

pH 维持在一定水平。然而,每次使用薄膜的数量可能不等,所以其缓冲液经 10 次使用后,应将缓冲液弃去。

(2)电泳槽缓冲液的液面要保持一定高度,过低可能会增加 γ-球蛋白的电渗现象(向阴极移动)。同时电泳槽两侧的液面应保持同一水平面,否则,通过薄膜时有虹吸现象,将会影响蛋白分子的泳动速度。

(3)电泳失败的原因

①电泳图谱不整齐　点样不均匀、薄膜未完全浸透或温度过高致使膜面局部干燥或水分蒸发、缓冲液变质;电泳时薄膜放置不正确,使电流方向不平行。

②蛋白各组分分离不佳　点样过多、电流过低、薄膜结构过分细密、透水性差、导电差等。

③染色后白蛋白中间着色浅　由于染色时间不足或染色液陈旧所致;若因蛋白含量高引起,可减少血清用量或延长染色时间,一般以延长 2 min 为宜。若时间过长,球蛋白百分比上升,A/G 比值会下降。

④薄膜透明不完全　温度未达到 90℃ 以上将标本放入烘箱,透明液陈旧和浸泡时间不足等。

⑤透明膜上有气泡　玻璃片上有油脂,使薄膜部分脱开或贴膜时滚动不佳。

(四)血清总胆红素和结合胆红素的测定

1. 改良 J-G 法

(1)器材与材料

器材:分光光度计,电子天平,500 mL 量筒,容量瓶(100 mL、1 L),滤纸,漏斗,玻棒,棕色瓶(200 mL、100 mL),200 mL 塑料瓶,冰箱,滤菌器,吸耳球,移液管,黑纸。

材料:无水醋酸钠,苯甲酸钠,乙二胺四乙酸二钠,蒸馏水,咖啡因,氢氧化钠,酒石酸钠,亚硝酸钠,对氨基苯磺酸,浓盐酸,叠氮钠,牛血清白蛋白或血清,生理盐水,胆红素,二甲亚砜,碳酸钠。

(2)原理　血清中结合胆红素可直接与重氮试剂反应,产生偶氮胆红素;在同样条件下,游离胆红素须有加速剂使胆红素氢键破坏后与重氮试剂反应。血清或血浆与醋酸钠-咖啡因-苯甲酸钠试剂混合后,加入偶氮苯磺酸,生成紫色的偶氮胆红素,醋酸钠缓冲液维持偶氮反应的pH 同时兼有加速作用;咖啡因、苯甲酸钠为偶氮反应的加速剂;抗坏血酸(或叠氮钠)破坏剩余的偶氮试剂以中止结合胆红素测定管的偶氮反应,防止游离胆红素的缓慢反应,最后加入强碱性酒石酸钠溶液使溶液由紫色转变为蓝色,提高反应的灵敏度。在 600 nm 波长下,比色测定蓝色偶氮胆红素的生成量,可计算出胆红素含量。

(3)试剂

①咖啡因-苯甲酸钠试剂　称取无水醋酸钠 82.0 g,苯甲酸钠 75.0 g,乙二胺四乙酸二钠(EDTANa₂)1 g,溶于约 500 mL 蒸馏水中,再加入咖啡因 50.0 g,搅拌溶解(加入咖啡因后不能加热溶解)后用蒸馏水补足至 1 L,混匀。用滤纸过滤后置棕色瓶,室温可稳定保存 6 个月。

②碱性酒石酸钠溶液　称取氢氧化钠 75.0 g,酒石酸钠($Na_2C_4H_4O_6 \cdot 2H_2O$)263.0 g,用蒸馏水溶解并补足至 1 L,混匀。置塑料瓶中,室温可稳定保存 6 个月。

③5.0 g/L 亚硝酸钠溶液　称取亚硝酸钠($NaNO_2$)5.0 g,用蒸馏水溶解并稀释至100 mL,混匀贮棕色瓶中,冰箱中可稳定保存至少 3 个月。作 10 倍稀释成 5.0 g/L,于冰箱中可至少稳定保存 2 周。若发现溶液呈淡黄色,应丢弃重配。

④5.0 g/L 对氨基苯磺酸溶液 称取对氨基苯磺酸（$NH_2C_6H_4SO_3H\cdot H_2O$）5.0 g，溶于 800 mL 蒸馏水中，加入浓盐酸 15 mL，用蒸馏水补足至 1 L。

⑤重氮试剂 临用前取 5.0 g/L 亚硝酸钠溶液 0.5 mL 和 5.0 g/L 对氨基苯磺酸溶液 20 mL 混合。

⑥5.0 g/L 叠氮钠溶液 称取叠氮钠 0.5 g，以蒸馏水溶解并稀释至 100 mL。

⑦342 μmol/L（即 20 mg/dL）胆红素标准液 称取符合标准的纯胆红素（MW584.68）20.0 mg，加二甲亚砜 4 mL 溶解。在 50 mL 容量瓶中，加入混合血清约 40 mL，缓慢加入上述胆红素二甲亚砜溶液 2 mL，边加边混匀，尽量避免泡沫产生，然后加混合血清至刻度。该标准液避光置冰箱保存可达数天，但以用于当天绘制标准曲线为宜。

⑧混合血清 收集不溶血无黄疸、清晰的血清，混合待用。此混合血清应符合下列要求：取混合血清 1.0 mL，加生理盐水 24 mL，混匀，生理盐水调零，比色杯光径 10 mm，波长 414 nm 处的吸光度应小于 0.100，在 460 nm 处的吸光度应小于 0.040。

（4）操作方法 按表 3-19 操作。

表 3-19 改良 J-G 操作步骤 mL

加入物	总胆红素管	结合胆红素管	对照管
血清	0.2	0.2	0.2
咖啡因-苯甲酸钠试剂	1.6	—	1.6
对氨基苯磺酸溶液	—	—	0.4
重氮试剂	0.4	0.4	—
每加一种试剂后混合，然后总胆红素管置室温 10 min，结合胆红素管置 37℃ 1 min			
叠氮钠溶液	—	0.05	—
咖啡因-苯甲酸钠试剂	—	1.6	—
碱性酒石酸溶液	1.2	1.2	1.2

充分混匀后，波长 600 nm，对照管调零，读取各管吸光度；或用水调零，读取测定管及对照管吸光度，用测定管吸光度与对照管吸光度之差值在标准曲线上查出相应的胆红素浓度。

（5）制作标准曲线 胆红素标准曲线的绘制按表 3-20 进行。

表 3-20 胆红素标准曲线的绘制

管号	对照	1	2	3	4	5	6
相应胆红素浓度/(μmol/L)		17.1	34.2	85.5	171	256.5	342
342 μmol/L 胆红素标准液/mL	0	0.2	0.4	1.0	2.0	3.0	4.0
混合血清/mL	4.0	3.8	3.6	3.0	2.0	1.0	0
混匀，各吸取 0.2 mL 于另一排试管中							

每管分别加咖啡因-苯甲酸钠试剂 1.6 mL，重氮试剂 0.4 mL，混匀，放置 10 min，分别加碱性酒石酸钠溶 1.2 mL，混匀，对照管调零，600 nm 波长，比色，以各管吸光度与相应胆红素浓度作图，绘制标准曲线

单位换算：胆红素（mg/dL）＝胆红素（μmol/L）×0.058 5

（6）参考值 动物血清的胆红素参见表 3-21。

表 3-21　动物血清胆红素参考值　　　　μmol/L

动物种类	结合胆红素	总胆红素
牛	0.7~7.5	0.2~17.1
马	0~6.8	3.4~85.5
猪	0~5.1	0~10.3
绵羊	0~4.6	1.7~7.2
山羊	0~1.7	0~1.7
犬	1.0~2.1	1.7~10.3
猫	2.6~3.4	2.6~5.1

(7)注意事项

①本法测定血清总胆红素,在10~37℃条件下不受温度变化的影响。呈色在2h内非常稳定。由于胆红素和重氮试剂作用是一个动态过程,作用时间应把握准确。

②本法灵敏度高,且可避免其他有色物质的干扰。

③轻度溶血对本法无影响,但严重溶血时可使测定结果偏低。其原因是血红蛋白与重氮试剂反应形成的产物可破坏偶氮胆红素,还可被亚硝酸氧化为高铁血红蛋白而干扰吸光度测定。

④叠氮钠能破坏重氮试剂,终止偶氮反应,凡用叠氮钠作防腐剂的质控血清,可引起偶氮反应不完全,甚至不呈色。

⑤脂血及脂溶色素对测定有干扰,应尽量取空腹血。

⑥胆红素对光敏感,标准及标本管应尽量避光。

⑦标本对照管的吸光度一般很接近,若遇标本量很少时可不做标本对照管,参照其他标本对照管的吸光度。

⑧胆红素大于100 mg/L的标本可减少标本用量,或用生理盐水稀释血清后重作。

⑨重氮试剂应新鲜配制,且浓度要准确,特别是盐酸的浓度。

⑩绘制标准曲线时,每一浓度平行做3管,取平均值。

2. 胆红素氧化酶法

(1)血清总胆红素的测定

①原理　胆红素在胆绿素氧化酶(BOD)的催化下生成胆绿素和水,胆绿素氧化生成一种淡紫色化合物。胆红素的最大吸收峰在450 nm附近,随着胆红素被氧化,A_{450}下降,下降程度与胆红素浓度成正比。在pH 8.0条件下,未结合胆红素及结合胆红素均被氧化。加入SDS及胆酸钠等阴离子表面活性剂可促进其氧化。

②试剂配制

0.1 mol/L Tris-HCl 缓冲液,pH 8.2:称取 Tris 1.211 g,胆酸钠 172.3 mg。SDS 432.6 mg,溶于 90 mL 蒸馏水中,在室温(25~30℃)用 1 mol/L 盐酸调节 pH 至 8.2(约用 6 mL),再加蒸馏水至 100 mL,置冰箱保存,此液含 4 mmol/L 胆酸钠、15 mmol/L SDS。

胆绿素氧化酶(BOD)溶液:如系冻干品,按说明书要求复溶,但复溶后冰箱保存不宜过长(约可保存 1 周),如系液体(可能含有甘油),置冰箱中可保存较长时间,BOD 贮存液的酶活性一般在数千至 2 万 IU/L,BOD 工作液的酶活性可按反应液中 BOD 终浓度达 0.3～1.0 IU/mL 计算。

胆红素标准液：432 μmol/L：按胆红素测定 J-G 法中方法配制,或市售符合要求的标准液。

③操作方法　操作步骤见表 3-22。

表 3-22　总胆红素测定酶法操作步骤　　　　　　　　　　　　　　mL

加入物	测定管(U)	测定空白管(UB)	标准管(S)	标准空白管(SB)
血清	0.05	0.05	—	—
胆红素标准液	—	—	0.05	0.05
Tris 缓冲液(pH 8.2,37℃)	1.0	1.0	1.0	1.0
蒸馏水	—	0.05	—	0.05
BOD 工作液	0.05	—	0.05	—

④计算

$$血清总胆红素(\mu mol/L) = \frac{A_{UB} - A_U}{A_{SB} - A_S} \times 342$$

$$血清总胆红素(mg/dL) = \frac{A_{UB} - A_U}{A_{SB} - A_S} \times 20$$

(2)血清结合胆红素的测定

①原理　在 pH 3.7～4.5 缓冲液中,BOD 催化单葡萄糖醛酸胆红素(mBc)、双葡萄糖醛酸胆红素(dBc)及大部分 δ-胆红素(Bδ)氧化,非结合胆红素(Bu)在此 pH 条件下不被氧化。氧化后产物同总胆红素测定。用配制于血清中的二牛磺酸胆红素(ditaurobilirubin,DTB)作校准品。

②试剂配制

缓冲液：Doumas 用 pH(4.5±0.05)、0.2 mol/L 磷酸盐缓冲液。Kosaka 用 pH 3.7、0.1 mol/L 乳酸-枸橼酸钠缓冲液。Otsuji 用 pH 3.7 乳酸-枸橼酸钠缓冲液[枸橼酸钠(Na$_3$C$_6$H$_5$O$_7$·3H$_2$O)17.65 g/L,乳酸 30 g/L,含 Triton X-100 1 g/L,EDTA·Na$_2$·2H$_2$O 18.6 mg/L]。郭健等用 pH 5.0、0.1 mol/L 枸橼酸钠缓冲液,含适量添加剂。

BOD 溶液：同总胆红素测定。

结合胆红素校准液：将 DTB 配于胆红素浓度可忽略不计的血清中,或用冻干品按说明书要求重建。可先配成高浓度的贮存液,再稀释成低、中不同浓度;也可直接配成 30～50 mg/L 的浓度;配制后分装于聚丙烯管,-70℃保存,可稳定 6 个月。冻干品未重建前置低温中,至少稳定 1 年。贮存液中 DTB 的浓度以 Bu 表示,用改良 J-G 法测定总胆红素;如果 DTB 制品中不含 Bu,测得的总胆红素即为结合胆红素(相当于游离胆红素的结合胆红素含量,或称 Bu 的等价物);如果含 Bu(以高效液相色谱法测知),须从测得值中减去。

③操作方法　按表 3-23 操作。

立即混匀,置 37℃(郭健等用 30℃)水浴 15 min,以水调零,在 460 nm 处读各管吸光度。

表 3-23 结合胆红素测定酶法操作步骤   mL

加入物	标本		标准	
	空白(UB)	测定(U)	空白(SB)	测定(S)
缓冲液	1.0	1.0	1.0	1.0
血清	0.05	0.05	—	—
DTB 校准液	—	—	0.05	0.05
去离子水	0.05		0.05	
BOD 液		0.05	—	0.05

④计算

$$结合胆红素(\mu mol/L) = \frac{A_{UB} - A_{U}}{A_{SB} - A_{S}} \times DTB 校准液浓度(\mu mol/L)$$

3. 临床意义

胆红素测定对区别黄疸的类型有重要意义。

(1)溶血性黄疸 血清中游离胆红素增加,因而血清总胆红素增高,但结合胆红素不增高。

(2)阻塞性黄疸 总胆红素和结合胆红素均增高,而且常出现结合胆红素与总胆红素的比值大于 50%。

(3)肝实质性黄疸 总胆红素和结合胆红素均增高。

可以用全自动或半自动生化分析仪测定上述指标,具体用法参照试剂盒说明书。

(五)尿液胆红素检验

尿胆红素的检验即检查尿中的直接胆红素,具体方法参考尿液检查部分内容。

(六)尿胆原检验

尿胆原检验方法参考尿液检验部分内容。

(七)磺溴酞钠(BSP)清除试验

1. 原理

肝脏对某些染料或指示剂具有吸收和排泄的功能,通过肝脏对磺溴酞钠吸收情况的测定,借以判断肝脏细胞有无损伤,对早期肝炎及其他肝、胆疾病的辅助诊断有一定价值。磺溴酞钠在碱性溶液中呈现紫色,可用比色法测定它在血中的潴留量。

2. 试剂配制

(1)10%氢氧化钠溶液

(2)5%盐酸

(3)5%磺溴酞钠注射液

(4)标准色液 将 2 mL 5%磺溴酞钠注射液用蒸馏水稀释至 100 mL(1 mL 含磺溴酞钠 1 mg)。取此溶液 10 mL 置于 100 mL 容量瓶内,加 10%氢氧化钠溶液 0.25 mL 使溶液成为碱性,然后用蒸馏水加至刻度处,即为 100%标准色液。

(5)碱性蒸馏水 每 100 mL 蒸馏水中加 10%氢氧化钠溶液 0.25 mL。

(6)标准比色管 按表 3-24 配制。

表 3-24　比色液的配制

标准管/%	100	80	70	60	50	40	30	20	15	10	5
100%标准色液/mL	5.00	4.00	3.50	3.00	2.50	2.00	1.50	1.00	0.75	0.50	0.25
碱性蒸馏水/mL	0	1.00	1.50	2.00	2.50	3.00	3.50	4.00	4.25	4.50	4.75

以上每组溶液分别置于口径相同的试管内,密封管口

3. 操作方法

(1)静脉注射磺溴酞钠每千克体重 5 mg,于注射后 30 min 及 45 min 在对侧颈静脉各采血一份分离血清。

(2)将血清分装两管,每管 1 mL,一管加 5%盐酸 2～3 滴,另一管加 10%氢氧化钠 2～3 滴,显色后与标准管比色。

4. 正常值(磺溴酞钠色素潴留值)

马 30 min 0～5%;45 min 0～2%。

5. 临床意义

轻度肝脏损伤,45 min 潴留值为 5%～15%。重度肝脏损伤,45 min 潴留值为 15%以上。

(八)血清黄疸指数的测定

1. 原理

将血清稀释,与一系列重铬酸钾标准管比较,以测定血清黄疸指数的单位。1:10 000 重铬酸钾溶液的色度相当于未稀释血清黄疸指数 1 个单位。

2. 试剂配制

(1)0.2%重铬酸钾溶液　精确称取重铬酸钾 0.2 g,置于 100 mL 容量瓶中,加蒸馏水约 90 mL 及浓硫酸 0.1 mL,再加蒸馏水至刻度处,充分混合。

(2)0.85%氯化钠溶液

(3)标准管　取 20 mL 的试管 20 支,按表 3-25 配制。

表 3-25　溶液的配制　　　　　　　　　　　　　　　　　　　mL

0.2%重铬酸钾	1	2	3	4	5	6	7	8	9	10	11	12	13	14	15	16	17	18	19	20
蒸馏水	19	18	17	16	15	14	13	12	11	10	9	8	7	6	5	4	3	2	1	0
相当于黄疸指数单位	1	2	3	4	5	6	7	8	9	10	11	12	13	14	15	16	17	18	19	20

各管混合后,吸取一部分分别置于 20 支内径相同的小试管中,密封管口,标明单位,备用

3. 操作方法

取血清 0.2 mL,放入与标准管口径相同的小试管内,加 0.85%氯化钠溶液 0.3 mL,混合后与标准管肉眼比色,与稀释血清色泽相同的标准管单位数乘以 5 即得血清黄疸指数。如血清呈现高度黄疸时,可将血清以 0.85%氯化钠溶液稀释 5 倍以上再与标准管比色,结果乘以稀释倍数即可。

如用光电比色法,可用 1:10 000 重铬酸钾溶液作为标准液,计算其单位。

$$黄疸指数单位=\frac{测定光密度}{标准光密度}\times 血清稀释倍数$$

4. 正常值

正常值参见表 3-26。

表 3-26　血清黄疸指数的正常值

家畜种类	测定头数/头、只	数值范围
马(公)	51	1.72~6.44
马(母)	33	2.62~8.58
骡(公)	30	0.82~10.02
骡(母)	30	1.15~8.51
未孕驴	30	1.2±1.2
怀孕驴	43	1.58±2.6
水牛	216	5 以下
哺乳仔猪	850	1.18±0.64
后备小猪	30	1.55±1.06

5. 临床意义

(1)黄疸指数增高　见于急性或慢性肝炎,中毒性肝炎,急性黄色肝萎缩,溶血性疾病,妊娠毒血症,阻塞性黄疸等。

(2)黄疸指数减少　见于再生障碍性贫血,继发性贫血等。

黄疸指数测定临床意义与血清胆红素的测定相似,所以,在分析黄疸时,两者可结合起来相互参考,更有诊断意义。

(九)血清麝香草酚的测定

1. 血清麝香草酚浊度的测定

(1)原理　肝脏实质性病变时,血清蛋白质的量与质都有改变,当它与麝香草酚巴比妥缓冲液试剂作用时,其中麝香草酚可减低血清类脂质的分散力,血清经巴比妥缓冲液稀释后球蛋白部分溶解度降低而发生沉淀,由蛋白质、类脂质与麝香草酚形成了一种复合体,使溶液变浊,与硫酸钡人工标准管比浊,可得出单位数值。

(2)试剂配制

①麝香草酚巴比妥缓冲液　称取巴比妥钠 1.03 g,巴比妥 1.38 g 及麝香草酚 3 g,置于1 000 mL 锥形烧瓶内,加蒸馏水 500 mL,徐徐加温至沸,摇匀后冷却至室温,此时溶液变浑浊,再加麝香草酚结晶少许,摇匀后塞住管口,放置室温过夜,次晨过滤即得清亮的试剂,于冰箱内保存备用,其 pH 应为 7.8 左右。

②硫酸钡人工标准管的制备　称取氯化钡结晶($BaCl_2 \cdot 2H_2O$)1.175 g 或无水氯化钡1 g,溶于蒸馏水使成 100 mL,此为 0.048 1 mol/L 的氯化钡溶液。

于 100 mL 容量瓶中,加入 0.1 mol/L 硫酸溶液约 70 mL,滴加 0.048 1 mol/L 的氯化钡溶液 3 mL,再以 0.1 mol/L 硫酸稀释至刻度处,此液为乳白色硫酸钡悬浮液。按表 3-27 配制成各种浓度的标准浊度液。

(3)操作方法

①取一支与标准管口径大小一致的试管,加血清 0.1 mL。

②加麝香草酚巴比妥缓冲液 6 mL,充分振摇均匀。

表 3-27　标准浊度液的配制　　　　　　　　　　　　　　　　　mL

麦氏单位	1	2	3	4	5	6	7	8	9	10	11	12	13	14	15	16	17	18	19	20
硫酸钡标准液	0.2	0.4	0.6	0.8	1.0	1.2	1.4	1.6	1.8	2.0	2.2	2.4	2.6	2.8	3.0	3.2	3.4	3.6	3.8	4.0
0.1 mol/L 硫酸	3.8	3.6	3.4	3.2	3.0	2.8	2.6	2.4	2.2	2.0	1.8	1.6	1.4	1.2	1.0	0.8	0.6	0.4	0.2	0

将以上各管加塞,浸蜡密封备用。如日久变质应重新配制

③室温放置 30 min,与标准管比浊,求得麦氏单位。

④如用光电比色计比浊,将测定液置于比色杯内,用 620 nm 或红色滤光板光电比浊,以蒸馏水校正光密度"0"点,读取测定管光密度后,以标准曲线查得麦氏浊度单位。

⑤标准曲线绘制。按上表配制不同浓度的标准液,用 620 nm 或红色滤光板光电比浊,以蒸馏水校正光密度"0"点,读取各管读数,与其相应的单位数制图,绘成标准曲线。

(4)正常值　见表 3-28。

表 3-28　健康家畜血清麝香草酚浊度试验数值　　　　　　　　　麦氏单位

家畜种类	测定头数	测定方法	范围
马	21	目测比浊	平均 3.0
公马	50	光电比浊	平均 1.57
母马	32	光电比浊	1.91
驴	7	目测比浊	平均 4.0
怀孕驴	40	光电比浊	平均 5.68
未孕驴	30	光电比浊	平均 4.88
水牛	216	目测比浊	阴性

(5)临床意义

①肝脏急性或慢性病变,如传染性肝炎、肝硬化等都可使浊度增加。肝脓肿、关节炎及心力衰竭等,可使浊度轻度或中度增加。

②血中类脂质含量增加时浊度也可提高,驴怀骡的妊娠毒血症,浊度可高达 30 单位,但肝脂变一般不引起浊度增高。

③阻塞性黄疸呈阴性反应,肝实质性黄疸呈阳性反应。

④传染性肝炎,麝香草酚浊度试验阳性反应的出现时间迟于脑磷脂胆固醇絮状试验,但其持续的时间却较脑磷脂胆固醇絮状试验为长,此种浊度增高的持续存在,往往是慢性肝炎的指征,其浑浊程度与肝脏损害的程度相平行。

2. 麝香草酚絮状试验

(1)原理　与麝香草酚浊度试验相同。但絮状试验敏感度较高,即浊度试验已由阳性变为阴性后,此试验在相当时间内仍呈阳性反应。

(2)试剂配制　与麝香草酚浊度试验相同。

(3)操作方法　血清经麝香草酚浊度试验后,将试管置于室温 18～24 h,观察絮状沉淀。如无絮状沉淀产生,则管内液体仍为均匀乳白色,如有絮状沉淀出现,可按下列标准判断:

阴性反应:

(一)管内液体仍为均匀乳白色,无颗粒出现。

(十)管内液体仍呈细颗粒状,此种弱阳性反应在诊断上没有意义,故一般仍然判定为阴性反应。

阳性反应:

(＋＋)管内液体呈现较粗的絮状物。

(＋＋＋)管底已有絮状沉淀,但上层液体仍浑浊。

(＋＋＋＋)管上层液体完全澄清,絮状物全部沉于管底。

(4)临床意义　与麝香草酚浊度试验相似,肝脏有实质性病变,可呈现不同程度的絮状反应,絮状反应由阳性转为阴性,往往较浊度试验为慢。

(十)血清脑磷脂胆固醇絮状试验

1. 原理

正常血清中的白蛋白对球蛋白有抑制作用,使其不与脑磷脂胆固醇发生絮状反应,如白蛋白含量减少或其质有所改变,可使它的抑制作用减弱,或球蛋白显著增多,丙种球蛋白可附着在脑磷脂胆固醇微粒的表面而改变其表面张力,增加微粒之间的附着性,而发生絮状沉淀。

2. 试剂配制

(1)脑磷脂胆固醇原液的配制　精确称取纯脑磷脂 100 mg 及胆固醇 300 mg,共同溶于 8 mL 乙醚中,如有不溶解的沉淀物,可倒入离心管内,加塞,低速离心去除。如乙醚因蒸发而量减少,则应补足至 8 mL。将上层透明乙醚液倒入试管内,迅速分装于小试管内,每管装入 0.2 mL、0.5 mL 或 1 mL,这要根据每天的工作量而定。试管加塞,置于冰箱内。使用时若发现乙醚已挥发,可加乙醚至原来体积,使脑磷脂溶解。

(2)脑磷脂胆固醇悬浮液　取一支 30 mL 刻度大试管,加重蒸馏水 35 mL,在热水浴中加温至 65～70℃,慢慢滴加脑磷脂胆固醇原液 1 mL,随加随摇,徐徐加热至沸点,使试管内的液体蒸发至剩余 30 mL 为止。在加热过程中可用小玻璃棒将粒状物捣碎,最后使其成为乳白色混悬液,冷却,备用。如每天的实验不需要 30 mL,可按比例少配。

3. 操作方法

(1)取新鲜血清 0.1 mL 加入小试管。

(2)加生理盐水 2 mL。

(3)加新鲜配制的脑磷脂胆固醇混悬液 0.5 mL,混匀。

(4)暗处室温中静置 24 h,观察结果。

(5)判定标准与麝香草酚絮状试验相同。

4. 注意事项

(1)血清冰箱冷藏不应超过 24 h,血清被细菌或重金属盐类污染,可呈假阳性反应。

(2)血浆含有抗凝剂,可出现假阳性反应。

(3)血清加试剂后,试管应放在暗处,避免日光照射,否则可产生假阳性反应。

(4)脑磷脂或所用悬浮液制备不当会影响结果,每次试验最好有阳性血清、阴性血清及生理盐水作为对照。

5. 正常值

健康家畜本试验呈阴性或可疑反应。

6. 临床意义

(1)肝炎、肝硬化均呈阳性反应。对肝炎患畜定期进行该项检查,有助于预后判断。

(2)本试验在患畜呈现黄疸之前可见阳性反应。它比麝香草酚浊度试验的阳性反应出现得早。

(3)单纯性阻塞性黄疸(即肝细胞尚未受到伤害),本试验为阴性反应,可作为鉴别黄疸性质的参考指标。

(4)本试验并非肝功能检验的特异项目,如病毒性肺炎、类风湿关节炎、肾病等也可呈现阳性反应。

(十一)与肝功能损害有关的血清酶学检验

1. 血清丙氨酸氨基转移酶(ALT)测定

(1)原理 血清中的 ALT 催化基质中丙氨酸和 α-酮戊二酸的反应生成丙酮酸和谷氨酸。丙酮酸与 2,4-二硝基苯肼作用生成苯腙,在碱性条件下显棕色。

(2)试剂配制

①0.1 mol/L 磷酸氢二钠 磷酸氢二钠(含两个结晶水)17.6 g 溶解于水中,并加水至 1 000 mL,冰箱内保存。

②0.1 mol/L 磷酸二氢钾 磷酸二氢钾 13.6 g 溶解于水中,加水至 1 000 mL,冰箱内保存。

③磷酸盐缓冲液(0.1 mol/L,pH 7.4)将 420 mL 0.1 mol/L 磷酸氢二钠溶液和 80 mL 0.1 mol/L 磷酸二氢钾溶液混匀,置冰箱内保存。

④ALT 基质液(DL-丙氨酸 200 mmol/L,α-酮戊二酸 2 mmol/L)精确称取 DL-丙氨酸 1.79 g 和 29.2 mg α-酮戊二酸,溶于 50 mL 磷酸盐缓冲液中,加麝香草酚 90 mg 防腐,溶解后用 1 mol/L 氢氧化钠(约 0.5 mL)校正 pH 至 7.4,再加磷酸盐缓冲液至 100 mL,冰箱可稳定保存 2 周。分装灭菌后,室温至少可用 3 个月。

⑤1 mmol/L 2,4-二硝基苯肼溶液 精确称取 19.8 mg 2,4-二硝基苯肼,溶解于 10 mol/L 的盐酸 10 mL 中,再以蒸馏水定容至 100 mL,置室温中保存。

⑥0.4 mol/L 氢氧化钠溶液 将 16.0 g 氢氧化钠溶解于蒸馏水中,并加至 1 000 mL,置具塞塑料试剂瓶中,室温可长期保存。

⑦2 mmol/L 丙酮酸标准液 准确称取 22.0 mg 丙酮酸钠(AR),置于 100 mL 容量瓶中,加 0.05 mol/L 硫酸至刻度。或者购买市售标准液,冰箱保存。

(3)操作方法 基质在 37℃水浴锅内预温 5 min 后,按表 3-29 进行操作。

表 3-29 ALT 测定操作步骤 mL

管号	测定管(U)	对照管(C)
血清	0.1	0.1
ALT 基质液	0.5	—
混匀后,在 37℃水浴 30 min		
2,4-二硝基苯肼溶液	0.5	0.5
ALT 基质液	—	0.5

各管混匀后,在37℃水浴保温20 min,然后每管加入0.4 mol/L氢氧化钠溶液5 mL,室温放置10 min,在505 nm波长,以蒸馏水校正零点,读取各管的吸光度。测定管吸光度减去对照管吸光度后,从标准曲线查得ALT活力单位(卡门氏单位)。

(4)标准曲线绘制

①按表3-30向各管加入相应试剂。

表3-30　ALT各标准管的配制

管号	0	1	2	3	4	5
相当于酶活性/卡门氏单位	0	28	57	97	150	200
0.1 mol/L磷酸盐缓冲液/mL	0.10	0.10	0.10	0.10	0.10	0.10
2 mmol/L丙酮酸标准液/mL	0	0.05	0.10	0.15	0.20	0.25
ALT基质液/mL	0.50	0.45	0.40	0.35	0.30	0.25

②各管加入2,4-二硝基苯肼溶液0.5 mL,混匀,37℃ 20 min后加入0.4 mol/L氢氧化钠溶液5.0 mL。

③混匀,放置10 min后,以0管调零,在505 nm波长比色,读取各管吸光度,求各管均值。以各管吸光度均值为纵坐标,相应的卡门氏单位为横坐标作图。

(5)参考值(U/L)　见表3-31。

表3-31　参考值　　　　　　　　　　　　　　　　　　　　　　　　　　　　　　U/L

动物种类	参考值范围	动物种类	参考值范围
牛	14～38	犬	21～102
猫	6～83	猪	31～58
山羊	24～83	鸡	9.5～37.2

(6)注意事项

①溶血的血清可能会引起测定管吸光度增加,因此检测此类标本时应作血清标本对照管。

②当血清的标本酶活力超过150卡门单位时,应将血清用生理盐水稀释后再进行测定。

③加入2,4-二硝基苯肼溶液后,应充分反应混匀,使反应完全,加氢氧化钠溶液方法要一致,不同方法会导致吸光度读数的差异。

④基质中的α-酮戊二酸和2,4-二硝基苯肼均为呈色物质,称量必须准确,每批试剂的空白管吸光度上下波动不应超过0.015,如超出此范围应检查试剂及仪器等方面问题。

(7)临床意义　谷丙转氨酶存在于机体肝脏、心肌、脑、骨骼肌、肾及胰腺等组织细胞内,但以肝细胞和心肌细胞含量最多。

谷丙转氨酶显著增高,见于各种肝炎急性期及药物中毒性肝细胞坏死;中等程度增高见于肝硬化、慢性肝炎及心肌梗死;轻度增高,见于阻塞性黄疸及胆道炎等。常用于灵长类动物、犬、猫肝脏损害的诊断。

(8)测定　可以用全自动或半自动生化分析仪测定,具体用法参照试剂盒说明书。

2. 血清谷草转氨酶(AST)测定

(1)原理　与ALT的比色测定原理相类似,仅将基质中的丙氨酸改为门冬氨酸。

（2）试剂配制

①0.1 mol/L 磷酸盐缓冲液，pH 7.4

②1 mmol/L 2,4-二硝基苯肼溶液

③4 mol/L 氢氧化钠

④2 mmol/L 丙酮酸标准液

以上 4 种试剂的配制与 ALT 比色法相同。

⑤AST 基质液（DL-门冬氨酸 200 mmol/L，α-酮戊二酸 2 mmol/L）　称取 α-酮戊二酸 29.2 mg 和 DL-门冬氨酸 2.66 g，置于一小烧杯中，加入 1 mol/L 氢氧化钠 15 mL，溶解，加 0.1 mol/L 磷酸盐缓冲液约 50 mL，校正 pH 至 7.4，然后将溶液移入 100 mL 容量瓶中，用磷酸盐缓冲液稀释至刻度。放置冰箱保存。亦可同 ALT 基质液作防腐处理。

（3）操作方法　同 ALT 比色测定法，只是用 AST 基质缓冲液，但酶反应作用时间改为 60 min，结果查 AST 标准曲线。

（4）标准曲线绘制　标准曲线绘制按表 3-32 向各管加入相应试剂。

表 3-32　AST 各标准管配制

管号	0	1	2	3	4
0.1 mol/L 磷酸盐缓冲液/mL	0.10	0.10	0.10	0.10	0.10
AST 基质液/mL	0.50	0.45	0.40	0.35	0.30
丙酮酸标准液/mL	0	0.05	0.10	0.15	0.20
2,4-二硝基苯肼溶液	0.5	0.5	0.5	0.5	0.5
相当于酶活力/卡门氏单位	0	24	61	114	190

（5）临床意义　谷草转氨酶显著增高见于各种急性肝炎、手术之后及药物中毒性肝细胞坏死；中度增高见于肝硬化、慢性肝炎、心肌炎等；轻度增高见于心肌炎、胸膜炎、肾炎及肺炎等。用于心肌、骨骼肌及马和反刍动物肝脏疾病的诊断。

（6）测定　可以用全自动或半自动生化分析仪测定，具体用法参照试剂盒说明书。

3. 金氏比色法检测血清碱性磷酸酶（ALP）

碱性磷酸酶（ALP）在机体分布广泛，但以骨骼、肝、肾、肠和胎盘含量较多。ALP 测定主要用于肝胆疾病、骨骼疾病的诊断。测定 ALP 有 10 多种方法，如鲍氏法、金氏法、Folim 法等。本试验采用金氏比色法检测 ALP。

（1）原理　碱性磷酸酶分解磷酸苯二钠，生成游离酚和磷酸，酚在碱性溶液中与 4-氨基安替比林作用，经铁氰化钾氧化生成红色醌的衍生物，根据红色深浅测定酶活力的高低。

（2）试剂配制

①0.1 mol/L 碳酸盐缓冲液（pH 10.0）　溶解无水碳酸钠 6.36 g、碳酸氢钠 3.36 g、4-氨基安替比林 1.5 g 于 800 mL 蒸馏水中，将此溶液转入 1 000 mL 容量瓶中，加蒸馏水至刻度，置棕色瓶中贮存。

②20 mmol/L 磷酸苯二钠溶液　先将 500 mL 蒸馏水煮沸，迅速加入磷酸苯二钠 2.18 g（磷酸苯二钠如含 2 分子结晶水，则应称取 2.54 g）。冷却后加氯仿 2 mL，防腐，置冰箱保存。

③铁氰化钾溶液　分别称取铁氰化钾 2.5 g，硼酸 17 g，各溶于 400 mL 蒸馏水中，两液混

合后,加蒸馏水至 1 000 mL,置棕色瓶中避光保存。

④酚标准贮存液(1 mg/mL)购买商品标准液或自行配制,其方法是将重蒸馏苯酚 1.0 g 置于 0.1 mol/L 盐酸中,并稀释至 1 000 mL。

⑤酚标准应用液(0.05 mg/mL)酚标准贮存液 5 mL,加蒸馏水至 100 mL。此液只能保存 2～3 d。

(3)操作方法　取 16 mm×100 mm 试管按表 3-33 进行编号与测定。

表 3-33　各管的配制

mL

管号	测定管(U)	对照管(C)
血清	0.1	—
磷酸缓冲液	1.0	1.0
	37℃水浴 5 min	
基质溶液(预温至 37℃)	1.0	1.0
	混匀,37℃水浴准确保温 15 min	
铁氰化钾溶液	3.0	3.0
血清	—	0.1

立即混匀,在波长 510 nm 以蒸馏水调零点比色,读取各管吸光度,测定管吸光度减去对照管吸光度,查标准曲线表,求出酶活力单位。金氏单位定义:100 mL 血清在 37℃,与基质作用 15 min,产生 1 mg 酚为 1 个金氏单位。

(4)标准曲线绘制　按表 3-34 操作。

表 3-34　ALP 标准曲线绘制操作步骤

加入物	0	1	2	3	4	5
酚标准应用液/mL	0	0.2	0.4	0.6	0.8	1.0
蒸馏水/mL	1.1	0.9	0.7	0.5	0.3	0.1
磷酸盐缓冲液/mL	1.0	1.0	1.0	1.0	1.0	1.0
铁氰化钾溶液/mL	3.0	3.0	3.0	3.0	3.0	3.0
相当于金氏单位	0	10	20	30	40	50

立即混匀,在波长 510 nm,以 0 号管调零点,读取各管吸光度,并和相应单位绘制标准曲线。

(5)注意事项

①铁氰化钾溶液中加入硼酸有稳定显色作用,此液应避光保存,如出现蓝绿色即弃去。

②基质中不应含游离酚,如空白管显红色说明磷酸苯二钠已开始分解,应弃去不用。

③若血清酶活力过高,应将样本作数倍稀释后测定,计算结果乘以稀释倍数。

(6)临床意义　血清中 ALP 主要来自肝胆、骨骼和牙齿,因而 ALP 测定常用作肝胆和骨骼疾病临床辅助诊断的指标。幼年动物血清 ALP 活性较成年动物为高,这与幼畜活跃的成骨细胞有关。分析临床意义时必须考虑动物的年龄因素。病理状态下,引起骨骼代谢障碍的一些疾病,都会出现 ALP 升高,如佝偻病、骨软症、纤维性骨炎、骨损伤及骨折修复愈合期等。

胆管上皮细胞中含有极高的 ALP,因而肝脏阻塞性黄疸时,ALP 明显升高,肝实质损害时往往由于胆管的不同程度受损,胆汁蓄积或肝脏恢复过程中胆道纤维化作用,ALP 也会升高,且在后期阶段可能比 ALT 更为明显。

常用于肝胆疾病、骨骼疾病、肿瘤等的诊断。

(7)测定 可以用全自动或半自动生化分析仪测定,具体用法参照试剂盒说明书。

4. 比色测定法测定血清乳酸脱氢酶(LDH)

(1)原理 乳酸脱氢酶催化乳酸,生成丙酮酸,丙酮酸和 2,4-二硝基苯肼反应,生成丙酮酸二硝基苯腙,在碱性溶液中呈棕红色,根据颜色深浅,求出酶活力。

(2)试剂配制

①基质缓冲液(含 0.3 mol/L 乳酸锂,pH 8.8) 称取二乙醇胺 2.1 g,乳酸锂 2.88 g,加蒸馏水约 80 mL,以 1 mol/L 盐酸调至 pH 8.8,加水至 100 mL。

②11.3 mmol/L 辅酶Ⅰ(NAD)溶液 称取氧化型辅酶Ⅰ 15 mg(如含量为 70%,则称取 21.4 mg),溶于 2 mL 蒸馏水中。4℃保存至少可用 2 周。

③1 mmol/L 2,4-二硝基苯肼溶液 称取 2,4-二硝基苯肼 200 mg,加 10 mol/L HCl 100 mL,溶解后加水至 1 000 mL。

④0.4 mol/L NaOH 溶液

⑤0.5 mmol/L 丙酮酸标准溶液 准确称取丙酮酸钠(AR)11 mg,以基质缓冲液溶解后,移入 200 mL 容量瓶中,加基质缓冲液稀释至刻度,临用前配制。

(3)操作方法 取 16 mm×100 mm 试管按表 3-35 进行编号与测定。

表 3-35 LDH 测定操作步骤 mL

加入物	测定管(U)	对照管(C)
血清	0.01	0.01
基质缓冲液	0.5	0.5
37℃水浴 5 min		
辅酶Ⅰ溶液	0.1	—
37℃水浴 15 min		
2,4-二硝基苯肼溶液	0.5	0.5
辅酶Ⅰ溶液	—	0.1
37℃水浴 15 min		
0.4 mol/L 氢氧化钠溶液	5.0	5.0

置室温 3 min 后在波长 440 nm 处比色,用蒸馏水调零。读取各管吸光度,以测定管与对照管的差值,查标准曲线,求酶活力单位。

金氏单位定义:以 100 mL 血清在 37℃反应 15 min 产生 1 μmol 丙酮酸为 1 个单位。

(4)标准曲线绘制 按表 3-36 进行操作。

室温放置 3 min 后 440 nm 波长,蒸馏水调零比色,分别以 1～7 管吸光度减去 0 管吸光度的差值与相应单位作图,绘制标准曲线。

金氏单位定义:以 100 mL 血清,37℃下作用 15 min,产生 1 μmol 丙酮酸为 1 个单位。

(5)参考值 见表 3-37。

表 3-36 LDH 标准曲线绘制步骤

加入物	0	1	2	3	4	5	6	7
丙酮酸标准液/mL	0	0.025	0.05	0.10	0.15	0.20	0.30	0.40
基质缓冲液/mL	0.5	0.475	0.45	0.40	0.35	0.30	0.20	0.10
蒸馏水/mL	0.11	0.11	0.11	0.11	0.11	0.11	0.11	0.11
2,4-二硝基苯肼/mL	0.5	0.5	0.5	0.5	0.5	0.5	0.5	0.5
				37℃水浴 15 min				
0.4 mol/L 氢氧化钠溶液/mL	5.0	5.0	5.0	5.0	5.0	5.0	5.0	5.0
相当 LDH 活性金氏单位	0	125	250	500	750	1 000	1 500	2 000

表 3-37 血清乳酸脱氢酶参考值　　　　　　　　　　　　　　　　　　U/L

动物种类	参考值范围	动物种类	参考值范围
牛	692~1 445(1 061±222)	山羊	123~392(281±71)
马	162~412(252±63)	犬	45~233(93±50)
猪	380~635(499±75)	猫	63~273(137±59)
绵羊	238~440(352±59)		

(6)临床意义 LDH 广泛存在于体内各组织中,其中以心肌、骨骼肌、肾脏、肝脏、红细胞等组织中含量较高。LDH 有多种同工酶,其生物特性相同,但在电泳行为方面都各有特性,借此可进行分离,目前已被证实血清有 5 种乳酸脱氢酶同工酶。LDH1 和 LDH2 主要来自心肌、红细胞、白细胞及肾脏等;LDH4 和 LDH5 主要来自肝脏及骨骼肌等;LDH3 主要存在于肝脏、脾脏、胰腺、白细胞、甲状腺、肾上腺及淋巴结等。组织中酶活力比血清高约 1 000 倍,所以即使少量组织坏死,释放的酶也能使血清中 LDH 升高,常见于心肌损伤,骨骼肌变性、损伤及营养不良,维生素 E 及硒元素缺乏,肝脏疾病、恶性肿瘤、溶血性疾病、肾脏疾病等。由于大多数器官的病变和损伤均可引起血清 LDH 总活力的变化,故其对疾病诊断的特异性较差。主要用于心肌梗塞、肺梗塞、肝病、恶性肿瘤及血液病等疾病的辅助诊断。

①急性心肌梗塞时,血清 LDH1 及 LDH2 均增加,且 LDH2/LDH1 低于 1。

②急性肝炎早期 LDH5 升高,且常在黄疸出现之前已开始升高;慢性肝炎可持续升高;肝硬化、肝癌、骨骼肌损伤、手术后等 LDH5 也可升高。

③阻塞性黄疸时,LDH4 与 LDH5 均升高,但以 LDH4 升高较多见。

④心肌炎、溶血性贫血等,LDH1 可升高。

常用于各种原因引起的肝损伤、牛肝片吸虫病的诊断。

(7)注意事项

①血清加样时,若无微量加样器,为保证加样量准确,可先将样本用蒸馏水作 5 倍稀释(0.1 mL 血清＋0.4 mL 水),然后加稀释样本 0.05 mL,其结果不变。

②红细胞中 LDH 活力约为血浆中活力的 150 倍,因而血清应绝对避免溶血。

③EDTA·Na$_2$ 和草酸盐等对 LDH 有抑制作用,若用血浆测定,应用肝素抗凝。

(8)测定 可以用全自动或半自动生化分析仪测定,具体用法参照试剂盒说明书。

四、作业与思考题

1. 如何进行血清总蛋白的测定？有何临床意义？
2. 血清蛋白醋酸纤维素薄膜电泳法分类测定的结果判定标准与电泳失败的原因有哪些？
3. 试述血清总胆红素、结合胆红素及与肝功能损害有关的血清酶的测定方法。
4. 各项肝功能指标检测的原理及其临床意义是什么？

实验二十　肾功能检查

一、实验目的与要求

1. 掌握尿液浓缩试验、靛卡红试验和酚红排泄试验的操作方法。
2. 了解血清尿素、血清肌酐和血清尿酸的测定方法及其临床意义。

二、实验器材

1. 器械　分光光度计、冰箱、吸管、容量瓶和棕色瓶等。
2. 材料　4％靛卡红灭菌水溶液、氢氧化钠、酚红、硫酸、磷酸、硫氨脲、硫酸镉、二乙酰一肟、尿素、叠氮钠、苯酚、亚硝基铁氰化钠、氢氧化钠、尿素酶、甘油、钨酸钠、浓磷酸、硫酸、碳酸钠、碳酸锂、尿酸、乙二醇、玻璃珠和去氨蒸馏水等。

三、实验内容与方法

(一)尿液浓缩试验

1. 原理

正常肾脏 24 h 内的尿量和密度,随着体内水分的多少而有变化,从而能维持体内水分及电解质的代谢平衡。当体内水分过多时,则尿量增加,且密度降低;如果体内水分过少时,则尿量减少、浓缩,且密度增高。肾小球与肾小管的功能一旦发生损害,无论体内水分多少,其尿量及密度往往变化很小或基本不变。所以,浓缩试验是测定肾小管重吸收机能的方法。肾脏丧失浓缩的能力,常是肾功能早期受损的表征。

2. 操作方法

试验的第一天早晨给家畜装好集尿器,照常喂饲和饮水,观察排尿次数,并于每次排尿之后,测定尿量及其比重。第二天早晨的同一时间内只给干饲,不给饮水,同样于每次排尿之后,测定尿量及其比重,并与第一天测定的结果相比较。肾脏功能正常的家畜,此时一昼夜的排尿次数和尿量均见减少,而尿比重则见增高,4～8 h 后的尿液最浓。如肾脏处于病理状态,虽然尿量减少,而尿比重增加很小或不增加。

(二)靛卡红试验

1. 原理

靛卡红溶液肌肉或静脉注射后,经肾小球和肾小管随尿排出时,可将尿染成绿色。根据色素在尿中出现时间的迟早和尿液着色的深浅来判断肾脏的排泄功能。

2. 操作方法

试验前5~6 h停止给家畜饮水。开始试验时,导出膀胱全部尿液(作为对照)。将导尿管加以固定,然后肌肉注射4%靛卡红灭菌水溶液20 mL。注射后,每15 min取尿一次,与对照管比较,观察尿液颜色的改变情况,并注意尿液中色素的加深、变浅和消失的时间,至尿色与对照管色度相同时,试验即可结束。

健康马、牛,通常于注射后15~20 min,尿液即开始出现色素,最初尿液呈淡黄绿色,经3~4 h变为深绿色,色素排泄时间平均为14 h。

肾脏发生疾患时,如肾炎等,色素排泄时间延长,数量减少,于1 h后尿中才出现色素,而且尿色仅呈微绿色。

(三)酚红排泄试验

1. 原理

酚红又称酚磺肽,是一种对机体无害的染料。注入体内后,除一小部分潴留于肝脏外,绝大部分(94%)经肾小管分泌排泄。酚红在碱性溶液中显红色,从而可以测知肾小管的功能状态。

2. 标准比色管的配制

取静脉注射用的酚红溶液1 mL(1 mL=6 mg)于500 mL容量瓶内,加少量蒸馏水,加10%氢氧化钠液5 mL,待红色完全显现后加水至刻度处,此为100%标准液,用碱性蒸馏水(10%氢氧化钠液0.5 mL,加蒸馏水至100 mL)稀释成各种不同浓度的标准液(表3-38)。

表3-38 不同浓度标准液的配制

100%标准液/mL	7.0	6.5	6.0	5.5	5.0	4.5	4.0	3.5	3.0	2.5	2.0	1.5	1.0	0.5
碱性蒸馏水/mL	3.0	3.5	4.0	4.5	5.0	5.5	6.0	6.5	7.0	7.5	8.0	8.5	9.0	9.5
各种浓度标准液/%	70	65	60	55	50	45	40	35	30	25	20	15	10	5

3. 操作方法(犬)

(1)色素注射前,把犬膀胱内的尿液完全倒空,保存尿液,作为对照。

(2)色素注射后(静脉注射6 mg),于15 min、30 min、60 min、120 min各收集尿液一次。

(3)测定每次尿液排出酚红的百分比,即将尿置于1 000 mL容量瓶内,用蒸馏水稀释成约500 mL,加10%氢氧化钠直到呈现最深的紫红色为止(大约需要1 mL),再用蒸馏水加至1 000 mL刻度处,混匀。假如尿液清亮透明,即可移入试管内比色,否则,应先过滤,再移入试管内比色。

4. 正常值

犬,15 min数值为20%~30%,大多数均在25%以上。

据Bloom(1937)报道,在肾的代偿期,纵然肾脏损伤较重,试验结果可能处于正常范围之内。Sastry(1961)报道,酚红的排泄率,在试验性肾炎可见下降。

由于心脏功能不全而引起肾脏瘀血,可使色素排除率下降,故应注意心脏功能检查。

(四)血清尿素(Urea)的测定

1. 二乙酰一肟显色法

(1)原理　在酸性反应环境中加热,尿素与二乙酰缩合,生成色素原二嗪(diazine),称为Fearon反应。因为二乙酰不稳定,故通常由反应系统中二乙酰一肟与强酸作用,产生二乙酰。二乙酰和尿素反应,缩合生成红色的二嗪。反应中加入硫氨脲及硫酸镉可提高反应的灵敏度和显色的稳定性。

(2)试剂配制

①酸性试剂　在三角烧瓶中加蒸馏水约 100 mL,然后加入浓硫酸 44 mL 及 85%磷酸66 mL,冷至室温,加入硫氨脲 50 mg 及硫酸镉($CdSO_4 \cdot 8H_2O$)2 g,溶解后用蒸馏水稀释至1 L,置棕色瓶放冰箱保存,可稳定半年。

②二乙酰一肟溶液　称取二乙酰一肟 20 g,加蒸馏水约 900 mL,溶解后,再用蒸馏水稀释至 1 L,置棕色瓶中,贮存于冰箱内可稳定半年。

③尿素标准贮存液(100 mmol/L)　称取干燥纯尿素(MW＝60.06)600.6 mg,溶解于蒸馏水并稀释至 100 mL,加 0.1 g 叠氮钠防腐,置冰箱内可稳定半年。

④尿素标准应用液(5 mmol/L)　取 5.0 mL 贮存液用去氨蒸馏水稀释至 100 mL。

(3)操作方法　按表 3-39 进行操作。

表 3-39　比色液的配制　　　　　　　　　　　　　　　　mL

加入物	测定管	标准管	空白管
血清	0.02	—	—
尿素标准应用液	—	0.02	—
蒸馏水	—	—	0.02
二乙酰一肟溶液	0.5	0.5	0.5
酸性试剂	5.0	5.0	5.0

混匀后,置沸水浴中加热 12 min,取出,置冷水中冷却 5 min 后,用分光光度计波长540 nm,比色杯光径 1.0 cm,以空白管调零比色,读取标准管及测定管吸光度。

(4)计算

$$血清尿素(mmol/L) = \frac{测定管吸光度}{标准管吸光度} \times 5$$

$$血清尿素氮(mg/L) = 血清尿素(mmol/L) \times 28$$

(5)参考值　见表 3-40。

表 3-40　动物血清尿素参考值　　　　　　　　　　　　mmol/L

动物	参考范围	动物	参考范围
牛	3.55～7.1	山羊	3.55～7.1
马	3.55～7.1	犬	1.75～10
猪	3.55～10.65	猫	5～11.45
绵羊	2.85～7.1		

(6)注意事项

①本法线形范围达 14 mmol/L 尿素,如遇高于此浓度的标本,必须用生理盐水作适当的稀释后重测,结果乘以稀释倍数。

②20 μL 微量吸管必须校正,使用时务必注意清洁干燥,加量务必准确,且吸管内壁沾的样品应以试剂洗下。或者,将血清及标准液作 5 倍稀释后,加样 0.1 mL。

③试剂中加入硫胺脲和镉离子,增进显色强度和色泽稳定性,但仍有轻度褪色现象(每小时小于 5%)。加热显色经冷却后,应及时比色。

④尿液中尿素亦可用此法进行测定,由于尿液中尿素含量高,标本需要用蒸馏水进行 1∶50 稀释。如果显色后吸光度仍超过本法的线性范围,还需将稀释尿再稀释,重新测定。

⑤注意血清尿素与血清尿素氮的区别,尿素分子中含有 2 个氮原子,因此,1 mmol/L 尿素=2 mmol/L 尿素氮。为避免混乱,建议统一使用尿素含量。

⑥尿素氮的浓度,习惯用 mg/dL 或 mg/L 表示。若用 mmol/L 表示,则一个毫摩尔尿素氮浓度是以一个毫摩尔氮原子量(N=14)为计量单位。尿素分子中含有 2 个氮原子。因此,1 mmol/L 尿素=2 mmol/L 尿素氮。世界卫生组织推荐用尿素 mmol/L 表示浓度,应以此为准。

2. 脲酶-波氏比色法

(1)原理　本法测定分 2 个步骤:首先用尿素酶水解尿素,产生 2 分子氨和 1 分子氧化碳。然后,氨在碱性介质中与苯酚及次氯酸反应,生成蓝色的吲哚酚,此过程需要亚硝基铁氰化钠催化反应。蓝色吲哚酚的生成量与尿素含量成正比,在 630 nm 波长比色测定。

(2)试剂配制

①酚显色剂　苯酚 10 g,亚硝基铁氰化钠(含 2 分子水)0.05 g,溶于 1 000 mL 去氨蒸馏水中,存放于冰箱中,可保存 60 d。

②碱性次氯酸钠溶液　氢氧化钠 5 g 溶于去氨蒸馏水中,加"安替福明"8 mL(相当于次氯酸钠 0.42 g),再加蒸馏水至 1 000 mL,置棕色瓶中冰箱保存,可稳定 2 个月。

③尿素酶贮存液　尿素酶(比活性 3 000～4 000 IU/g)0.2 g 悬浮于 20 mL 50%(V/V)甘油中,置冰箱中可保存 6 个月。

④尿素酶应用液　尿素酶贮存液 1 mL,加 10 g/L EDTA·Na$_2$ 溶液(pH 6.5)至 100 mL,置冰箱中可稳定 1 个月。

⑤尿素标准应用液　同二乙酰一肟法。

(3)操作方法　取 16 mm×150 mm 试管,标记测定管、标准管和空白管,按表 3-41 操作。

表 3-41　比色液的配制

加入物	测定管	标准管	空白管
尿素酶应用液/mL	1.0	1.0	1.0
血清/μL	10	—	—
尿素标准应用液/μL	—	10	—
蒸馏水/μL	—	—	10

混匀,37℃水浴 15 min,向各管迅速加入酚显色剂 5 mL,混匀,再加入碱性次氯酸钠溶液 5 mL,混匀。各管置 37℃水浴 20 min,使呈色反应完全。

分光光度计波长 560 nm,比色杯光径 1.0 cm,用空白管调零,读取各管吸光度。

(4)计算

$$尿素(mmol/L)=\frac{测定管吸光度}{标准管吸光度}\times 5$$

(5)注意事项

①本法亦能测定尿液中的尿素,方法如下:1 mL 尿标本,加入造沸石(需预处理)0.5 g,加去氨蒸馏水至 25 mL,反复振摇数次,吸附尿中的游离铵盐,静置后吸取稀释尿液 1.0 mL,按上述操作方法进行测定。所测结果乘以稀释倍数 25。

②误差原因　空气中氨气对试剂或玻璃器皿的污染或使用铵盐抗凝剂可使结果偏高。高浓度氟化物可抑制尿素酶,引起结果假性偏低。

3. 临床意义

尿素是体内氨基酸代谢的最终产物之一。氨基酸经脱氨基作用先生成氨。氨对机体具有毒性,在肝脏经鸟氨酸循环生成尿素,尿素通过血液循环至肾脏,由尿液排出体外。血液及尿中尿素测定是肾功能试验的重要项目之一。血液尿素增高最常见为肾脏因素,可分为 3 方面:

①肾前性　最重要的原因是失水引起血液浓缩,肾血流量减少,肾小球滤过率降低,使血尿素潴留。此时尿素氮(BUN)升高,但 Cre 升高不明显,BUN/Cre(mg/dL)>10:1,称为肾前性氮质血症。经扩容后尿量多能增加,BUN 可自行下降。

②肾性　急性肾衰竭肾功能轻度受损时,尿素氮可无变化,但肌酐下降至 50% 以下,BUN 才见升高。因此,血 BUN 测定不能作为早期肾功能指标。但对慢性肾衰竭,尤其是尿毒症时,BUN 增高的程度一般与病情严重性一致。

③肾后性　因尿道狭窄、尿路结石、膀胱肿瘤等致使尿道受压。

此外,蛋白质分解或摄入过多,如急性传染病、高热、上消化道大出血、大面积烧伤、严重创伤、大手术后和甲状腺功能亢进、高蛋白饮食等,也出现 BUN 升高,但血肌酐一般不升高。

血尿素降低较为少见,常表示严重的肝病,广泛性肝坏死。

(五)血清肌酐测定(除蛋白碱性苦味酸法)

血清肌酐(serum creatinine,Scr)由外源性和内生性 2 类组成。机体每 20 g 肌肉每天代谢产生 1 mg 肌酐,产生速率为 1 mg/min,每天肌酐的生成量相当恒定。血中肌酐主要由肾小球滤过排出体外,肾小管基本不重吸收且排泄量也较少。在外源性肌酐摄入量稳定的情况下,血中的浓度取决于肾小球滤过能力。当肾实质损害,肾小球滤过率降低到临界点后,血中肌酐浓度就会急剧上升,故测定血中肌酐浓度可作为肾脏受损的指标。敏感性较尿素氮(BUN)好,但并非早期诊断指标。

1. 原理

肌酐与碱性苦味酸反应,生成橙红色复合物。

2. 试剂配制

①0.04 mol/L 苦味酸溶液　称取苦味酸(AR)9.3 g,溶于 500 mL 80℃蒸馏水中,冷却至室温,然后用蒸馏水稀释至 1 L,贮存于棕色试剂瓶中备用。

②0.75 mol/L 氢氧化钠　称取氢氧化钠(AR)30 g 加适量蒸馏水溶解后,冷却至室温,用蒸馏水稀释至 1 L。

③35 mmol/L 钨酸溶液

a. 取 100 mL 蒸馏水,加入聚乙烯醇 1 g,加热助溶,冷却。

b. 取 11.1 g 钨酸钠,完全溶解于 300 mL 蒸馏水中。

c. 取 300 mL 蒸馏水,沿壁慢慢加入浓硫酸 2.1 mL,冷却。

d. 取 1 L 容量瓶一只,将 a 液加入 b 液中,再与 c 液混合,然后加蒸馏水至刻度,室温至少可保存一年。

④10 mmol/L 肌酐标准贮存液　精确称取肌酐 113 mg(MW12),用适量 0.1 mol/L 盐酸溶解并移入 100 mL 容量瓶中,再以 0.1 mol/L 盐酸稀释至刻度,冰箱内保存可稳定一年不变。

⑤10 μmol/L 肌酐标准应用液　精确吸取 10 mmol/L 肌酐标准贮存液 1.0 mL,加入 1 L 容量瓶中,以 0.1 mol/L 盐酸稀释至刻度,置冰箱内保存。

3. 操作方法

①取 16 mm×110 mm 试管一支,加入血清(浆)0.5 mL,然后加入 35 mmol/L 钨酸溶液 4.5 mL,充分混匀。3 000 r/min 离心 10 min,取上清液备用。

②另取 3 支试管,分别标明测定管"U"、标准管"S"和空白管"B"。

③于测定管中加入无蛋白血滤液,标准管内加入肌酐标准应用液 3.0 mL,空白管内加入蒸馏水 3.0 mL,然后各管分别加入 0.04 mol/L 苦味酸试剂 1.0 mL,加入 0.75 mol/L 氢氧化钠溶液 1.0 mL。

④颠倒混匀放置 15 min,510 nm 波长,用分光光度计以空白管调零,分别读取测定管与标准管吸光度。

4. 计算

$$血清(浆)肌酐(\mu mol/L) = \frac{A_U}{A_S} \times 100$$

5. 参考值

见表 3-42。

表 3-42　血液中肌酐含量的参考值　　　　　　　　　　　　　　　　　μmol/L

牛	猪	犬	羊	猫
88～177	88～239	35.4～133	106～168	71～159

6. 临床意义

(1)血肌酐增高　见于各种原因引起的肾小球滤过功能减退:急性肾衰竭,血肌酐明显进行性升高,为器质性损害的指标,可伴少尿或无尿;慢性肾衰竭,血肌酐升高程度与病变严重性一致;肾衰竭失代偿期,血肌酐>178 μmol/L;肾衰竭期,血肌酐明显大于 445 μmol/L。

(2)鉴别肾前性和肾实质性少尿　器质性肾衰竭时,血肌酐常超过 200 μmol/L;肾前性少尿如心力衰竭、脱水、肝肾综合征、肾病综合征等所致的有效血容量下降,使肾血流量减少,血肌酐浓度上升多不超过 200 μmol/L。

(3)BUN/Cre(单位为 mg/dL)的意义　器质性肾衰竭,BUN 与 Cre 同时增高,因此 BUN/Cre<10:1;肾前性少尿,肾外因素所致的氮质血症,BUN 可较快上升,但血 Cre 不相

应上升,此时常 BUN/Cre>10∶1。

7. 注意事项

(1)试验前,使患畜安静休息,避免剧烈运动。

(2)收集 24 h 的尿液,测定其中肌酐的含量,为了避免导尿的麻烦,应尽量使用集尿器集尿。

(3)在收集尿液标本的同一天的任何时刻,自静脉采血 5 mL,用草酸盐抗凝,测定血液中肌酐的含量。

8. 测定

可以用全自动或半自动生化分析仪测定,具体用法参照试剂盒说明书。

(六)血清尿酸测定(磷钨酸还原法)

1. 原理

去蛋白滤液中的尿酸(UA)在碱性溶液中被磷钨酸氧化成尿素及二氧化碳,磷钨酸在此反应中被还原成钨蓝,可进行比色测定,计算出尿酸含量。

2. 试剂

(1)磷钨酸贮存液　称取钨酸钠 50 g,溶于约 400 mL 蒸馏水中,加浓磷酸 40 mL 及玻璃珠数粒,煮沸回流 2 h,冷却至室温,用蒸馏水稀释至 1 L,贮存于棕色瓶中。

(2)磷钨酸应用液　取 10 mL 磷钨酸贮存液,以蒸馏水稀释至 100 mL。

(3)钨酸试剂　在 800 mL 蒸馏水中,加入 50 mL 0.3 mol/L 钨酸钠溶液、0.05 mL 浓磷酸和 50 mL 0.33 mol/L 硫酸,混匀,在室温中可稳定数日。

(4)0.3 mol/L 钨酸钠溶液　称取钨酸钠($Na_2WO_4 \cdot 2H_2O$)100 g,用蒸馏水稀释至 1 L。

(5)0.33 mol/L 硫酸溶液　取 18.5 mL 浓硫酸,加入 500 mL 蒸馏水中,以蒸馏水稀释至 1 L。

(6)100 g/L 碳酸钠溶液　称取 100 g 无水碳酸钠,溶解于蒸馏水并定容至 1 L,置塑料瓶中保存,如有混浊过滤后使用。

(7)6.0 mmol/L 尿酸标准贮存液　取 60 mg 碳酸锂(AR)溶解于 40 mL 蒸馏水中,加热至 60℃使之完全溶解,精确称取尿酸(MW168.11)100.9 mg,溶解于热碳酸锂溶液中,冷却至室温,以蒸馏水定容至 100 mL,棕色瓶中保存。

(8)300 μmol/L 尿酸标准应用液　在 100 mL 容量瓶中,加尿酸标准贮存液 5 mL,乙二醇 33 mL,以蒸馏水稀释至刻度。

3. 操作方法

在一离心管中加入 4.5 mL 钨酸试剂,0.5 mL 血清,充分混匀后,静置数分钟,离心,取上清液按表 3-43 继续操作。

4. 计算

$$血清尿酸(\mu mol/L) = \frac{OD_U}{OD_S} \times 300$$

单位换算:血清尿酸(mg/dL)=血清尿酸(μmol/L)×0.016 8

5. 参考值

见表 3-44。

表 3-43　血清尿酸测定步骤　　　　　　　　　　　mL

加入物	测定管(U)	标准管(S)	空白管(B)
去蛋白滤液上清	2.5	—	—
尿酸标准应用液	—	0.25	—
蒸馏水	—	—	0.25
钨酸试剂	—	2.25	2.25
碳酸钠溶液	0.5	0.5	0.5
混匀放置 10 min			
磷钨酸应用液	0.5	0.5	0.5
混匀,放置 20 min,空白管调零,660 nm,读取各管光密度值			

表 3-44　动物血清尿酸参考值　　　　　　　mmol/L

动物	参考范围	动物	参考范围
牛	0～119	鸡	119～180
马	54～66	犬	0～119
山羊	18～60	猫	0～60
绵羊	0～113		

6. 临床意义

尿酸是嘌呤核苷酸分解代谢的产物,在人和其他灵长类动物,尿酸是嘌呤代谢的最终产物,随尿排出体外。而在马、牛、绵羊、山羊等动物,体内含有尿酸酶,能使尿酸分解为尿素。

(1)血清尿酸测定对痛风诊断很有价值,痛风症患鸡血清尿酸比正常增高数倍。

(2)肾功能减退、严重肾损害等,血清尿酸浓度增高。

(3)四氯化碳、铅中毒等,也引起血尿酸含量增高。

7. 测定

可以用全自动或半自动生化分析仪测定,具体用法参照试剂盒说明书。

四、作业与思考题

1. 试述尿液浓缩试验、靛卡红试验和酚红排泄试验的操作方法。

2. 各项肾功能指标检测的原理及其临床意义是什么?

(王希春,李玉)

第四章

兽医产科学实验

实验二十一 家畜的生殖器官、胎膜和胎盘的形态结构观察

一、实验目的与要求

1. 观察各种家畜的雄性和雌性生殖器官的解剖结构。
2. 认识各种家畜胎膜和胎盘的形态结构特点及其与子宫和胎儿的关系。

二、实验器材

1. 器械 解剖刀、剪、镊子、探针、卷尺、显微镜和投影仪。
2. 材料 各种雄性和雌性家畜的生殖器官浸制标本、模型、幻灯片。牛、马、猪、犬、兔等动物的妊娠子宫、胎囊和胎儿发育过程幻灯片。各种类型胎膜和胎盘浸制标本、组织构造幻灯片。

三、实验内容与方法

(一)观察家畜生殖器官的构成及形态特点

1. 母畜生殖器官的观察(图 4-1)

(1)卵巢 观察各种家畜卵巢,了解卵巢在体内的位置,识别卵巢上的黄体(或红体)和卵泡,触摸感觉其质地,并比较各种家畜的形态和结构差异。卵巢借助卵巢系膜悬挂于家畜肾后方。卵巢的形状、结构和质地,因家畜的种类、年龄、生殖周期的阶段而有所不同。猪、牛、羊等大多数动物的成熟卵泡凸出于卵巢表面并发生排卵,但马卵巢皮质、髓质位置与大多数动物相

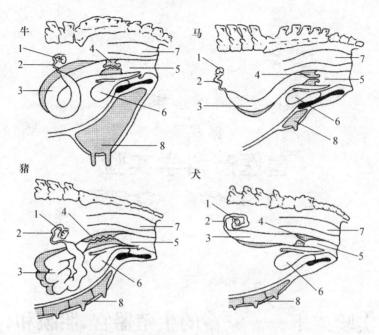

图 4-1　家畜的雌性生殖器官(兽医繁殖学．滨名克己．2006)
1. 卵巢　2. 输卵管　3. 子宫角　4. 子宫颈　5. 阴道　6. 膀胱　7. 直肠　8. 乳腺

反,即皮质在内部,髓质在外周。卵巢系膜连接部分对侧,有一表皮覆盖的凹陷称为排卵窝,成熟卵泡仅由此排出。牛的卵巢呈椭圆形,稍软并富有弹性。成熟卵泡的直径可达 1.2～2.4 cm,功能性黄体多凸出于卵巢表面呈火山口状。马的卵巢呈肾形,鸡蛋般大小,表面硬。卵泡直径可发育至 2.5～7.0 cm,因此卵巢的形状变化很大。排卵后的黄体不凸出于卵巢表面。母猪的卵巢幼年时为肾形,性成熟时卵巢相对较大,呈桑葚状,由于大卵泡和黄体的凸出而表面分叶,成熟卵泡直径为 0.7～0.9 cm。

(2)输卵管　输卵管分为漏斗部、壶腹部、峡部和子宫部。观察各种家畜的输卵管伞、输卵管、宫管结合部等部分的结构特点。牛、羊的输卵管较长,弯曲少,壶腹部不明显,与子宫角之间无明显分界。猪的输卵管壶腹部较粗且弯曲,后部较细而直,与子宫角之间无明显分界。马的输卵管较长,壶腹部明显且特别弯曲,有子宫部,与子宫角之间界限清楚。

(3)子宫　观察各种家畜子宫,了解子宫在体内位置及各种子宫类型的形态和结构特点。子宫大部分位于腹腔内,少部分位于骨盆腔内,借助于子宫扩韧带悬于腰下。子宫分为子宫角、子宫体、子宫颈 3 部分。根据两侧子宫的合并程度,可分为双子宫、双分子宫、双角子宫和单子宫 4 种类型(图 4-2)。兔及啮齿类动物有 2 个子宫体、子宫角、子宫颈,2 个子宫颈独立开口于阴道前端,属于双子宫类型。牛、羊的子宫形态相似,子宫角呈卷曲的绵羊角状,子宫腔内有子宫帆,将子宫角的后部隔开,子宫角分叉处有角间背侧和腹侧韧带相连,属于双分子宫。子宫体短,牛子宫角和子宫体黏膜上有 80～120 个卵圆形隆起,称子宫阜。子宫颈长,黏膜形成环状皱褶,子宫颈管呈螺旋状。马属动物子宫呈 Y 形,子宫角略呈向下弯曲的弓形,子宫体较长,子宫角基本没有牛、羊那样的纵隔,属于双角子宫。子宫角和子宫体无子宫阜,子宫颈阴道部明显。猪子宫角长而弯曲,似小肠;子宫体短,子宫角和子宫体无子宫阜,子宫颈呈螺旋状,子宫颈长且与阴道没有明显的界线,因而没有子宫颈阴道部。

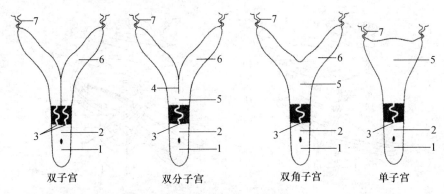

双子宫　　　　　双分子宫　　　　双角子宫　　　　单子宫

图 4-2　各种家畜子宫类型模式图（兽医繁殖学．滨名克己．2006）

1. 阴道前庭　2. 阴道　3. 外子宫口　4. 子宫帆　5. 子宫体　6. 子宫角　7. 输卵管

（4）阴道　是雌性动物交配器官和产道。位于骨盆腔内，背侧为直肠，腹侧为膀胱和尿道。阴道前端与子宫颈阴道部形成一环形或半环形的隐窝称为阴道穹隆。猪无阴道穹隆；犬的阴道较长，前端变细，无明显的穹隆。

（5）外生殖器官　观察尿生殖前庭、阴唇、阴蒂的形态。尿生殖前庭两侧壁的黏膜下层有前庭大腺，发情时分泌增强，但犬缺少前庭大腺，仅有一对前庭小腺。阴唇分左右两片而构成阴门，两片阴唇的上端及下端联合起来形成阴门上角和小角。马、兔的阴门上角较尖，阴门下角较圆；牛、羊、猪、犬的相反，下角较尖，呈锐角。在阴门下角内包含有球形凸起物即阴蒂，犬、兔的阴蒂较大。

2. 公畜生殖器官的观察

（1）睾丸及附睾　比较各种家畜睾丸的结构、大小、悬垂程度以及与附睾的相互关系（图4-3）。睾丸位于阴囊内，左右各一，呈椭圆形或卵圆形，表面光滑，一侧有附睾附着，称为附睾缘，另一侧为游离缘。因动物种类不同睾丸的位置、大小有差别。牛、羊睾丸的长轴呈上下垂直位，椭圆形，睾丸头端朝上，附睾位于睾丸后缘。马睾丸呈前后水平位，睾丸头端朝前，附睾位于睾丸背侧。猪睾丸由前下方斜向后上方，睾丸头朝向前下方，附睾位于睾丸前背侧。

（2）输精管　起始于附睾尾部的附睾管，沿附睾和精索内侧上行，经腹股沟管入腹腔，在腹环处转折向后入盆腔，在尿生殖褶中向后行，越过输尿管腹侧，其后部膨大形成输精管壶腹（猪除外），末端变细，或单独开口于尿道起始部背侧的精阜上（猪、犬），或与同侧的精囊腺管合并形成射精管（牛、马），开口于精阜。公马的输精管壶腹最发达，反刍兽的次之，犬的较小。

（3）精索　是由睾丸血管、神经、淋巴管、平滑肌束及输精管构成。识别精索内动脉、输精管、提睾肌及精索蔓状静脉丛。

（4）副性腺　观察各种家畜副性腺（包括壶腹）的有无及大小、形态。副性腺是位于尿生殖道骨盆部背侧面的腺体，包括精囊腺、前列腺和尿道球腺。凡去势家畜的副性腺均发育不良。牛的精囊腺呈不规则的长卵圆形，羊的呈卵圆形分叶状。猪的精囊腺十分发达，呈三棱锥体形，导管多数开口于精阜。马精囊腺呈梨形囊状，表面平滑。犬无精囊腺。牛的前列腺分体部和扩散部，体部呈横向的卵圆形。羊前列腺只有扩散部。猪的前列腺与牛的相似，但体部较圆。马前列腺发达，有左右侧叶和中间的峡部组成。犬前列腺很发达，体部呈淡黄色球形体，环绕在整个膀胱颈和尿生殖道的起始部。牛、羊的尿道球腺呈卵圆形，外有球海绵体肌覆盖，

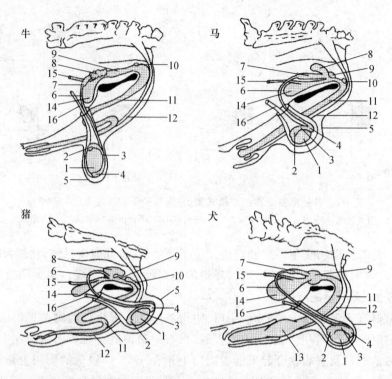

图 4-3　雄性家畜的生殖器官(兽医繁殖学．滨名克己．2006)

1. 睾丸　2. 附睾头　3. 附睾体　4. 附睾尾　5. 阴囊　6. 输精管　7. 输精管膨大部　8. 精囊腺　9. 前列腺
10. 尿道球腺　11. 阴茎　12. 阴茎收缩肌　13. 阴茎骨　14. 膀胱　15. 尿道　16. 睾丸动静脉

导管仅有一条。马尿道球腺呈椭圆形,有5~8条导管。猪的尿道球腺发达,呈长圆状。犬无尿道球腺(图 4-4)。

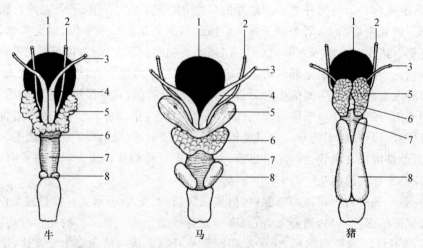

图 4-4　家畜的雄性副性腺模式图(兽医繁殖学．滨名克己．2006)

1. 膀胱　2. 尿道　3. 输精管　4. 输精管膨大部　5. 精囊腺　6. 前列腺　7. 尿道括约肌　8. 尿道球腺

(5)阴茎　比较各种家畜阴茎的形状。牛、羊的阴茎呈圆柱状,细而长,在阴囊后方形成乙状弯曲。牛的阴茎头较尖,略向右侧扭转,右侧的浅沟内有尿道突,上有尿道外口。公羊的阴茎头较膨大,尿道突长。猪的阴茎与公牛的相似,但乙状弯曲位于阴囊的前方,阴茎头扭转呈螺旋状,尿道外口呈裂隙状,位于阴茎头前端腹外侧。马的阴茎长而粗大呈扁圆柱状,龟头膨大,后缘膨隆称为阴茎头冠,阴茎头腹侧的深窝称为阴茎头窝,内有短的尿道突,末端有尿道外口。犬的阴茎头较长,分前、后两部,且内含阴茎骨。前部为阴茎头长部,后部为阴茎头球。阴茎头球由尿道海绵体扩大而成,充血后呈球状。阴茎骨位于阴茎的中下部,后端膨大,前端尖细,形成纤维软骨突。阴茎骨的腹侧有尿道沟。

(6)阴囊　比较各种家畜阴囊的位置和形状。牛、马的阴囊位于两股之间,牛的阴囊呈瓶状,上端略细。马的阴囊呈球形,阴囊颈较明显,皮肤颜色较深。猪的阴囊位于肛门下方,与周围界线不明显。犬的阴囊呈球形,位于两股之间。

(二)家畜胎膜和胎盘的形态构造特点及其与子宫和胎儿的关系观察

利用家畜的胎膜标本、模型及幻灯片,观察各种家畜胎膜和胎盘的形态构造特点及其与子宫和胎儿的关系,比较猪、牛、犬、兔等动物胎盘的差异。胎盘是胎儿和母体进行物质交换的特殊结构,由胎盘的母体部分和胎儿部分所组成。母体部分是子宫内膜,胎儿部分由各种胎膜组成(羊膜、尿膜、绒毛膜)。不同动物的胎盘分类如表 4-1 所示。

表 4-1　胎盘类型的分类

代表动物	分类方式	
	绒毛膜分布形状	胎儿绒毛膜与母体胎盘连接方式
马、猪	弥散型胎盘:胎盘绒毛膜均匀分布于绒毛膜表面,但疏密不完全一致。	上皮绒毛膜胎盘:胎儿胎盘绒毛直接与子宫上皮连接。子宫组织的所有 3 层结构都存在。
牛、羊	子叶型胎盘:绒毛膜集中在绒毛膜表面某些部位,形成许多绒毛丛,呈盘状或杯状凸起与绒毛膜表面形成胎儿子叶。	结缔绒毛膜胎盘:胎儿胎盘绒毛直接和母体胎盘的结缔组织连接。子宫上皮被溶解,结缔组织和血管内皮完好。
犬、猫	带状胎盘:绒毛集中于绒毛膜的中央,形成环带状。	绒毛膜内皮型胎盘:绒毛膜直接和子宫血管内皮组织相接触。子宫上皮和结缔组织都被溶解,只剩母体血管内皮与胎儿绒毛膜上皮接触。
兔、灵长类	盘状胎盘:绒毛膜在发育过程中逐渐集中,局限于一圆形或椭圆形区域,绒毛直接侵入子宫黏膜下方血窦内。	血绒毛膜胎盘:胎儿胎盘绒毛直接侵入子宫黏膜下方血窦内。子宫上皮、血管内皮和结缔组织都被溶解,只剩下胎儿胎盘 3 层。

四、作业与思考题

1. 根据观察,描述并画出各种母畜(牛、猪、马、兔)的卵巢、输卵管、子宫的形态结构及特点。

2. 根据观察,描述并画出各种公畜(牛、猪、马、犬)的睾丸、附睾、副性腺的形态结构。

3. 分别画出牛、猪、兔和犬的胎盘(包括胎膜)模式图,并描述它们的构造有何异同。

实验二十二　未孕母牛生殖器官的直肠检查

一、实验目的与要求

1. 掌握未孕母牛生殖器官的直肠检查方法。
2. 熟悉未孕母牛生殖器官各部分的正常位置、形态、大小、质地等特点,为妊娠诊断及生殖器官疾病诊断奠定基础。

二、实验材料

1. 器械　六柱栏保定架、直径 2～3 cm 的绳子、指甲剪、脸盆。
2. 材料　青年母牛及不同胎次未孕母牛各若干头;青年母牛及未孕经产母牛生殖器官标本及图片。液体石蜡、一次性长臂手套、胶靴、胶皮裙、肥皂和手巾等。
3. 教学辅助材料

三、实验内容与方法

(一)子宫颈的检查

(1)子宫颈的位置　正常未孕状态下,母牛的子宫颈呈纵向卧于骨盆腔底部,但由于子宫颈游离性比较大,因此,其在盆腔内的位置会随着子宫的状态及是否努责而发生改变。当母牛怀孕或发生子宫内积液、积脓而使子宫体积及重量增加时,常将子宫颈拉向骨盆腔的前缘;而当母牛努责时,往往可以将子宫颈挤向骨盆腔的侧壁或肛门入口处,走向也可能由纵向变为横向;由于子宫颈位于膀胱之上,当膀胱充满尿液时,子宫颈的位置也可能偏移。

(2)子宫颈的大小和质地　子宫颈大小随母牛的年龄、胎次、繁殖状态及是否有疾病而异,一般长 7～10 cm,如人的手掌宽度;直径 2～3 cm,如人的食指或拇指粗细,其后端稍粗,直径 3～4 cm,若为青年母牛,子宫颈细如人的小指。子宫颈质地如橡胶棒。如果子宫颈粗细不均、质地变硬,说明其中某些区段可能以前或现在发生了炎症或损伤,并形成了瘢痕组织。

(3)子宫颈触诊方法　当手臂进入母牛肛门后,将五指并拢并稍稍弯曲,用小指及手掌的外缘轻压直肠壁,从骨盆腔一侧向另一侧缓缓移动,探查子宫颈。当触到一个质地坚实的棒状物,并可随手掌的挤压而移动,则是子宫颈。此时可试着用拇指、食指、中指及无名指轻轻将其捏起,握于掌中,感觉其大小、质地及游离性。

(二)子宫的检查

(1)子宫的位置　未孕状态下,青年母牛的子宫位于骨盆腔内;经产牛的子宫,尤其是经产多胎的母牛,由于子宫恢复不是很完全,子宫角往往坠入腹腔。

(2)子宫的大小、形态和质地　牛的子宫为双分子宫,子宫角长 30～40 cm,基部直径

1.5~3 cm,左右子宫角后部因有结缔组织相连,表面又被腹膜包裹,仅在背侧以浅沟(角间沟)为界,所以称该部分为子宫体。青年牛的子宫角呈绵羊角状,两子宫角长短粗细相同;而经产牛子宫角则较为伸展,有时会出现一侧子宫角较大。正常未孕母牛的子宫质地较子宫颈柔软而有弹性,触诊会引起子宫角的收缩,使其质地变得坚实。但经产多胎的母牛子宫角收缩反应有时不太明显。

(3)子宫触诊方法　摸到子宫颈后,手继续向前移动,即可触到子宫体,它的质地较子宫颈软,且富有弹性。触诊到子宫体后,将中指沿子宫体背部向前滑动,可触到一条明显的纵沟,此即角间沟,为两子宫角分岔的起始处。此时食指和无名指稍分开,中指沿角间沟继续向前滑行,即可触到两侧子宫角的分岔。试着将两侧子宫角拢于掌内,仔细感觉其大小、质地及收缩反应。这些指标具有临床诊断意义。

(三)输卵管及卵巢的检查

(1)卵巢的位置　未孕状态下,母牛的卵巢位于耻骨前缘附近,子宫角尖端的外侧下方(有时在其正下方或内下方)。对于经产多胎的母牛,卵巢有时会随着子宫角的伸展而坠入腹腔。

(2)卵巢大小、形态和质地　卵巢的大小、形态因其所处生理状态不同而有明显差别。初情期之前的母牛卵巢大小约为花生米或蚕豆大小的扁平状,表面光滑而有弹性;成年母牛的卵巢因其表面有卵泡发育、排卵或闭锁及黄体的发育和退化等现象,大小、形态及质地常发生变化,且左右两侧卵巢大小也常不一致,但总的来说,成年母牛卵巢大一般介于蚕豆到板栗大小。

如果有卵泡发育,其主要特点是凸起且表面光滑的圆形。在发育的中期直径约1 cm。发育达到最大时,直径2.0~2.5 cm,触诊时壁紧张有波动感。排卵前卵泡变得柔软。

排卵后12~14 h可在原卵泡处摸到排卵凹,其特点是卵巢上有一环状的柔软区,直径一般不超过1 cm,有时略凸起。

排卵后的卵泡会形成黄体。黄体发育到最大时直径可达2.5~3.5 cm。根据黄体发育不同阶段及其在卵巢中位置的不同,卵巢的形状也会发生改变,当黄体完全包在卵巢内时,随黄体发育,卵巢的体积显著增加,形状变圆;如黄体不完全包于卵巢内,则会在卵巢表面摸到大小不一的凸起,质地明显较卵巢本身硬(表4-2)。

表4-2　牛在发情周期不同阶段中黄体的变化

直检特点	记录符号	周期阶段/d
排卵凹	OVD	1~2
发育黄体较软,直径不超1 cm	CH1	2~3
发育黄体较软,直径1~2 cm	CH2	3~5
发育黄体较软,直径2 cm以上	CH3	5~7
发育完全的黄体	CL3	8~17
黄体较硬,直径1~2 cm	CL2	18~20
黄体较硬,直径1 cm以下	CL1	发情期到下发情周期的中期

(3)卵巢的触诊方法　检查完子宫后,手沿着子宫角前移,用手指在子宫角尖端的外侧下方(有时在其正下方或内下方)一掌宽的范围内仔细探查,即可找到卵巢。用食指与中指夹住卵巢系膜,以拇指肚触诊它的形状、大小与质地。对于熟练的操作人员,可以直接去触诊卵巢;但由于卵巢的位置相对不固定,对于初学者寻找起来可能比较困难,建议应沿着子宫颈—子宫

体—子宫角—卵巢的路线依次进行。

在直肠检查时,尤其是重复检查时,为了准确记录卵巢上的结构及其变化,可用下列符号详细记录卵巢各个表面的结构:AP,前缘;PP,后缘;MS,中间面;LS,外侧面;AB,附着缘;FB,游离缘。

(四)输卵管及卵巢囊的检查

(1)输卵管的结构、形态及质地　　牛的输卵管呈长 20～30 cm、质地较硬的弯曲管状,由卵巢系膜固定。输卵管的漏斗大,可将整个卵巢包裹。卵巢囊深 4～6 cm。

(2)输卵管及卵巢囊的触诊　　先找到卵巢附着缘侧面或正中的卵巢系膜,然后将所有手指弯曲,下滑进入卵巢囊,缓慢伸开手指,扩张卵巢囊,检查其大小及是否正常。检查完卵巢囊后,可以比较容易地感觉到输卵管,可先从输卵管伞开始检查,逐渐检查到子宫端。

四、作业与思考题

1. 怎样进行未孕母牛生殖器官的直肠检查?
2. 详细记录你所触诊的牛的子宫颈、子宫角、卵巢及输卵管的形态、大小、质地及位置。

实验二十三　妊娠诊断

一、实验目的与要求

1. 学习母牛妊娠诊断的直肠检查法和外部检查法,了解母牛妊娠后各月份生殖器官的变化情况,掌握直肠检查法判断母牛妊娠与否。
2. 学习犬、猫妊娠诊断的外部检查法。
3. 学习利用 B 型超声波诊断仪诊断猪、羊、犬妊娠的方法。

二、实验器材

1. 器械　　便携式 B 型超声波诊断仪、电动理发剪等各种超声波检测仪器。
2. 材料　　妊娠不同时期的母牛、母犬及母猫各若干头/只;妊娠母猪(妊娠 30～40 d)和未孕母猪、妊娠母羊(妊娠 30～40 d)及未孕母羊各若干头/只;妊娠前、中、后期的母牛子宫、卵巢标本和妊娠各月份的生殖器官图片;猪、羊、犬怀孕不同时期的 B 型超声图片;耦合剂等。

三、实验内容与方法

(一)母牛妊娠诊断的直肠检查法

妊娠母牛各月份的妊娠现象如表 4-3 所示。

表 4-3　母牛妊娠各月份的妊娠现象(直肠检查)

妊娠月份	卵巢	子宫	子宫动脉
1	孕角卵巢体积增大,黄体明显	角间沟仍明显;孕角稍增粗,变软,触之感到内有液体,收缩反应减弱或消失	
2	孕角卵巢位置前移到骨盆入口前缘	位于耻骨前缘下方,角间沟不明显;孕角比空角增粗约1倍,壁软而有波动感	
3	孕角卵巢沉入腹腔,不易触及	子宫颈前移到耻骨前缘;子宫孕角呈软的圆袋状,垂入腹腔,波动感明显,有时可触及悬浮在其内的胎儿;在子宫体处可触及子叶	
4	两卵巢均随子宫坠入腹腔,不易触及	子宫颈移到耻骨前缘前方;子宫增大,沉到腹腔底不易摸到全貌;子宫壁薄,波动明显,子叶清楚,有卵巢大	孕侧出现妊娠脉搏
5		子宫体积和壁上的子叶都进一步增大;在骨盆入口前下方可摸到胎儿	妊娠脉搏非常清楚
6		子宫更大,在耻骨前缘可摸到胎儿;子叶有鸽蛋大	空角也出现妊娠脉搏
9		胎儿更大,容易摸到;子叶有鸡蛋大	两侧妊娠脉搏都清楚

(1)妊娠前期(1~3个月)　主要触诊卵巢及卵巢上黄体,子宫角大小、质地、对称性、收缩反应及有无液体滑动感等。

(2)妊娠中期(3~6个月)　随着胎儿的生长发育,子宫体积已明显增大,卵巢因位置前移不易摸到。此时主要触摸子宫的大小,感觉子宫内液体波动感、子宫壁上子叶的大小、子宫动脉的粗细和是否出现妊娠时特殊的震颤搏动以及子宫内有无胎儿等。

(3)妊娠后期(6~9个月)　胎儿和子宫都已明显增大,位置后移到骨盆腔前,此时主要触摸胎儿和胎动、子宫和子宫动脉。

(二)母牛妊娠诊断的外部检查法

1. 视诊

使牛自然站在平坦处,检查者立于牛的正后方,观察两侧腹壁和乳房。牛到妊娠后期,右侧腹壁比左侧下垂突出,乳房增大,有时还可见到胎动。

2. 触诊

检查者立于牛的右侧,左手按在牛的髋关节处或将右手扶于牛背腰上,右手五指并拢,手掌紧贴于右腹壁最突出的部位并轻微用力向腹腔作连续推动,也可并拢三或四指,用指尖触诊,如能触及硬物,即为胎儿。

(三)犬、猫妊娠诊断的外部检查法

1. 犬妊娠诊断的外部检查法

(1)视诊　母犬交配后1周左右,阴部开始收缩软瘪,可以看到少量黑褐色液体排出,食欲不振。怀孕2~3周时乳房开始逐渐增大,食欲大增,被毛光亮,性情温顺,行动迟缓,安稳,小心翼翼。少数母犬怀孕25 d左右会出现一段时间的妊娠反应,有时呕吐,食欲不振;有的会出现偏食。1个月左右,可见腹部膨大、乳房下垂、乳头富有弹性,乳腺逐渐膨大,甚至可以挤出乳汁,体重迅速增加,排尿次数增多。50 d"胎动"。

(2)触诊　将犬站立保定,用拇指配合其余四指在母犬最后两对乳头上方的腹壁外前后滑动进行触诊。当母犬怀孕 20 d 左右,子宫开始变得粗大,在腹壁触摸可以明显感知子宫直径变粗,但这需要有相当经验的人才能做出较正确的诊断;妊娠 25 d 后,可以触摸到胎儿(如摸到有鸡蛋大小、富有弹性的肉球);妊娠 31 d 后,腹壁触诊时,子宫内各胎儿间的界限不大明显了;而妊娠 50 d 后,可直接在腹壁触摸到胎儿。

对于小型犬,触诊时可以将一只手的食指伸入到母犬直肠内作为辅助,用另外一只手在母犬腹壁触诊。而对于大型犬,或由于乳房发育较大的犬,一只手触诊有困难时,可采用两只手分别在母犬腹壁两侧相对进行触诊。触摸时应注意与无弹性的粪块相区别。切忌动作粗暴,过分用力,以免造成流产。

仔细触摸妊娠 30 d 左右的母犬腹部和未孕母犬腹部,比较其中的差别。

2. 猫妊娠诊断的外部检查法

(1)视诊　猫在妊娠的前 4 周一般看不出明显变化。妊娠第 5 周以后,母猫的食欲增加,体重开始出现明显增加,腹部开始隆起;到妊娠第 7 周时,乳房出现明显增大,奶头也变成粉红色。一些猫在妊娠时也会像人一样出现妊娠反应,在早晨出现恶心、呕吐等症状。

(2)触诊　猫的腹部触诊方法与犬相似,也是将母猫站立保定,以拇指与其余四指分别在猫的腹壁两侧相互配合进行触诊。有经验的兽医可在妊娠 15 d 左右通过腹部触诊的方法诊断母猫妊娠与否。但一般在妊娠 30 d 左右,可通过腹部触诊,触摸到胎儿。仔细体会触诊妊娠母猫及未妊母猫腹部触诊的感觉,比较其中的差别。

(四)犬、猪、羊妊娠的 B 型超声诊断法

1. 犬的妊娠诊断方法

(1)保定　犬 B 超探查体位最好采取仰卧位,不习惯仰卧位的犬只,建议不要强制性进行以避免伤害母犬及胎儿。主人可以选择将犬仰卧抱在怀里,或是让犬自然站立,由犬主人站立或蹲在犬的旁边安抚犬只。

(2)探查部位的准备　犬的探查部位是从耻骨前缘到最后肋骨后缘或下腹部。检查前可用电动理发剪将待检区域的毛剃干净,否则影响检查结果。探头上涂适量耦合剂,再在检查部位均匀涂布适量耦合剂。准确把握被查部位的解剖位置,扫查时作矢状面、横切面、冠状面等多切面扫查。

(3)判定　犬于交配后 7 d 子宫增大,但这不一定是怀孕。在非妊娠状况下,处于发情期犬的性激素也会使子宫增大。所以,此时子宫增大不具有怀孕的特异性。确定妊娠的第一征象是孕囊的探测。孕囊是一个回声的结构,在子宫角暗区内出现椭圆形反射不强的光团,暗区中的细线状弱回声光环为胎膜的反射,环绕妊娠袋的子宫组织变薄,与其连接的子宫组织呈强回声。一般在母犬妊娠 20 d 左右时即可探测到孕囊的存在。初期的孕囊非常小,直径仅为数毫米,诊断时可因肠内气体叠压等情况影响,而导致妊娠判定失误。但到妊娠 30 d 时妊娠诊断的准确率可达 95％以上。

2. 猪的妊娠诊断方法

(1)保定　侧卧或站立保定。

(2)探测方法　在母猪两侧后肋腹下部涂上耦合剂,斜向对侧前上方,对准对侧肋弓放置探头,这样可避开积尿的膀胱,减少误诊。

(3)判定　未妊母猪的子宫一般在膀胱的前方,为多个不规则圆形,是子宫的断面,呈弱反射,一般探查不到,大都被因有气体而产生强反射的肠管所挡。

妊娠母猪的子宫在膀胱前下方,由于胎水无反射,呈暗区,故妊娠子宫的断面呈不规则的圆形暗区。妊娠 15～20 d 时,暗区面积不大,可同时探查到 1～2 个或 2～3 个暗区,21 d 起在不同方向可探查到多个子宫断面(暗区),并在子宫暗区内可见反射不强的胎体和有规律闪烁的胎心搏动。26～30 d 胎体逐渐显出胎儿固有的轮廓。40 d 左右,胎儿骨骼反射开始增强,出现胎动,随后反射强的骨骼逐步出现声影。

3. 羊的妊娠诊断方法

(1)保定　一般妊娠 40 d 前采取仰卧保定,妊娠 40 d 后采取站立保定。

(2)探测方法　应用 B 型超声波对山羊进行妊娠诊断有 2 种探测方法,一种是经体表探测,另一种是经直肠探测。

经体表探测时,山羊一般采取仰卧保定,探测部位为山羊乳房前的少毛区,将被毛向两侧分开,在皮肤和探头上涂上耦合剂后,将探头朝向对侧后方(即骨盆入口处)紧贴皮肤进行探查。也有的在母羊乳房两旁和后肢之间的无毛区域,将探头与皮肤垂直压紧,以均匀的速度或适当改变角度紧贴皮肤移动进行探测。

经直肠探测时,将母羊站立保定,用手指排除直肠内的宿粪,探头涂耦合剂后伸入直肠内,至盆腔入口处,向下和向两侧以 45° 进行扫描。

(3)判定　在配种后 33～36 d,妊娠母羊胎体非常明显,并且可看到胎心搏动,由于胎体与子宫在声像图中呈反射光团,所以胎心搏动是妊娠和胎儿存活的重要依据。

四、作业与思考题

1. 描述母牛妊娠早期、中期和后期直肠检查的结果。
2. 描述犬、猪、羊 B 型超声波妊娠诊断的探测部位,并记录诊断结果。

实验二十四　助产器械的使用与难产助产术

一、实验目的与要求

1. 认识各种常用助产器械,了解其用途和使用方法。
2. 掌握常见的胎儿异常姿势和牵引术、矫正术及截胎术等助产方法。

二、实验器材

1. 器械　产科各种助产器械。
2. 材料　牛或羊刚娩出的或怀孕后期的胎儿模型,牛或羊的骨盆标本。有关牵引术、矫正术、截胎术的幻灯片及录像片。

三、实验内容与方法

（一）各种助产器械及其使用方法

1. 产科绳

产科绳是矫正和拉出胎儿最为常用的器械之一。常用棉绳或尼龙绳。棉绳柔软耐用，但不易彻底消毒；尼龙绳性能较好，消毒方便，但容易打滑。应避免使用粗麻绳，以免擦伤产道。大家畜用的产科绳直径5～8 mm，长度视需要而定，一般1.5～2 m即可；小家畜可用直径为3～5 mm的产科绳，绳的一端应有一个圈套。一般需备有3条产科绳。

用时把绳套戴在中间3个手指上带入子宫，手伸到哪里即可把绳子带到哪里。拉出胎儿时，将绳分别缚在两前肢的球节上方及胎头（正生）上。不可隔着胎膜拴胎儿，以免拉的时候滑脱（图4-5）。

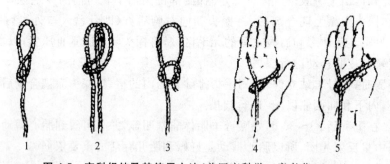

图4-5　产科绳结及其使用方法（兽医产科学．章孝荣．2011）
1. 产科绳　2. 单滑结　3. 活结　4. 将绳套在中间三指上，带入子宫　5. 撑开绳套，套住胎儿某一部分

2. 产科链

产科链是用小铁环做成的链子，用途和使用方法与产科绳基本相同。其优点容易消毒，在使用或在阴道内操作时不会轻易移动（图4-6）。

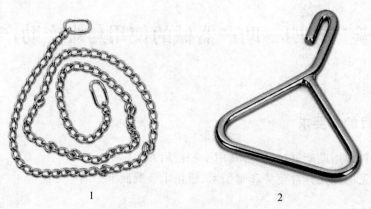

图4-6　产科链及产科链手柄
1. 产科链　2. 产科链手柄

3. 绳导

绳导是用来引导产科绳、钢绞绳或线锯条绕过胎儿四肢、颈部和躯干的一种辅助器械（图

4-7)。在使用产科绳、线锯条及钢绞绳时,常因胎膜或胎儿本身的阻碍,难于绕过胎儿的目标部位,须用绳导作为穿引器械。使用绳导须在母畜阵缩间歇操作较为方便,先将绳或线锯缚在绳导一端,在阵缩的间隙用绳导引导绳子、线锯条或钢绞绳从胎儿肢体一侧缓慢穿绕过去,再从另侧拉出来,这样就可将所要穿绕的肢体套住。

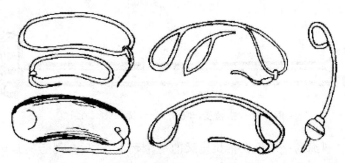

图 4-7　各种绳导(兽医产科学. 章孝荣. 2011)

4. 产科钩

胎儿的某些部分用手和绳子都无法牵拉时,可使用产科钩,而且往往有很好的效果。因此,它是手术助产的重要器械之一。产科钩有长柄及短柄 2 种,每种钩尖又有钝、锐之分,有的钩尖可以活动,有的则是固定的(图 4-8)。

5. 产科桎

柄长 80 cm,前端呈叉状,叉宽 10～12 cm。这种桎可用于个体较大的牛、马,在个体较小的家畜,可用叉宽 6～8 cm 的产科桎(图 4-9)。

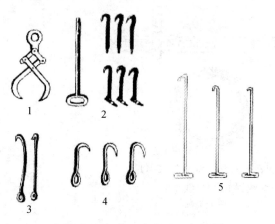

图 4-8　各种产科钩(兽医产科学. 章孝荣. 2011)
1. 复钩　2. 长柄产科钩　3. 肛门钩
4. 短柄产科钩　5. 小家畜长柄钩

图 4-9　产科桎
(兽医产科学. 章孝荣. 2011)

使用产科桎时,术者用拇指及小指握住叉的两端把桎带入子宫,对准要推的部位(正生时是桎叉横顶在胎儿胸前或竖顶在颈基和一侧肩端之间,倒生时是在坐骨弓上),然后指导助手向一定方向慢慢推动。这时术者的手要把桎叉固定在胎儿身上,防止滑脱后伤及子宫。应趁母畜不努责时推动,努责时不推,但须顶住,以免被退回。推动一定距离之后,助手顶住胎儿,术者即可放手去矫正异常部分。在死胎儿,如果桎叉无法固定在要推的部位上,可用刀子切破该处皮肤和肌肉,把梃叉直接顶在骨头上。使用产科梃以前,先用绳子把胎儿露在阴门处的前置部分拴住,以便矫正后向外牵引胎儿。

6. 推拉梃

柄长约 80 cm,梃叉的宽度及深度大致与大家畜的腕部相同,宽约 7 cm,深约 3 cm,梃叉两端各有一环(图 4-10)。

图 4-10　推拉梃(兽医产科学．章孝荣．2011)

使用时,先把产科绳的一端拴在推拉梃叉的一个环上,然后在绳子的自由端栓上绳导,带入子宫,绕过胎儿需要推或拉的部分(多为头颈或四肢),拉出阴门外,解除绳导,把绳的自由端穿过另一环,然后把梃叉带入子宫,由助手推动,伸至绳子绕过的部分。把绳的自由端抽紧,并在梃柄上拴牢,即可对这一部分进行推拉或矫正。推拉梃因为有绳子固定在要推的部分,可以放心用力推,不致滑脱,术者可以腾出手去矫正反常部分,所以是推动胎儿很有用的器械。

7. 产科线锯

线锯的种类很多,目前常用的是由一个卡子固定在一起的两条锯管和一条钢丝锯条及两个锯把构成的线锯。卡子有一个关节,可以调节两锯管之间的角度。另外尚有一条前端带一小孔或钩的通条,以便引导锯条穿过锯管(图 4-11)。

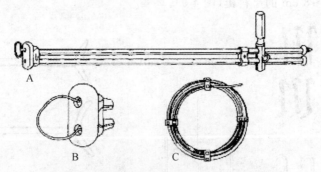

图 4-11　产科线锯(兽医产科学．章孝荣．2011)
A. 锯管　B. 穿线锯处　C. 线锯

线锯的两种使用方法:

(1)绕上法　即将锯条绕过需要锯断的部位加以固定。以胎儿头颈侧弯为例,使用线锯时,先将锯条由后向前穿过一个锯管,拴上绳导后拉紧,右手带绳导伸入子宫,左手将此锯管紧跟绳导向前推进。把绳导带到颈部和躯干之间后,由上向下插入,然后再从下面找到绳导,并拉出于阴门之外,这样锯条就绕住了颈部。拉绳导时如遇到了阻力,活动一下锯管前端,锯条即能顺利拉出。然后去掉绳导,用通条把锯条由前向后穿过锯管,并将此锯管顺着锯条伸入子宫,抵达颈部,然后把卡子由后向前套在两锯管上,推至一定距离后交叉锯管。最后在锯条两端加上手柄。这时术者把两锯管的前端用力固定住,助手即可拉动锯条。

(2)套上法　将锯条提前在锯管内装好。然后套在需要锯断的部位固定。例如在截除姿势正常的前腿时,先把锯条在加上卡子的锯管内穿好,将锯条的圈套和锯管一起从蹄尖推入子宫,套到要锯断的部位上,然后锯断。

除了套胎儿这一步比较麻烦外,线锯使用起来比较方便。骨骼是容易锯断的,但皮肤因活动性大,而且柔韧,不容易锯断,必要时须先在皮肤上做一深而长的切口,或者套上锯条以后用钩子或其他方法把皮肤拉紧再锯。

开始锯以前,必须确定锯管前的锯条没有发生交叉,以免彼此摩擦。拉锯动作要平稳,幅度要大,一般中途不要停下来,以免锯条被组织卡住拉不动。有时胎毛塞在锯钩内,使锯条受阻,这时活动一下锯管前端,就可以帮助解决阻塞,不要猛拉硬拽。胎体被锯断以后,可感觉到锯条和锯管前端发生了金属摩擦,拉动锯条毫不费力,同时能将整个线锯从子宫中拉出来。

(二)产科常用的助产手法

1. 牵引术

牵引术是指在胎儿的前肢部分使用力量以便补充或替代母体的产力。这种力量可用手施加,或者以绳套或钩施加。正生时,可牵拉胎儿的前肢和胎头。牵拉前肢时,绳套可置于胎儿的球节上;牵拉胎头时,可采用套上法或绕上法,用产科绳套住胎儿颈部,然后将绳结移到胎儿口中(图 4-12)。倒生时,可将绳或链套置于后肢的飞节上(图 4-13)。牵拉的方向则是沿着骨盆轴的方向(图 4-14)。

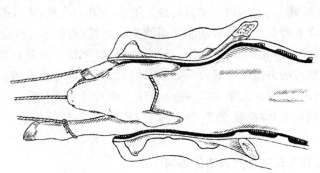

图 4-12 头部绳套拴系方法(兽医产科学. Noakes D E. 2014)

图 4-13 肢体拴系产科绳或产科链的方法

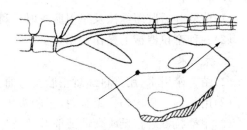

图 4-14 牛的骨盆腔轴

2. 矫正术

矫正术包括推回、拉直和旋转等手法。

(1)推回 是指将胎儿从阴道(以及骨盆)朝着子宫向前推,是矫正所有胎儿胎向、胎位及胎势异常所需要的子宫内操作所必需的操作手法,因为在阴道内即使最为简单的操作也没有足够的空间进行。操作时可将手压在前置的胎儿躯干上,在有些情况下可由助手在术者操作时推胎儿;有时也可用推拉梃推回胎儿(图 4-15)。如有可能,推回用力时应在母体努责的间隙进行。另外,可采用硬膜外麻醉阻止母体努责;但硬膜外麻醉对子宫肌收缩没有作用,子宫肌的收缩可采用解痉挛药物。

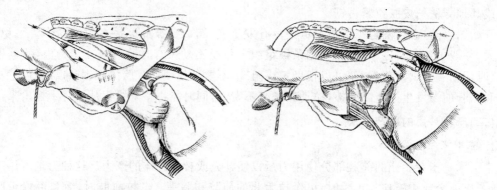

图 4-15　犊牛胎势异常的助产手法(兽医产科学 . Noakes D E. 2014)

正生,上位,单侧关节屈曲胎势,用手、绳、推拉梃矫正。

(2)拉直　是指胎势异常时拉直屈曲的关节,操作时用切向力作用于屈曲的四肢末端,以便使其通过圆弧形的宫底到达骨盆入口。加力时最好用手,如难以奏效,则可用绳或钩(图 4-15)。

(3)旋转　是指绕着胎儿的纵轴转动胎儿而改变其位置,例如下位转变为上位。这种手法在马比牛使用更多。在活胎儿,可用手指压迫胎儿的眼球,而眼球由眼睑覆盖,由此可引起胎儿痉挛反应,稍施加翻转的力量就可奏效,因此在助产活胎儿时非常有效。如果难以奏效,特别是在胎儿死亡的情况下,应灌入胎水,可在交叉伸直的四肢上用手或通过矫正梃施加旋转的力量。另外,通过推回胎儿,将前肢交叉,拴上绳套,然后牵引,这样牵引的力量可使胎儿围绕其纵轴旋转。通过重复这一操作过程数次,常常可将胎儿旋转 180°。

(三)产科器械使用方法和助产方法的练习

按照各种助产器械的使用方法和操作规范,在已死亡胎儿或胎儿标本上进行操作练习,练习内容如下:

1. 牵引术

(1)前肢和后肢缚绳法及牵引胎头时产科绳的套头法和下颌牵引法。

(2)各种牵拉器械的操作使用。

2. 矫正术

(1)结合牵引术,用产科绳矫正胎头弯曲。

(2)用长柄产科钩勾住眼眶,拉正胎头。

(3)用推拉梃矫正胎头弯曲或前肢关节屈曲。

3. 截胎术

应用线锯施行开放法前肢、后肢或颈部截除术。

四、作业与思考题

1. 列举各种产科助产器械的用途及操作方法。

2. 描述产科常用的助产手法。

实验二十五　精液品质检查

一、实验目的与要求

了解精液品质检查的主要内容,掌握精液品质的评定方法。

二、实验器材

1. 器械　显微镜、显微镜恒温载物台、血细胞计数板、血细胞计数器、恒温水浴箱、载玻片、盖玻片、微量移液器、pH 试纸、离心管等。

2. 材料　猪、牛、羊等任何一种动物新鲜或解冻后精液。生理盐水、3%氯化钠溶液、95%酒精、冰醋酸、蓝墨水、纱布、脱脂棉、蒸馏水、吉姆萨染色液等。

三、实验内容与方法

(一)精液的外观检查

精液一般呈乳白色,且精子密度越高,乳白程度越浓,透明度也就越低。牛、羊的精液因富含核黄素有时呈乳黄色;猪和马的精液呈淡乳白色或浅灰色。精液中若混有尿液,呈深黄色;混有血液呈粉红色或淡红色;混有脓汁则呈淡绿色;如有絮状物,可能是生殖道的炎性产物。正常的精液无味或略带腥味。

(二)精子活力评定及密度检查

1. 精子的活力评定

取一滴精液置于预热的载玻片上,加一滴预热的生理盐水稀释,盖上盖玻片,显微镜下可观察到 3 种运动状态的精子,即直线前进、旋转和摆动。评定精子活力的依据是呈直线前进运动的精子所占的百分数,一般以十级制表示,即 90%精子呈直线前进运动记 0.9 分,以此类推。一般人工授精的精液质量标准,猪的鲜精活力 0.7 分以上,牛的冻精解冻后活力 0.35 分以上。

2. 精子的密度检查

(1)估测法　通常检测精子活力同时,对精子的密度进行粗略估测。评定密度的标准依据视野中精子之间的距离而定。在显微镜下根据精子稠密程度的不同,将精子密度分为"密""中""稀"三级。由于各种家畜的精子密度差异很大,所以,"密""中""稀"三级的评定,不能按同一标准衡量,目的是在生产中以此确定精液的稀释倍数。

密:在视野中精子之间紧挨着,几乎看不到间隙或间隙很小,很难看到单个精子活动。

中:在视野中精子之间有相当一个精子长度的明显间隙,有些精子的活动情况可以清楚地看到。

　　稀:在视野中精子稀疏,甚至可查清所有精子数。

　　(2)血细胞计数器计数法　用 3% NaCl 溶液稀释,根据精液的密度,牛、羊精液做 $100\sim200$ 倍稀释,猪、马做 $10\sim20$ 倍稀释,充分混匀。将稀释后精液从血细胞计数板一侧边缘间隙注入,置于显微镜下观察计数。血细胞计数板的计数室深 0.1 mm,长宽各是 1 mm,计数室体积为 0.1 mm³。其简化计算公式为:每毫升精液中精子总数=25 个中方格(图 4-16)内的精子数×10(每个计数室体积是 0.1 mm³)×1 000 (1 mL 为 1 000 mm³)×稀释倍数。

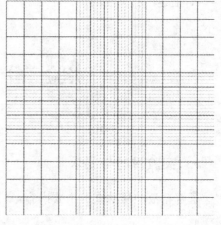

图 4-16　血细胞计数板计数室 25 个中方格

　　正常精液密度牛为 10 亿～15 亿/mL,羊为 20 亿～30 亿/mL,猪和马为 2 亿～3 亿/mL。为了减少误差,必须进行两次计数,取其平均数,即为所确定的精子数。

(三)精子畸形和顶体的检查

　　(1)精子畸形检查　凡形态和结构不正常的精子通称为畸形精子。取一滴经稀释的精液于载玻片的一端,用另一块载玻片一端与精液滴前缘接触,并以 30°将精液滴拖向载玻片的另一端,做成均匀的精液抹片。抹片自然风干,用纯蓝墨水染色 3 min,以流水缓缓冲去染色液,待干燥后即可镜检。

　　将抹片置显微镜下,放大 $400\sim600$ 倍,检查 $200\sim500$ 个精子,计算其中精子畸形率。

$$畸形率=畸形精子数/检查精子总数\times100\%$$

　　(2)精子顶体检查　取一滴经稀释的精液于载玻片的一端,抹片。空气中自然风干。然后将载玻片浸于 Camon 固定液(3 体积乙醇＋1 体积冰乙酸)固定 10 min。随后将载玻片置于吉姆萨染色液中染色 30 min,染色后,涂片立即用水冲洗,室温干燥后封片。在 100×油镜下观察顶体的形态。吉姆萨染色,通常用于检查精子顶体的形态,顶体部分呈紫红色浓染,赤道部分淡染。根据顶体的外形和损伤情况,将精子顶体分为 4 种类型。Ⅰ型:顶体完整,精子形态正常,着色均匀,顶体边缘整齐,有时可见清晰的赤道板。Ⅱ型:顶体轻微膨胀,精子质膜(顶体膜)疏松膨大。Ⅲ型:顶体破坏,精子质膜严重膨胀破坏,着色浅,边缘不整齐。Ⅳ型:顶体全部脱落,精子核裸露。检查 200 个精子,计算精子顶体完整率。

$$顶体完整率=顶体完整精子数/检查精子总数\times100\%$$

四、作业与思考题

1. 将精液品质检查结果填入下表:

样品	色泽	气味	密度/(亿/mL)	活力	畸形率/%	顶体完整率/%

2. 根据检查所见,绘出正常精子和异常(畸形和顶体异常)精子的简图。

实验二十六　不同解冻方法对精液品质的影响

一、实验目的与要求

1. 为提高人工授精的受胎率,了解牛冻精的解冻方法。
2. 为了确认解冻的精液是否符合人工授精的标准,掌握显微镜检查精液品质的方法。

二、实验器材

1. 器械　显微镜、显微镜恒温载物台、恒温水浴箱、载玻片、盖玻片、微量移液器、离心管等。
2. 材料　牛低温冷藏精液。生理盐水、3%氯化钠溶液、95%酒精、冰醋酸、蓝墨水、纱布、脱脂棉、蒸馏水、吉姆萨染色液等。

三、实验内容与方法

(一)精子解冻方法

在生产实践中错误的冻精解冻方法以及解冻后精液温度控制不佳,都会严重影响牛的受胎率。这是因为慢速解冻会使细胞内发生重结晶而对细胞膜造成损伤,以及解冻后精液温度持续降低容易引起精子冷休克。因此,牛冻精的解冻条件为:①空气中自然解冻;②5℃水中放置 120 s;③37℃水中放置 40 s;④37℃水中放置 40 s 后放置 4℃冰箱中 10 min。解冻后观察精子品质并进行计算。

(二)精子品质的检查

1. 精子的活力评定

取一滴精液置于预热的载玻片上,加一滴预热的生理盐水稀释,盖上盖破片,显微镜下可观察到 3 种运动状态的精子,即直线前进、旋转和摆动。评定精子活力的依据是呈直线前进运动的精子所占的百分数,一般以十级制表示,即 90%精子呈直线前进运动记 0.9 分,依此类推。一般人工授精的精液质量标准,牛的冻精解冻后活力 0.35 分以上。

2. 精子畸形率检查

凡形态和结构不正常的精子通称为畸形精子。取一滴经稀释的精液于载玻片的一端,用另一块载玻片一端与精液滴前缘接触,并以 30°角将精液滴拖向载玻片的另一端,做成均匀的精液抹片。抹片自然风干,用纯蓝墨水染色 3 min,以流水缓缓冲去染色液,待干燥后即可镜检。将抹片置显微镜下,放大 400~600 倍,检查 200~500 个精子,计算其中精子畸形率。

$$畸形率＝畸形精子数/检查精子总数×100\%$$

3. 精子顶体检查

取一滴经稀释的精液于载玻片的一端,抹片。空气中自然风干。然后将载玻片浸于固定液(3 体积乙醇＋1 体积冰乙酸)固定 10 min。随后将载玻片置于吉姆萨染色液中染色 30 min,染色后,涂片立即用水冲洗,室温干燥后封片。在 100×油镜下观察顶体的形态。吉姆萨染色,通常用于检查精子顶体的形态,顶体部分呈紫红色浓染,赤道部分淡染。根据顶体的外形和损伤情况,将精子顶体分为 4 种类型。Ⅰ型:顶体完整,精子形态正常,着色均匀,顶体边缘整齐,有时可见清晰的赤道板。Ⅱ型:顶体轻微膨胀,精子质膜(顶体膜)疏松膨大。Ⅲ型:顶体破坏,精子质膜严重膨胀破坏,着色浅,边缘不整齐。Ⅳ型:顶体全部脱落,精子核裸露。检查 200 个精子,计算精子顶体完整率。

$$顶体完整率＝顶体完整精子数/检查精子总数×100\%$$

四、作业与思考题

将精液品质检查结果填入下表:

解冻方法	活力	畸形率/%	顶体完整率/%
空气			
5℃水浴 120 s			
37℃水浴 40 s			
37℃水浴 40 s,4℃ 10 min			

实验二十七　家畜卵母细胞的采集、形态学观察与分级

一、实验目的与要求

1. 掌握卵母细胞常用的采集方法,比较不同方法的效率及采集卵的质量。
2. 掌握卵母细胞形态学观察方法,了解评定卵母细胞等级的方法。

二、实验器材

1. 器械　体视显微镜、显微镜恒温载物台、恒温水浴箱、培养皿、离心管、10 mL 注射器、眼科手术剪刀、细镊子。
2. 材料　牛或猪的卵巢,生理盐水等。

三、实验内容与方法

(一)卵母细胞的采集方法

1. 抽吸法

除去牛卵巢周围多余的组织并放置在生理盐水中等待采卵。左手戴乳胶手套持卵巢,右

手持带有 18 号针头的 10 mL 一次性注射器,吸取卵巢表面直径 2~8 mm 的卵泡,并记录吸取卵泡的个数。吸卵液被转移到 15 mL 的离心管内,待沉淀后移去上清液。将沉淀液体转移至 100 mm 塑料培养皿内,加入少量生理盐水稀释,在体视显微镜下捡取卵母细胞。将卵母细胞转移至含有生理盐水的培养皿内,计数并进行分级。

2. 机械剥离法

将卵巢置于无菌吸水纸上吸取卵巢表面的水分,沿卵巢门将卵巢纵向成两半,用眼科手术剪刀去除卵巢的髓质部分。用眼科手术剪沿大卵泡(2~8 mm)边缘,小心地剪下卵泡并移入 100 mm 塑料培养皿中。将余下的卵巢皮质剪成碎块(>2 mm),在体视显微镜下用手术刀和细镊子分离卵泡。收集到的卵泡,在体视显微镜下用细镊子固定卵泡一侧,用带有 24 号针头的注射器划破卵泡壁,挤出卵母细胞。记录采集的卵泡及卵母细胞数量。

(二)卵母细胞的形态学观察与分级

1. 卵母细胞的形态学观察

发育正常的牛卵母细胞有一定形态结构,可在体视显微镜下观察卵丘细胞的层数及包裹卵子紧密性、透明带形态、细胞质颜色及是否均匀。

2. 卵母细胞的分级

将收集的卵母细胞用生理盐水洗涤 3 遍,然后根据其卵丘的完整性分为 4 级。A 级:卵母细胞细胞质均匀,卵丘细胞致密并且有 4 层以上;B 级:卵丘细胞略微疏松,层数较少,一般为2~3 层;C 级:卵母细胞周围有部分没有被卵丘细胞覆盖,即部分裸卵;D 级:裸卵或卵丘细胞呈黑色蜘蛛网状,包括退化的卵母细胞。

四、作业与思考题

1. 比较不同采集方法对卵母细胞采集时间及效率的影响。

采集方法	卵巢数	采时间/min	卵子数	卵泡数	回收率/%
抽吸法					
机械法					

2. 比较并简单叙述两种卵母细胞采集方法的优缺点。

(黄伟平,刘亚)

第五章
中兽医学实验

实验二十八　中药饮片辨识

一、实验目的与要求

通过观察,认识并掌握 50 种有一定特征常用中药的饮片形态,掌握部分中药的经验鉴别法。

二、实验器材

1. 器械　小烧杯,酒精灯,试管,镊子,火柴。
2. 材料　红花、苏木、牵牛子、菟丝子、秦皮、朱砂、海金砂、何首乌、苍术、牡丹皮、路路通、甘草、黄连、黄柏、金银花等 50 种有一定特征的中药饮片,稀盐酸,氢氧化钠,蒸馏水。

三、实验内容与方法

1. 常用中药形态识别

50 种常用中药饮片,从外观形态、色泽、气味、断面特征等方面进行分析比较,找出它们表观上的异同点。

黄芪:断面木部淡黄色,有放射状纹理及裂隙,显"菊花心"。

何首乌:横切面皮部有"云锦状花纹",为韧皮部外韧型异型维管束。

防风:根头如"蚯蚓头",即根头部有明显密集的横环纹。

苍术:断面有"朱砂点",即断面散在橘黄色或棕红色的油室。

半夏:顶端茎痕周围密布麻点状根痕,如同"针眼"。

天麻:顶端红棕色或深棕色的顶芽或残留茎基,形似"鹦哥嘴"。

木通:断面射线呈放射状排列,俗称"车轮纹"。

槟榔:切面呈大理石样纹理(种皮与白色胚乳相间纹理)

杜仲:断面有白色胶丝相连。

牛黄:断面金黄色,可见细密的同心层纹。

商陆:切面类白色或黄白色,具多数凹凸不平的同心型环纹(异常构造),俗称"罗盘纹"。

2. 中药理化鉴别——水试法、火试法

(1)水试法

红花:花浸水中,水染成金黄色,药材不变色。

苏木:投于水中,水显鲜艳的桃红色。

秦皮:热水中水浸液成黄绿色,日光下显碧蓝色荧光。

丁香:在水中萼管垂直下沉。

栀子:浸入水中可使水染成鲜黄色。

乳香:与少量水共研,形成白色乳状液。

没药:与少量水共研,形成黄棕色乳状液。

牵牛子:加水浸泡后,种皮呈龟裂状,手捻有明显的黏腻感。

菟丝子:加沸水浸泡后,表面有黏性,加热煮至种皮破裂时,可露出黄白色卷旋状的胚,形如吐丝。

牛黄:水调和后,涂于指甲上,能将指甲染成黄色,称"挂甲"。

海金砂:撒在水中不下沉,加热时逐渐下沉。

(2)火试法

降香:火烧有黑烟及油冒出,残留白色灰烬。

沉香:燃烧时发浓烟及强烈香气,并有黑色油状物渗出。

乳香:遇热变软,烧之微有香气(但无松香气),冒黑烟,并留黑色残渣。

血竭:外色黑似铁,研粉后红似血,火烧呛鼻,有苯甲酸样香气。

青黛:火烧产生紫红色烟雾。

麝香:粉末灼烧,初则裂,随即融化膨胀起泡,油点似珠,香气浓烈四溢,灰化后成白色或灰白色残渣。

雄黄:火烧时易熔融成红紫色液体,火焰为蓝色,并生成黄白色烟,有强烈蒜臭气。

海金沙:易点燃并产生爆鸣声及火焰(松花粉、蒲黄无此现象)。

四、作业与思考题

1. 中药常用的鉴别方法有哪些?各适于什么情况?

2. 除上述特征鉴别(外观形态、水试法、火试法等)的中草药外,请你查阅资料再找出几种表观特征明显的中药并描述。

实验二十九　中药粉末的显微鉴别

一、实验目的与要求

掌握中药粉末显微鉴别技术,掌握淀粉粒、草酸钙结晶、花粉粒等显微特征,学会粉末装片的方法。

二、实验器材

1. 器械　显微镜,载玻片,盖玻片,牙签,滤纸,镊子。
2. 材料　半夏、大黄、金银花、密蒙花、甘草各 100 g,制成粉末,过 60 目筛;水合氯醛溶液,蒸馏水。

三、实验内容与方法

1. 半夏块茎的淀粉粒和草酸钙结晶

(1)淀粉粒

①制片　用牙签挑取少许半夏粉末,置于载玻片的蒸馏水中,加盖玻片。

②观察　将标本片置显微镜下观察,可见众多淀粉粒,其中单粒呈圆球形、半圆形、直多角形,通常较小,一个淀粉粒只有一个脐点,脐点呈点状、裂隙状;复粒常由 2~8 个单粒相聚而成,具有 2 个或多个脐点,每个脐点有各自的层纹环绕。

(2)草酸钙针晶

①制片　在载玻片中央加水合氯醛试液 1~2 滴,用牙签挑取半夏粉末适量,置于水合氯醛液滴中,拌匀,置酒精灯上微热,并用牙签不断搅拌,稍干(切勿烧焦),离火微冷,加蒸馏水 1~2 滴拌匀,微微倾斜玻片,用吸水纸吸去蒸馏水,在剩余物上再滴加水合氯醛试液,如上法重复处理一次,最后滴加甘油,盖上盖玻片。

②观察　将标本置于显微镜下观察,可见草酸钙针晶存在于圆形或椭圆形的薄壁细胞中,成束或散在,有的已从破碎的细胞中散出,有的已经折断。半夏的针晶束常呈浅黄色或深灰色,散在的针晶则无色透明,有较强的折光性。

2. 观察甘草的晶纤维

(1)制片　在载玻片中央加水合氯醛试液 1~2 滴,用牙签挑取甘草粉末适量,置于水合氯醛液滴中用牙签混匀,微微倾斜玻片,用吸水纸吸去蒸馏水,在剩余物上又滴加水合氯醛试液,最后滴加甘油,盖上盖玻片。

(2)观察　镜下观察,见纤维及晶纤维长形,成束,在几个纤维连在一起的间隙处有大的草酸钙方晶(单晶)。其他特征还有:①导管:黄色,较大。②木栓细胞:红棕色,多角形。③淀粉粒:多为单粒,椭圆形,脐点点状,有的有轮纹。④草酸钙方晶。⑤小的色素块:棕色,形状不一。⑥射线细胞。

3. 观察大黄的草酸钙簇晶

(1)制片　同"甘草"。

(2)观察　镜下观察,见草酸钙簇晶大小不等,直径 21～135 μm,棱角大多短钝,簇晶形状呈不规则矩圆形或类长方形。其他特征还有:①导管:多为网纹导管,并有具缘纹孔导管及细小螺纹导管。②淀粉粒:多,有复粒,多 2～5 个分粒组成,脐点复杂,多呈星状。

4. 观察金银花的花粉粒

(1)制片　同"甘草"。

(2)观察　金银花花粉粒黄色,类圆形或圆三角形,直径 60～92 μm,外壁表面有细密短刺及圆形细颗粒状雕纹,具有 3 个萌发孔。其他特征还有:①腺毛:腺头部为多细胞,呈头状,腺柄 4～5 个细胞。腺毛头部细胞含黄棕色分泌物。②非腺毛:多单细胞,毛稀,有的长而弯曲,有疣状突起;有的短,壁稍厚,有单或双螺旋螺纹(螺纹状突起)。③草酸钙簇晶:小,棱角尖。④柱头顶端表皮细胞。⑤气孔。

5. 观察密蒙花的星状毛

(1)制片　同"甘草"。

(2)观察　星状毛多断碎。完整者体部 2 细胞,每细胞 2 分叉,分叉几等长或长短不一,尖端稍呈钩状。毛直径 12～31 μm,长 50～424 μm,形如星光放射,故名。其他特征还有:①花粉粒:圆,分层不明显,3 个萌发孔,呈沟状,叫孔沟,表面光滑。②单细胞的非腺毛:壁薄,有疣状突起。

四、作业与思考题

1. 绘出半夏的单淀粉粒和复淀粉粒、草酸钙针晶,甘草的晶纤维,大黄的簇晶,金银花的花粉粒以及密蒙花星状毛。

2. 中药粉末的显微鉴别过程中,应注意哪些问题?

实验三十　常用中药炮制方法

一、实验目的与要求

1. 掌握兽医临床常用中药的基本炮制方法,理解炮制对中药临床疗效的影响。

2. 掌握炒、炙、煨、煅、制霜和水飞等常用炮制技术。

二、实验器材

1. 器械　粉碎机、数显电子秤、炉具、锅、铲、大乳钵、烧杯、量筒、喷壶等。

2. 材料　王不留行、鸡内金、生山楂、干姜、白术、地榆、大黄、延胡索、泽泻、甘草、滑石块、黄酒、食醋、食盐、麦麸、蜂蜜等。

三、实验内容与方法

1. 炒

炒分清炒和辅料炒 2 类。

（1）清炒 根据炒制的程度分：

①炒黄 炒王不留行：取王不留行，置热锅内，用文火加热，不断翻炒至大部分爆成白花，迅速取出晾凉；炒薏苡仁：取净薏苡仁，用文火炒至微黄色、微有香气时取出。

②炒焦 焦山楂：取净山楂，用强火炒至外表焦褐色，内部焦黄色，取出放凉；焦大黄：取大黄片入锅炒，初冒黄烟，后冒绿烟，最后见冒灰蓝烟时急取。

③炒炭 炮姜：取干姜片或丁块，置锅内，炒至发泡，外表焦黑色取出放凉；地榆炭：取地榆片入锅，炒成焦黑为止。

（2）辅料炒

①麸炒 先将锅用中火烧热，撒入麦麸，待冒烟时投入白术片，不断翻动，炒至白术呈焦黄色，逸出焦香气，取出，筛去麦麸。

②沙炒 取筛去粗粒和细粉的中粗河沙，用清水洗净泥土，干燥置锅内加热，加入适量的植物油（为沙量的 1%～2%），然后炒取。炮内金：取洁净干燥的鸡内金，分散投入炒至滑利容易翻动的沙中，不断翻动，至发泡卷曲，取出筛去沙。

2. 炙

炙与炒相似，但常加药物炮炙。

（1）酒炙 称取大黄片 500 g，以黄酒 50 mL 喷淋拌匀，稍闷，用文火微炒，至色泽变深时，取出放凉。

（2）醋炙 取净延胡索 500 g，加醋 150 mL 和适量水，以平药面为宜，用文火共煮至透心、水干时取出，切片晒干，或晒干粉碎。

（3）盐炙 取泽泻片 500 g，食盐 25 g 化成盐水，喷洒拌匀，闷润，待盐水被吸尽后，用文火炒至微黄色，取出放凉。

（4）蜜炙 首先炼蜜，将蜂蜜置锅内，加热徐徐沸腾后，改用文火，保持微沸，并除去泡沫及上浮蜡质。用锣筛或纱布滤去死蜂和杂质，再倾入锅内，炼至沸腾，起鱼眼泡。用手捻之较生蜜黏性略强，即迅速出锅。继而蜜炙甘草：取甘草片 500 g，炼蜜 150 g，加少许开水稀释，拌匀，稍闷，用文火烧炒至老黄色，不粘手时，取出放凉，及时收贮。

3. 水飞

滑石：取整滑石块，洗净，置乳钵内，加少量清水研磨成糊状，加多量清水搅匀，缓慢倾出上层混悬液。下沉的粗粉如上法继续研磨。如此反复多次，直至手捻细腻为止。弃掉杂质，将前后倾出的混悬液静置后，倾去上清液（水），取沉淀，干燥，再研细即得。

四、作业与思考题

1. 中药炮制常用的火候有哪几种？

2. 具体写出实验用到的每种药物炮制后的成品性状（从内外色泽、形态、味道、干湿度等几个角度进行描述)及操作注意事项或体会。

3. 针对实验所选的每一种药物的炮制方法,写出其具体意义(即为什么不同的药材用不同或相同的炮制方法)

实验三十一　中药化学成分检查

一、实验目的与要求

了解中药化学成分的理化检验法,掌握薄层层析法在中药成分鉴定中的应用。

二、实验器材

1. 器械　电炉,水浴锅,铝锅,台秤,烧杯,容量瓶(25、125 mL),三角烧瓶,量筒(1 000、100 mL),玻璃板(15 cm×5 cm,20 cm×5 cm),新华Ⅰ号滤纸,pH 试纸,铅笔,圆规,直尺,剪刀,电吹风,铁台,固定夹,乳胶管,层析缸,荧光灯(波长 2 537Å)。

2. 材料　黄柏、大黄、黄连素等。60%及95%乙醇、20%石灰乳、10%盐酸、浓盐酸、40%氢氧化钠、冰醋酸、乙醚、6 mol/L 氢氧化钠、5%氢氧化钠-2%氢氧化铵混合液、氯化钠、正丁醇、醋酸镁、次硝酸铋、冰醋酸、碘化钾、氯仿、乙酸乙酯、甲醇、丙酮、石油醚、高锰酸钾、氧化铝、硅胶 G、1,8-二羟基蒽醌。

三、实验内容与方法

(一)理化检验法

1. 样品的制备

(1)酸性乙醇提取液　称取通过 20 目筛的中草药粉末 15 g(丹皮 8、五味子 8、麻黄 8),加入 0.5%盐酸乙醇溶液 100 mL,在水浴 60℃上回流 10 min,趁热过滤(先用蒸馏水浸湿的 6 层纱布过滤,再用滤纸过滤),滤液供检查酚性成分、有机酸和生物碱等。

(2)水提取液　称取通过 20 目筛的中草药粉末 15 g(桔梗、拳参、党参各 5),加水 300 mL,在 60℃浸泡 20 min,滤取滤液,供检查氨基酸、多肽和蛋白质等。剩余药渣及浸液在 60℃水浴上回流 10 min,趁热过滤,热滤液供检查糖、多糖、皂苷、苷类和鞣质等。

(3)甲醇提取液　称取通过 20 目筛的中草药粉末 15 g(大黄、黄芩、刺五加各 5),加甲醇 100 mL,在 60℃水浴上回流 10 min,趁热过滤(先用蒸馏水浸湿的 6 层纱布过滤,再用滤纸过滤),滤液供检查黄酮及其苷类、强心苷、香豆精及其苷类、内酯、酯类、挥发油、植物甾醇和油脂等。

2. 试验及结果判定

(1)酚性成分的检查

三氯化铁试验:取 1 mL 酸性乙醇提取液,加入 1%三氯化铁乙醇溶液 1~2 滴,呈现绿、蓝绿或暗紫色者,为阳性反应。

重氮化试验:取 1 mL 酸性乙醇提取液,加入 1 mL 3％碳酸钠溶液,在沸水浴中加热 3 min,再至冰水浴中冷却,滴加新配制的重氮化试剂 1～2 滴,呈现红色者,为阳性反应。

(2)有机酸的检查

酸碱度试验:用 pH 试纸测定水提取液的酸碱性,颜色指示在 pH 7 以下,表明含有有机酸成分。

(3)生物碱的检查　取 2 mL 的酸性乙醇提取液,用 5％氢氧化铵溶液调节至中性,在水浴上蒸干。其后加少量 5％硫酸溶解残渣,过滤,其滤液供下述试验:

碘化铋钾试验:取滤液 1 mL,加碘化铋钾试剂 1～2 滴,呈现浅黄色或是红棕色沉淀者为阳性反应。

(4)氨基酸、多肽和蛋白质的检查

双缩脲试验:取被检冷水提取液 1 mL,滴加 10％氢氧化钠溶液 2 滴,摇匀,滴入 0.5％硫酸铜溶液,随加随振摇,呈现紫色、红色或是紫红色者,为阳性反应。

茚三酮试验:取被检冷水提取液 1 mL,滴加新配制 0.2％茚三酮溶液 2～3 滴,摇匀,在沸水浴中加热 5 min,冷却后,呈现蓝或蓝紫色者,为阳性反应。

(5)糖、多糖和苷类的检查

碱性酒石酸铜试验:取被检热水提取液 1 mL,滴加新配制的碱性酒石酸铜试剂 4～5 滴,在沸水浴中加热 5 min,呈现棕红色氧化亚铜沉淀者,为阳性反应。

α-萘酚实验:取被检热水提取液 1 mL,滴加 5％ α-萘酚乙醇溶液 2～3 滴,摇匀。沿试管壁缓缓滴入 0.5 mL 浓硫酸,在交界处呈现紫红色环者,为阳性反应。

(6)皂苷的检查

泡沫试验:取被检热水提取液 2 mL,置于带塞试管中,用力振摇 1 min,如产生大量泡沫,放置 10 min,泡沫没有显著消失者,为阳性反应。

溶血试验:在玻片上滴一滴红细胞混悬液,置于显微镜下,滴加被检水提取液少许,如红细胞破裂、消失者,为阳性反应。此试验也可在试管内进行。

(7)鞣质的检查

三氯化铁试验:取被检热水提取液 1 mL,滴加 1％三氯化铁乙醇溶液 1～2 滴,呈现绿色、蓝绿色或紫色者,为阳性反应。

氯化钠白明胶试验:取被检热水提取液 1 mL,对准光滴加 1％氯化钠白明胶试剂 1～2 滴,呈现白色沉淀或是混浊反应者,为阳性反应。

(8)黄酮类或其苷类的检查

盐酸-镁粉反应:取被检甲醇提取液 1 mL,滴加入浓盐酸 4～5 滴及少量镁粉。在沸水浴中加热 3 min 或稍长,呈现红色者,为阳性反应。

荧光试验:取被检甲醇提取液 1 mL,在沸水浴上蒸干,加入硼酸的饱和丙酮溶液及 10％枸橼酸丙酮溶液各 1 mL,继续蒸干。将残渣在紫外灯下照射,呈现强烈的荧光现象时,为阳性反应。

(9)蒽醌或其苷类的检查

碱性试验:取被检甲醇提取液 1 mL,加入 10％氢氧化钠 1 mL,如产生红色反应,加入 30％过氧化氢 1～2 滴,加热后红色不褪,用酸调节至酸性,红色消失者,为阳性反应。

醋酸镁试验:取被检甲醇提取液 1 mL,加入 1% 醋酸镁甲醇溶液 3 滴,呈现红色者,为阳性反应。

(二)薄层层析法

1. 制板

薄层板就是将吸附剂均匀地涂铺在载体上(最常用的是 2～3 mm 厚的玻璃板)使之成一薄层状。欲分离的样品就在这一薄层吸附剂上进行层析分离。涂铺的方法有干法及湿法 2 种。

(1)干法涂铺　即称取一定量的吸附剂(常用的氧化铝,本实验用氧化铝 6 g)堆放在玻片的一端,用两端粘有 1～2 层胶布的玻棒向前或向后均匀地刮过,使氧化铝在玻片上成一均匀的薄层,这样的薄层板又叫"软板"或"干板"。铺好后可直接点样,用近水平法展开。这种"软板"制作容易而简便,缺点是展开过程要轻拿轻放,显色不方便,不能保存;分离效果有时不如"硬板"好。

(2)湿法涂铺　将吸附剂加水适量调成糊状,为了使制成的薄层板较为牢固,常在吸附剂中加入适量的黏合剂,最常用的是煅石膏,即成市售硅胶 G。薄层糊的调配:称取 6 g 硅胶 G,加入 2～2.5 倍量水。在乳钵中不断搅拌研磨数分钟,至成均匀黏稠的糊状,一般研磨至肉眼观察没有水与吸附剂分离的现象,而且糊的表面有奶油样的光泽即可倾倒在 2 块玻板上立即涂铺。一般可徒手涂铺,即将玻片置于平台用掀起一边再放下的方法使之反复颠簸,成为均匀平坦的薄层。铺好的薄层板应在数分钟内凝固,厚薄均匀,没有分层,表面光滑,没有凸起的颗粒,不易自玻板上剥脱。一般薄层的厚度以 0.25 mm 为宜。在 110℃烘 1 h,放置干燥器中备用。

2. 样品和标准溶液的制备

(1)黄柏提取液　取渗漉法提取黄柏后的渗漉液,测 pH 在 12 以上,加 10% 盐酸调 pH 为 5～6,静置,过滤,取滤液在水浴上浓缩至稠膏状,加 3～5 倍量 95% 乙醇,沉淀过滤,取滤液回收(或挥去)。

(2)大黄提取液　将大黄粗粉装入大小适宜的圆底烧瓶中,添加 95% 乙醇(作为溶剂)至烧瓶容量的 1/2 或 1/3(需浸过药面),连接冷凝器,在水浴锅上隔水加热。沸腾后,溶剂蒸汽经冷凝器冷凝,又流回烧瓶中。滤取药液,药渣再加新的 95% 乙醇。如此反复回流提取 2～3 次。合并所有提取液,回收溶剂,得浓缩药液,备用。

(3)标准品溶液

①黄连素溶液　取黄连素粉少许,加氨水碱化,放在水浴上除氨,残渣加 95% 乙醇(加热)使溶。

②1,8-二羟基蒽醌标准品溶液

3. 层析

(1)干板

①点样　每板点 2 点,一点是黄柏提取液,另一点是对照标准品(黄连素液),2 点间隔 2 cm,每点直径不超过 0.3 cm。

②展开剂　氯仿:甲醇=9:1。

③展开　放于长形层析缸,采用倾斜上行法。

④观察结果　先在紫外荧光灯下观察,记录斑点的颜色、大小、位置,然后喷雾显色。喷以改良碘化铋钾液(取次硝酸铋 0.85 g,溶于 10 mL 冰醋酸中,加 40 mL 水,混匀;另取碘

化钾 8 g,溶于 20 mL 水中。实验时两溶液各取 5 mL,加冰醋酸 20 mL,混匀,喷用)喷雾显色。与标准品对照,记录结果。与标准品对照记录结果。

(2)湿板

①点样　每板点 2 点,一点是大黄提取液,另一点是对照标准品(1,8-二羟基蒽醌液)。

②展开剂　乙酸乙酯:甲醇:水=100:16.5:13.5。

③展开　放于标本缸中,采用上行法层析。

④观察结果　先喷以 1%醋酸镁甲醇溶液,然后在紫外灯下观察荧光,分别记录供试品与标准品斑点的颜色、大小、位置。

四、作业与思考题

对中药有效成分的鉴定结果做出评价。

实验三十二　煎剂、混悬剂、片剂、颗粒剂与膜剂的制作

一、实验目的与要求

掌握煎剂、混悬剂、片剂、颗粒剂、膜剂的制备工艺。

二、实验器材

1. 器械

煎剂:电子台秤,粉碎机,电炉,药筛,烧杯,离心机,旋转蒸发仪,真空泵,抽滤瓶,玻璃棒 1 个,量筒,量杯,纱布,冷凝管等。

混悬剂:除煎剂所需器材外,还需要乳钵、滴管等。

片剂:除煎剂所需器材外,还需要压片机。

颗粒剂:除煎剂所需器材外,还需要三角烧瓶、比重瓶、温度计、颗粒机等。

膜剂:除煎剂所需器材外,还需要蒸锅、玻璃板 1 块、胶皮圈(0.1 mm 厚)2 个。

2. 材料

煎剂:附子 27 g、干姜 27 g、炙甘草 20 g(即四逆汤组成),石膏 100 g、知母 18 g、甘草 10 g(即白虎汤组成),大黄 20 g、芒硝 40 g、厚朴 20 g、枳实 20 g(大承气汤组成)。

混悬剂:炉甘石 150 g,氧化锌 50 g,甘油 50 mL,羧甲基纤维素钠 2.5 g。

片剂:盐酸小檗碱 500 g,淀粉 450 g,蔗糖 450 g,乙醇(45%)250~300 mL,硬脂酸镁 14 g。

颗粒剂:板蓝根 1 400 g,蔗糖适量,糊精适量。

膜剂:金银花 100 g,黄芩 100 g,连翘 200 g,聚乙烯醇(PVA)15 g,甘油 2 g,乙醇适量。

三、实验内容与方法

1. 煎剂

煎剂又称汤剂，是指将中药饮片加水煎煮，滤去药渣，浓缩药汁所制成的液体制剂，目前仍是中医临床广泛采用的一种剂型。本实验制备四逆汤、白虎汤、大承气汤。

(1)四逆汤与白虎汤的制备　取干燥好的中药饮片附子27 g，干姜27 g，炙甘草20 g(即四逆汤组成)，石膏100 g，知母18 g，甘草10 g(即白虎汤组成)，分别混合后，粉碎成2～4 mm(4～8 目)粗粉，加适量冷蒸馏水浸泡1 h，大火加热至沸腾，再小火保持微沸40 min；过滤，上清液倒入另一小烧杯里；用适量的60～70℃热蒸馏水再次对药渣进行煎煮，大火煮沸，小火维持30 min；过滤，上清液与上次所得药液合并；将2次所得药液混匀，小火浓缩至稍高于所需达到的终浓度：四逆汤的终浓度为0.45 g/mL，白虎汤的终浓度为0.83 g/mL。

(2)大承气汤的制备　取干燥好的中药饮片大黄20 g、芒硝40 g、厚朴20 g、枳实20 g，分别粉碎成2～4 mm(4～8 目)粗粉。将芒硝、厚朴、枳实3 药混合，加适量冷蒸馏水浸泡1 h，大火加热至沸腾，再小火保持微沸30 min；过滤，上清液倒入另一小烧杯里；用适量的60～70℃热蒸馏水再次对药渣进行煎煮，大火煮沸，小火维持20 min；过滤，上清液与上次所得药液合并；将2次所得药液混匀。大黄粗粉则采用温浸后下的提取方式，即取15 倍量的蒸馏水，煮沸，加入大黄粉，温浸30 min，过滤；反复2次。合并上述所有提取液，减压60℃以下浓缩至所需达到的浓度(1 g/mL)。

2. 混悬剂

难溶性固体药物分散于液体分散媒中的过程，所形成的分散体系称混悬型液体药剂。属于粗分散系，可供口服、局部外用和注射用。本实验制备炉甘石洗剂。

炉甘石洗剂的制备：取炉甘石150 g，氧化锌50 g，研细过100 目筛，加甘油50 mL研磨成糊状后，另取羧甲基纤维素钠2.5 g，加蒸馏水溶解后，分次加入上述糊状液中，随加随搅拌，再加蒸馏水至全量(1 000 mL)，搅匀，即得。

3. 片剂

系将药物的细粉或提取物与赋形剂混合制成干燥的片状剂型。本实验制备盐酸黄连素片。

盐酸黄连素片的制备：取盐酸小檗碱、淀粉及蔗糖以60 目筛混合过筛2次，加45％乙醇湿润混拌，制成软材，先通过12 目筛2次，再通过16 目筛制粒，在60～70℃干燥。干粒再通过16 目筛，继之加入干淀粉5％(崩解剂)与硬脂酸镁充分混合后压片即得盐酸黄连素片。

4. 颗粒剂

系将药物的细粉或提取物制成干燥的颗粒状制剂。本实验制备板蓝根颗粒。

(1)提取、浓缩　取板蓝根，加水煎煮2次，第一次2 h，第二次1 h，合并煎液，滤过，滤液浓缩至相对密度为1.20(50℃)。

(2)制膏　加乙醇使含醇量为60％，搅匀，静置使沉淀，取上清液，回收乙醇并浓缩至稠膏状。

(3)制粒　取稠膏，加入适量的蔗糖和糊精，用颗粒机制成均匀颗粒，微波干燥，制成1 000 g(含糖型)；或取稠膏，加入适量的糊精和甜味剂，制成颗粒，干燥，制成600 g(无糖型)，分装。含糖型每袋5 g或10 g，无糖型每袋3 g。

5. 膜剂

系将药物溶解或均匀分散在成膜材料配成的溶液中,制成薄膜状的药物制剂。本实验制备双黄连膜剂。

(1)先将金银花、黄芩、连翘加水适量制成溶液 130 mL。

(2)取聚乙烯醇 15 g 事先用 80% 乙醇浸泡 24～48 h,用前用蒸馏水将乙醇洗净,置于容器内,加上述溶液 100 mL,在水浴上加热至完全膨胀溶解,最后加甘油 1 g,待冷至适当稠度,分次放于玻璃板上,继用两端套有胶圈的玻璃棒向前推进溶液,制成薄膜,放于烘箱内烘干(60℃以下),然后于紫外灯下照射 30 min 灭菌,封装备用。注意制膜温度不宜低于 35℃,温度低易凝结。

6. 观察结果

(1)颗粒剂　制成的颗粒色泽一致,均匀,全部能通过 10 目筛,通过 20 目筛小颗粒不得超过 20%。

(2)片剂　片剂应具有一定硬度。

(3)膜剂　掌握制膜厚度,制成的膜剂厚约 0.1 mm。

四、作业与思考题

讨论总结中药煎剂、混悬剂、颗粒剂、片剂、膜剂的制作技术要点。

实验三十三　脾虚动物模型的制作和观察

一、实验目的与要求

通过实验加深对脾虚证的理解,并在理论上加以深化,进一步认识脾虚证的本质。

二、实验器材

1. 器械　电子台秤,数字体温计,直径为 25 cm、高 15 cm 的玻璃缸,温度计。

2. 材料　体重 20～30 g 的健康雄性小鼠 10 只,随机分为造模组 5 只和对照组 5 只。大黄、芒硝、厚朴、积实分别研成粗粉,按 1∶2∶1∶1 的比例配伍,制备每毫升含生药 1 g 的大承气汤水溶液。炭末加适量水,配成每毫升含 2 g 炭末的水混悬液。

三、实验内容与方法

1. 造模

(1)造模组 5 只小鼠每天灌服大承气汤 0.6 mL,连续 5～7 d,每天观察至出现脾虚症状为止。对照鼠在同样饲喂条件下,不作任何处理观察上述项目。

(2)造模组出现脾虚症状后,取 5 只做消化道推进实验。分别给造模组和对照组的每只小鼠灌服 0.8 mL 炭末水混悬液,记录小鼠粪便中从投药到出现炭末的时间。

(3)上述试验后,接着做耐疲劳实验　把造模组和对照组小鼠分别进行标记,同时放入水深 12 cm 的玻璃缸内,分别记录小鼠在水中游泳的时间。

(4)脾虚模型判定标准　按食欲减退、泄泻、消瘦、四肢无力、体温降低、被毛失泽判定。

2. 结果观察

(1)对小鼠的精神、被毛、食欲、行动进行观察,将脾虚造模组与对照组的上述各项进行比较,并记录。

(2)粪便(表 5-1)

表 5-1　粪便观察记录表

时间	脾虚造模组			对照组		
	1	2	3	1	2	3
第 1 天						
第 2 天						
第 3 天						
第 4 天						
第 5 天						
第 6 天						

(3)体重(表 5-2)

表 5-2　体重测量记录表

时间	脾虚造模组			对照组		
	1	2	3	1	2	3
第 1 天						
第 3 天						
第 5 天						
第 7 天						

(4)体温(表 5-3)

表 5-3　体温测量记录表

时间	脾虚造模组			对照组		
	1	2	3	1	2	3
第 1 天						
第 3 天						
第 5 天						
第 7 天						

(5)耐疲劳试验(表 5-4)

表 5-4　耐疲劳试验记录表

	脾虚造模组			对照组		
	1	2	3	1	2	3
游泳至死亡 时间/min				水温:＿＿＿℃ 室温:＿＿＿℃ 湿度:＿＿＿%		

(6)消化道推进试验(表 5-5)

表 5-5　消化道推进试验记录表

	脾虚造模组			对照组		
	1	2	3	1	2	3
最早出现炭末 时间/min						

四、作业与思考题

1. 脾虚证的主要表现有哪些?
2. 小鼠灌服大承气汤所致泄泻能否判定为脾虚?

实验三十四　寒邪、热邪致病的实验观察

一、实验目的与要求

1. 通过观察寒邪、热邪致病后实验动物出现的症状表现,掌握寒邪、热邪的致病特点。
2. 通过给动物灌服寒凉药或温热药,以减轻寒邪、热邪引起病症的临床表现,加深对"寒者热之,热者寒之"治疗法则的理解。

二、实验器材

1. 动物　体重(20±1)g 的健康小鼠,随机分为寒邪组(包括模型组和给药组)和热邪组(模型组和给药组)。
2. 药物　白虎汤水提液,四逆汤水提液,食盐,冰,酒精,碘酊,石蜡油。
3. 器械　鼠笼,数显电子台秤,制冰机,6 孔恒温水浴锅,烧杯,体温计,剪刀,镊子,小鼠灌胃器等。

三、实验内容与方法

1. 热邪致病及中药预防实验

(1)分组　选取体重相近的雄性小鼠 10 只,随机分为 2 组,即模型组及给药组,每组 5 只。

(2)记录体重和体温　分别称重、测量体温。

(3)给药　热邪给药组小鼠灌胃寒凉药白虎汤 0.2 mL/10 g 体重,60 min 后复制热邪动物病理模型。

(4)热邪模型复制　将 2～3 只小鼠放到 1 000 mL 烧杯中,用带孔的塑料薄膜封口(橡皮筋套住),然后置于 45℃恒温水浴锅中,使其感受外界热邪。

(5)症状观察　随着烧杯内温度逐渐升高,观察小鼠出现的异常表现,待小鼠出现热汗、四肢无力、惊厥等症状时,从烧杯中取出,再测体温,观察精神、黏膜色泽、被毛、汗液、四肢等。

2. 寒邪致病及中药预防实验

(1)(2)同热邪致病的(1)、(2)。

(3)准备冰盐浴　将食盐与新鲜制备的冰块按 1∶2 重量比混匀放入容积大于 2 000 mL 的保温容器内。

(4)给药　寒邪给药组小鼠灌胃温热药四逆汤 0.2 mL/10 g 体重,60 min 后复制寒邪动物病理模型。

(5)寒邪模型的复制　将 2～3 只小鼠放入烧杯内,再置于盛有冰盐混合物的保温容器内,使其感受外界寒邪。

(6)症状观察　随着温度逐渐降低,观察小鼠有何异常表现,待小鼠表现出末梢皮肤黏膜变得苍白、皮紧毛乍、肢体僵硬时,从烧杯中取出,再测体温,放于桌面上观察行走步态等。3 组小鼠进行比较。

3. 结果观察

观察实验鼠和对照鼠在寒邪、热邪实验前和实验后的精神、黏膜颜色、被毛、汗液、四肢和体重的变化。

热邪和寒邪致病出现的症状表现分别参考表 5-6 记录。

表 5-6　热邪和寒邪症状记录表

组别		精神	黏膜色彩	被毛	汗液	四肢	体重
实验鼠	实验前						
	实验后						
对照鼠	实验前						
	实验后						

四、作业与思考题

1. 热邪致病有哪些症状,本实验能看到哪些? 为什么会出现这些症状?

2. 本实验寒邪致病动物表现哪些症状? 是属于外寒还是内寒,为什么?

3. 四逆汤、白虎汤的组成及功效是什么?

实验三十五　兽医针灸治疗技术

一、实验目的与要求

认识常用针具,掌握常用针具的使用方法;掌握羊、犬常用穴位的位置和取穴方法;了解常用针术(白针、血针、火针、气针、水针等)及灸术(艾灸、温灸、拔火罐疗法等);掌握激光针灸穴位治疗家畜常见病的方法。

二、实验器材

1. 器械　常用针灸器具:针具(毫针、圆利针、宽针、三棱针、火针、穿黄针、玉堂钩、眉刀针、梅花针、针锤),艾灸器,拔火罐,保定用具;犬针灸穴位挂图及模型;氦-氖激光治疗机等。

2. 材料　羊,犬;生姜,艾卷,植物油,酒精棉球,碘酊棉球,干棉球。

三、实验内容与方法

在认识常用针灸器具,了解羊、犬常用穴位的取穴方法(见中兽医学教材)的基础上,进行如下实验。

1. 白针疗法

(1)针前准备　选择并检查针具,保定动物,消毒针刺部位、针具和术者手臂。

(2)切穴法　切入的手叫押手,一般用左手切穴,穴位不同切穴方法不同。

(3)持针法　刺穴的手叫刺手,一般用右手持针刺穴。

(4)进针法　采用捻转进针。

(5)运针法　运针是针刺入穴位后,为了增强针感,而运动针体的方法。

(6)留针　将针留在穴内一定时间。

(7)退针　又称拔针或起针,有2种方法。

(8)针刺角度　指针体与穴位皮肤平面所构成的角度,由针刺方向所决定。

(9)针刺深度　不同穴位要求不同深度,但火针穴位施毫针可适当深些。

2. 血针疗法

(1)术前准备　患畜根据施针要求进行保定,施针穴位剪毛、消毒。

(2)三棱针刺血法　针刺时右手拇、食、中指持针,使针尖露出适当长度,呈垂直或水平方向,用针尖刺破血管,起针后不要按闭针孔,让血液流出,待达到适当的出血量后,用酒精棉球轻压穴位,即可止血。

(3)宽针刺血法　手持针法、针锤持针法、手代针锤持针法。

(4)泻血量的掌握　泻血量的多少应根据患畜的体质强弱、疾病的性质、季节气候及针刺穴位来决定。一般膘肥体壮的病畜放血量可大些,瘦弱体小病畜放血量宜小些;热证、实证放血量应大;寒证、虚证可不放或少放;春、夏季天气炎热时可多放;秋、冬季天气寒冷时宜不放或少放;体质衰弱、孕畜、久泻、大失血的病畜,禁忌施血针。

3. 艾灸、温熨疗法

(1)艾灸法 分为艾炷灸,艾卷灸。

①艾炷灸 分为直接灸、间接灸。

·直接灸 将艾炷直接置于穴位上,点燃,待燃烧到底部、不等燃尽就更换一个艾炷,称为"一壮"。每穴灸 5~10 壮。

·间接灸 垫 0.2~0.3 cm 的生姜片或大蒜片,刺上小孔。5~10 片/穴。

②艾卷灸 分为温和灸和雀啄灸。

(2)温熨法(醋酒灸、醋麸灸)

(3)拔火罐疗法 投火法,闪光法,架火法。

4. 激光针灸

(1)激光针疗法(激光穴位照射疗法) 常用的照射方法有 3 种,即原光束直接照射法(主要用于穴位照射),经锗透镜散焦(用于照射较大的患部)及导光纤维法(用于不便直接照射的部位,如体腔内等)。照射距离一般为 30~100 cm,激光束与被照射部位呈垂直角度,使光点准确照射在病变部位或经穴上。每次照射 10~15 min,一般照射 1 次或 2~3 次不等,以治愈为准。通常每天 1 次,可连续应用,也可间隔 2~3 d 照射 1 次。可连续照射 7 次为一个疗程,如不愈,隔 2~3 d,进行第二疗程。

(2)激光灸疗法(激光穴位烧灼疗法) 二氧化碳激光器输出端对准穴位,距离 5~15 cm,每穴烧灼 3~6 s。一般只照射 1 次,若不愈,隔 3 d 后再烧灼 1 次。对重症病畜可同时烧灼体躯两侧的同名穴位。如采用扩束照射头,则距离为 20~30 cm,每一部位辐照 5~10 min,每日 1 次,可连续辐照 6~7 次为一疗程,这属于温灸法。

5. 观察结果

根据临床检查和实验室检测报告,将治疗情况逐一记录。

四、作业与思考题

1. 常用的针灸术有哪些?

2. 白针(毫针、圆利针、小宽针)疗法、血针(宽针和三棱针)疗法的具体操作方法和适应症是什么? 血针疗法的作用原理有哪些? 使用血针时应注意哪些问题?

3. 犬常用穴位的取穴方法有哪几种?

4. 激光针灸疗法中有什么体会?

(刘翠艳)

第三部分

课程实习

第六章

动物疾病诊疗课程实习

实验一　犬猫胃肠炎的诊断与治疗

一、实验目的与要求

1. 了解并掌握犬猫胃肠炎的主要症状。

2. 通过对患病犬猫的一般临床检查和症状观察,做出初步诊断。

3. 通过血常规检查、血液生化分析、血气分析、粪便检查、B超检查等帮助诊断并确定治疗用药,使学生将已学过的各科理论和实验知识整合起来,提高学生的综合素质。

4. 通过参与治疗方案的拟定、实验室检查和输液注射等操作,锻炼学生的独立思考能力和综合运用所学知识解决实际问题的能力,使学生进一步掌握了解常用的实验室诊断方法及临床治疗技能,如输液、皮下注射、肌肉注射、穴位注射、口服灌药、灌肠等各种方法。

二、实验器材

1. 器械　全自动生化分析仪、血细胞计数仪、显微镜、超净台、恒温培养箱、高压灭菌锅、兽医超声诊断仪、体温计、听诊器、注射器、输液器、灌肠器等。

2. 材料　实验动物:患胃肠炎的犬或猫;抗生素、磺胺类、高锰酸钾、次硝酸铋、液体石蜡(或植物油)等药物。

三、实验内容与方法

胃肠炎是胃黏膜和/或肠黏膜及黏膜下深层组织重剧炎性疾病的总称。按炎症类型分为黏液性、出血性、化脓性、纤维素性、坏死性胃肠炎;按病因分为原发性和继发性胃肠炎;按病程经过分为急性和慢性胃肠炎。胃肠炎是畜禽的常见多发病,尤以犬猫最为常见。

1. 寻找病例

从动物医院门诊病例筛选患胃肠炎的犬或猫。

2. 临床症状的观察

(1)按病程分类　急性胃肠炎发病快,胃、十二指肠炎或严重的小肠炎,都能引起呕吐;大肠炎,尤其是后段大肠炎时,常呈现里急后重(频频做排便姿势,但无粪便排出或仅有少量粪便排出)。胃肠炎时所排粪便有水样便、稀软便、胶冻状便、棕色便或带血便等,有的粪便有难闻的臭味。腹泻和呕吐常引起犬猫机体脱水、电解质丢失、碱中毒(以呕吐为主)或酸中毒(以腹泻为主)。

慢性胃肠炎时,由于反复腹泻或呕吐,表现营养不良、消瘦,腹围缩小;慢性大肠炎时,其粪便中含有多量黏液。

(2)按病因分类　①由细菌、病毒、真菌和寄生虫引起的胃肠炎,常表现为精神不振,体温升高,食欲减退或废绝,呕吐或腹泻,有的排腥臭血便,迅速消瘦。②犬出血性胃肠炎,可能是梭菌内毒素引起的变态反应,2～4岁的观赏小型犬多发。通常发生剧烈呕吐,严重血样腹泻,迅速脱水而休克。③酸性粒细胞性肠炎,可能是采食抗原性食物或寄生虫移行引起的。表现为间歇性呕吐,有时有血样物。腹泻粪便为棕黑色或血便。腹部触摸肠袢增厚和淋巴结增大。血液检验酸性粒细胞增多,肠壁组织切片检查,可发现多量酸性粒细胞。

3. 实验室检查

实验室检查项目根据患病犬猫具体病情决定,如犬瘟热和犬细小病毒试剂条检测;白细胞计数、白细胞分类计数;血液流变学检查(红细胞压积、红细胞沉降率等);血清电解质和血浆二氧化碳结合力的检查;粪便检查;B超检查;寄生虫检查等。

4. 治疗

治疗方案的拟定尽量让学生参与,在临床症状观察、实验室检查和病因诊断的基础上,先由学生提出治疗方案,然后再由临床医师修改执行,如果门诊病例较多可以由医师拟定治疗方案,在空闲时,针对治疗方案进行讨论分析。

治疗原则是消除病因、抑菌消炎、清理胃肠、补液、解毒、强心、增强机体抵抗力。

(1)消除病因　细菌性胃肠炎用抗生素或磺胺类等治疗;病毒性胃肠炎需用抗病毒药物如单克隆抗体、血清、干扰素等治疗,同时配合抗生素防止继发细菌感染;真菌性肠炎用抗真菌的药物;寄生虫性的用驱虫药。

(2)抑菌消炎　根据药敏实验结果或临床经验选用抗生素或磺胺类药物,根据病情采取口服、皮下注射、静脉注射等不同的用药途径。可以用云南白药、高锰酸钾、次硝酸铋等药物灌肠。

(3)缓泻　当肠音弱、排粪迟滞、粪干色暗附有黏液、粪便臭味大时,为促进胃肠内容物排出,减轻自体中毒,应采取缓泻。常用液体石蜡(或植物油)、鱼石脂、酒精内服;也可以用人工盐、鱼石脂、酒精、常水适量内服。具体用药量根据药物手册规定的剂量和动物大小确定,注意不能用剧泻药。

(4)止泻　适用于肠内积粪已基本排净,粪不带黏液、臭味不大而仍频泻不止时。可用吸附剂和收敛剂,如木炭末、矽炭银、鞣酸蛋白加水适量内服或灌肠。

(5)补液、纠正酸中毒　可根据红细胞压积(PCV)、血钾、血浆二氧化碳结合力(CO_2CP)

等的实验室检查结果,按照下列公式计算出补液量及补充氯化钾、碳酸氢钠等物质的量。

$$补充等渗氯化钠溶液估计量(mL) = \frac{PCV测定值 - PCV正常值}{PCV正常值} \times 体重(kg) \times 25\% \times$$

$$1\,000(动物细胞外液以25\%计算)$$

$$补充5\%NaHCO_3溶液估计量(mL) = (CO_2CP正常值 - CO_2CP测定值) \times 体重(kg) \times$$

$$0.4$$

$$\left(CO_2CP值的单位为mmol/L;动物细胞外液以25\%计算,5\%\ NaHCO_3\ 1\ mL = \right.$$

$$\left. 0.6\ mmol, \frac{0.25}{0.6} = 0.4\right)$$

$$补充KCl估计量(g) = \frac{(血清K^+正常值 - 血清K^+测定值) \times 体重(kg) \times 25\%}{14}$$

$$(动物细胞外液以25\%计算,1\ g的KCl约折合14\ mmol\ K^+)$$

静脉补液应留有余地,当日一般先给 1/2 或 2/3 的缺水估计量,边补边观察,其余量可在次日补完。$NaHCO_3$ 的补充,可先输 2/3 量,另 1/3 量可视具体情况续给。静脉补充氯化钾时,浓度不超过 0.3%,输入速度不宜过快,先输 2/3 量,另 1/3 量可视具体情况续给;口服时以饮水方式给药。

心力极度衰竭时,既不宜大量快速输液,少量慢速输液又不能及时补足循环容量,此时可施腹腔补液,或用 1% 温盐水灌肠。

如有条件可输全血或血浆、血清。

(6)维护心脏功能 可应用西地兰、毒毛旋花子苷 K 等强心药物进行治疗。

(7)护理 搞好畜舍卫生,病情严重的犬猫先禁食禁水,通过静脉注射补充营养,病情好转可以开始采食时给予易消化的食物和清洁饮水,然后转为正常饲养。

5. 分析与讨论

(1)脱水量的估计及补充 临床上估计犬猫脱水量主要从精神状态、皮肤弹性、黏膜干燥、眼窝下陷等情况和毛细血管再充盈的时间等来判断,见表 6-1。

表 6-1 犬猫脱水程度的临床判断

脱水程度	体重减少 /%	精神状态	皮肤弹性实验 持续时间/s	口腔 黏膜	眼窝 下陷	毛细血管再 充盈时间/s	每千克体重 补液量/mL
轻度	5~8	稍差	2~4	轻度干涩	不明显	稍增长	30~50
中度	8~10	差 喜卧少动	6~10	干涩	轻微	增长	50~80
重度	10~12	极差 不能站	20~45	极干涩	明显	超过3	80~120

确定脱水量后,应在 4~6 h 内,通过饮喂、静脉输液、灌肠等方式补液。静脉补液速度,开始大型犬 90 滴/min,猫和小型犬 50 滴/min,等症状改善后,速度减半输注。若体液继续丢失,采取丢多少补多少,以犬猫每天每千克体重需 60 mL 水分的原则补充。为防止内毒素血症,严重胃肠炎静脉输液时,液体里可加入地塞米松每千克体重 0.5~1.0 mg,1~2 次/d。

(2)丢失电解质的补充　　胃肠炎引起的呕吐和腹泻,主要丢失的电解质是钠、氯和钾。补充钠和氯最好用等渗的林格氏液和生理盐水,补充钾可在每升等渗液里加入 $0.7\sim1.5$ g($10\sim20$ μmol/L)氯化钾。也可用口服补液盐来补充钠、钾和氯,方法为口服或灌肠。

注意:肾功能正常、能排尿的犬猫才能补钾。

(3)纠正酸碱平衡失调　　严重呕吐引起代谢性碱中毒,并有低钾血、低氯血和低钠血者,用加入氯化钾的生理盐水治疗较好。严重腹泻常引起代谢性酸中毒,除补充液体外,需补充碳酸氢钠或乳酸钠。对腹泻所致酸中毒,建议每千克体重给 5% $NaHCO_3$ 溶液 $1\sim3$ mL,或 11.2%乳酸钠溶液 $0.5\sim1.5$ mL,先静脉输入 1/3 量,另 2/3 量缓慢输入。

(4)急性胃肠炎　　需减少饮食,甚至绝食 $12\sim48$ h。呕吐和腹泻停止后,可给少量易消化吸收的食物,如米汤、酸奶、羔羊肉等,$3\sim6$ 次/d,$2\sim3$ d 后才给予正常饮食。

四、作业与思考题

1. 以呕吐为主症的胃肠炎和以腹泻为主症的胃肠炎在纠正酸碱平衡时应分别考虑用何种药物?

2. 胃肠炎患畜在什么情况下用缓泻剂?什么情况下用止泻剂?

3. 将自己参与诊疗的病例总结归纳,写一篇病例分析报告。

实验二　　山羊瘤胃酸中毒的病例复制与诊疗

一、实验目的与要求

1. 通过山羊过食玉米面中毒病例模型的复制,掌握山羊过食玉米面导致发病的原因及机理。

2. 掌握山羊过食玉米面中毒的临床表现。

3. 掌握山羊过食玉米面中毒的诊断要点及相关检验方法。

4. 掌握山羊过食玉米面中毒的治疗原则及措施。

5. 掌握山羊过食玉米面中毒的预防要点。

二、实验器材

1. 器械　　全自动生化分析仪,血气分析仪,尿常规检测仪,光学显微镜,离心机。

2. 材料

实验动物:山羊,一组一只,$5\sim8$ 个人一组。

其他材料:由学生查阅资料后向指导教师上报所需实验器材,教师组织讨论后确定(为配合本课程的以学生为主、教师为辅的"PBL"教学法,促使学生主动查阅资料设计实验,因而不写实验器材、诊断、治疗等内容)。

三、实验内容与方法

(一)实验前准备

1. 提前布置任务

实验前2周布置山羊瘤胃酸中毒疾病造模及诊疗的任务,并让班长组织同学分组,每组5~8人,要求各组学生在组长组织下分工合作查阅资料,组长组织讨论后写出实验方案(包括造模方法、诊断方法、治疗措施),实习前一周发给教师,教师批阅后根据各组写作情况反馈回去,指导学生进一步查漏补缺,完善实验方案。教师布置任务时把思考题发给学生,引导学生查阅资料时注意哪些细节,如:

(1)玉米面为何会导致山羊瘤胃酸中毒?

(2)查阅资料写出用多大剂量的玉米面既能造出典型瘤胃酸中毒的症状又不会导致羊迅速死亡。

(3)山羊可能在投服玉米面后多久发病?最急性死亡可能在食后多久发生?写出可能发生的临床症状(分类写,如神经症状、脱水症状、消化系统症状、休克症状等)。什么症状出现会危及生命?应该在什么时候采取治疗措施?

(4)出现哪些症状说明是瘤胃酸中毒?采用哪些诊断方法,需要什么仪器设备和材料?如何确诊?写出诊断方法及实验所用器材和步骤,要具体到每一件器材(比如听诊器、真空采血管等)的数量。

(5)瘤胃酸中毒后机体发生哪些病理变化?对动物有什么危害?动物可能因何死亡?

(6)写出可能出现的症状及相应的治疗方案。列出可能需要的药物及数量,要求在查畜禽药物手册基础上写,不能凭空随便写。病情可能如何变化?如何根据可能出现的情况调整治疗方案。要细化到:

需要什么药品和器材?如何计算所需补液量?如何根据 HCO_3^- 或 CO_2CP 的检测值确定 5% $NaHCO_3$ 静脉注射量?如何根据所测血钾的值计算补钾量?补钾要配成多大的浓度?钙和钾输液速度应该如何控制?

(7)如何护理?投服玉米面后头两天是否饲喂?怎样饲喂?

(8)如果山羊死亡,尸体解剖注重观察哪些器官?需要什么解剖器材?

(9)每一组试验期为1周,请大家分工保证每天有人观察、护理和喂羊,投服玉米面后即要密切观察山羊表现,一旦发病立即通知全组人员前来讨论、诊治。

2. 讨论并确定实验方案

实验第一天上午,先由教师组织学生分组讨论各组的实验方案,确定方案后正式实施,各组每位同学的实验方案和全组汇总讨论后的实验方案电子档上交教师,作为考核依据。要求各组在第一天上午分别提交:

(1)实验方案(造病方法、临床症状、诊断和治疗方法),其中实验室检查项目要逐项写出详细的实验步骤和所需物品。

(2)实习(造病、诊断、治疗全过程)所需物品的名称、规格、数量及用途。

3. 任务分工

各组组长负责组员分工,将实习1周中每天各个时间段值日学生的名单打印出来,要求学生值日时认真观察患羊的临床症状,进行必要的检查和治疗,并详细记录到组里共用的记录本上,然后在记录本和签到表上签字,实习结束由组长将记录本和签到表上交教师。投服玉米面后头三天晚上要求每组有两位男生值夜班,看护病羊,晚上不可安排女生。

4. 准备实验材料和动物

教师应当在实验前根据实验所需准备好所有仪器设备和器材,各组同学实验第一天上午讨论方案时提出各自所需实验材料,由教师审核后分组领取。每组用 1 只山羊作瘤胃酸中毒疾病造模及诊疗实验,若条件许可,可增加实验动物,进行多个不同剂量的玉米面中毒的病例复制。动物分组后编号、称体重,由各组负责饲养和护理。

5. 投服谷类前山羊的体格检查

学生根据教师组织讨论后确定的实验方案设计投服谷类前后体格检查的项目,并在表6-2 的基础上根据本组的实验设计完善检查内容,重新设计表格,投服玉米面前根据表格中设计的内容进行山羊体格检查并填表,投服玉米面后每天都要求值日生进行基本的检查并将检查结果填写到表格中,实习结束后上交作为评分依据。

表 6-2 山羊瘤胃酸中毒体格检查记录表

项 目		投服前体格检查			投服后体格检查		
		1	2	3	1	2	3
体重/kg							
体温/℃							
呼吸数/(次/min)							
脉搏数/(次/min)							
精神状况、体格营养							
可视黏膜色泽							
脱水指标(鼻汗、眼球凹陷、皮肤弹性)							
一般消化功能(饮食欲、反刍)							
排粪及粪便感官检查,粪便 pH							
瘤胃检查							
循环系统检查							
泌尿系统检查,尿液 pH							
其他							
实验室检查	瘤胃液	pH					
		纤毛虫数量					
		纤毛虫活力					
	血液	PCV					
		pH					
		碱储					
	其他						

(二)病理模型复制

近几年教学实践表明用生玉米面能够成功造出山羊瘤胃酸中毒的疾病模型,且按照每千克体重 40~60 g 投服玉米面比较理想,可以根据动物大小及健康状况确定投服剂玉米面的剂量。要求学生提前写出胃管投服的具体步骤,并在投服玉米面之前先练习投胃管,确保正式实验时不会将玉米面投入气管造成事故,造模时可以由动物自由采食玉米面;亦可用胃管投服,造模用胃管投服玉米面时教师一定要在现场,确保不会误投。灌服玉米面时间应当选在晚上7~9点。投服玉米面后根据可能出现的症状,预先领出药品、输液器、针头、注射器、胶带、听诊器、温度计、手电筒和 pH 试纸等必备的检查和治疗用品,以备夜间山羊发病时使用,夜间每组留两名男生值日,随时观察山羊的症状和粪尿情况。

(三)诊断

投服玉米面后记录投服时间,随后各组密切观察动物的临床表现并做记录,一旦山羊出现瘤胃酸中毒症状,立刻召集全组同学一起实施诊断。各组记录山羊开始发病的时间、症状、检查的项目和结果。

(四)治疗

1. 治疗方案

由学生查阅资料、教师组织讨论后确定治疗总原则,各组在治疗过程中根据患羊的具体病情确定治疗措施和用药方法。输液时注意配伍禁忌,要查配伍禁忌表后再确定药物配伍。

2. 治疗要求

(1)在观察动物出现中毒表现后,由学生讨论后写出治疗处方,经教师确认后领取药品实施治疗,每次以处方领取药品,并由领取的同学签字,写上日期,将处方交给负责领药品的人。

(2)各组记录开始治疗的时间,并逐日记录山羊的临床症状、用药情况及治疗效果,必要时拍摄临床表现、病理变化和粪便等照片。

(五)病例分析

实习结束后各组将山羊的造模、临床症状、诊断和治疗及转归全过程进行总结,写出山羊瘤胃酸中毒病例分析报告并制作 PPT,教师组织学生集中分析讨论各组病例。由组长汇报本组的病例分析报告(以 PPT 形式),组员补充,同学和老师可以就相关问题提问,由教师点评并总结,讨论结束后上交各组病例分析报告及 PPT。

四、上交实习考核资料

各组共同上交的:实验方案、值日和签到表、山羊瘤胃酸中毒体格检查记录表(表 6-2)、实习记录(从造模到诊断及治疗,实习全过程详细记录,每组一份,由值日生值班时填写)、病例分析报告。

每位同学上交:实验方案,动物疾病诊疗课程实习问卷调查表(表 6-3)。

表 6-3 动物疾病诊疗课程实习问卷调查表

被调查人	姓名	性别	年级	工作意向
实习内容	单调( );丰富( )			
一周实习时间	较长( );不够( );适中( )			
实习中涉及的知识面	广泛( );窄小( );一般( )			
所查阅的书籍和网址有哪些?(主要通过哪些手段来查找实习课所需知识?)	网络( );教科书( );相关杂志( )			
这种教学模式(学生查找资料→分组讨论→教师总结)能否起到锻炼学生独立分析和解决问题能力?	能( );不能( )			
这种教学模式能否培养学生的动手能力?	能( );不能( )			
这种教学模式能否使学生主动阅读能力得到培养?	能( );不能( ) 建议:			
本次实习是否达到了培养学生自我学习能力的目的?	是( );否( )			
现在这种考核方式是否合理?(每位学生提出的实习计划、考勤、实习中表现、面试成绩、实习日志五方面的综合)	合理( );不合理( );一般( )			
如何考核才能准确反映学生实习的真实情况?				
如何分组才能更好调动所有学生积极性?				
怎样才能让所有学生都参与到每一步诊疗中?				
实习是否有助于培养学生合作和团队精神?	是( );否( )			
您对学生在实习中分工合作有何更好的建议?				
投服玉米面后几小时换一次班较合理?				
您认为提前多少天时间查阅资料制定计划比较合适?				
应该提前多久安排讨论?				
您在本次实习中有何收获和教训?	收获: 教训:			
您对本次实习有何看法、体会和建议?				
每千克体重灌服玉米面的剂量及几小时后羊发病?您认为剂量是否合适?				
您觉得老师怎样分工实习效果更好?				
让学生自己写实验方案和步骤有何收获和教训?	收获: 教训:			
实习前和期间应该由教师组织讨论几次?什么方式讨论?讨论时间?				
实验物品分到小组后怎样管理可以确保物品不会混淆、丢失及损坏?				
关于本课程实习您认为采用什么样的教学方式效果更好?				

实验三　肺炎的诊断与治疗

一、实验目的与要求

1. 了解肺炎的分类,熟悉各类肺炎的临床表现。
2. 掌握肺炎诊断要点、各类肺炎的鉴别诊断。
3. 掌握各类肺炎的治疗原则和治疗要点。

二、实验器材

1. 器械　生化培养箱、净化工作台、X射线诊断仪、生物显微镜、气管插管、体温计、听诊器、培养皿、培养基、酒精灯和载玻片。

2. 材料　肺炎病例(最好有不同病原引起的肺炎及不同类型的肺炎)、肺炎球菌菌种、山羊(兔或犬)、医用X光胶片和药敏纸片。

三、实验内容与方法

(一)病例模型复制

1. 诱病前的检查

检查记录试验动物的精神状态、体温、呼吸、心跳、胸部叩诊和听诊音、血常规及胸部正位和侧位X射线摄片结果。

2. 病例模型复制方法

(1)细菌性肺炎病例模型复制　在犬颈部腹侧上1/3处剪毛消毒后,用注射器抽取肺炎球菌菌液2.5 mL缓慢注入试验动物气管内,注射速度以保证不发生咳嗽为准。观察动物的临床表现。

(2)吸入性肺炎病例模型复制　经口将气管插管插入试验动物气管内,然后经插管向肺内注入一定量的液体或粉尘。观察动物的临床表现。

(二)诊断

1. 自然患病病例的病史调查

(1)动物品种,年龄,饮食变化情况。

(2)饲养管理情况及环境条件。

(3)散发还是群发,发病日期,发病缓急,主要症状。

(4)热度及热型。

(5)已采取的治疗措施及治疗效果。

(6)既往健康状况,有无类似病史,有无慢性呼吸系统疾病(肺结核)、心血管疾病及代谢性疾病(如糖尿病)等病史。

2. 临床检查要点

(1)测定体温。

(2)观察动物精神状态,可视黏膜颜色,有无呼吸困难及呼吸困难的程度,呼吸方式,观察有无咳嗽、咳痰,注意痰的量、性状及气味,进行人工诱咳。

(3)听诊呼吸音,听诊心音、心率、心内杂音及心包摩擦音。

(4)叩诊胸部有无出现浊音或鼓音,有无胸杂音变化。

(5)触诊颈部浅淋巴结,颈静脉;触诊腹部有无压痛,肝、脾肿大情况。

3. 实验室检验

(1)血常规检验　用血细胞计数仪进行血常规检验,具体操作参照本书相关内容。

(2)胸部的侧位和正位 X 线摄片　具体操作参照本书相关内容。

(3)痰抹片和痰液的培养及细菌学检查　具体操作参照本书《预防兽医学分册》相关部分内容。

(三)治疗

1. 抑菌消炎

根据药敏实验或临床经验选择相应的抗生素种类。

细菌性肺炎一般用青霉素 G、氨苄西林钠、头孢类、红霉素、林可霉素、氨基糖苷类药物。肺炎球菌性肺炎一般用青霉素 G,亦可选用头孢唑啉等药物注射或内服。病毒性肺炎可用金刚烷胺、病毒唑、阿昔洛韦、干扰素等常用抗病毒药物进行治疗,犬瘟热引起的肺炎还应该用犬瘟热单抗或血清,也可选用鱼腥草、清开灵和双黄连等中药制剂治疗病毒性肺炎。支原体肺炎常用红霉素,亦可选用罗红霉素。真菌性肺炎可选择两性霉素 B、咪康唑、酮康唑、氟康唑、伊曲康唑等药物治疗。吸入性肺炎,吸入病原微生物者主要治疗方法是针对病原微生物使用抗生素。上述药物的用量用法参见药物手册。

2. 对症治疗

(1)降温　对体温升高的病例应注射或口服安乃近或其他解热镇痛药以保持正常体温。对于体温过高时,可通过四肢内侧涂擦酒精或直肠内注入冷水等方法进行物理降温。

(2)祛痰止咳　痰稠不易咳出时,可灌服氯化铵或氨溴索,每日 3 次;干咳无痰者可用复方甘草片或咳必清,每日 3 次。也可选用其他中药或西药制剂。

(3)呼吸困难　如严重呼吸困难可输氧。

(四)实验的组织与实施

1. 对于人工发病的病例

指导教师可组织学生讨论并决定检查项目、治疗方案,要求学生记录每天的处理措施和检查结果,并组织学生对每天的病情发展、治疗效果及治疗方案的修正进行讨论。

2. 对于兽医院接诊的病例

可由实习指导教师问诊并进行相应的检查,学生记录问诊及检查结果,然后组织学生根据检查结果分析讨论肺炎的类型、可能的病原微生物,制订相应的治疗方案,并由指导教师点评和确定治疗方案。整个治疗结束后,组织学生根据病例记录分析治疗成败的可能原因。

四、作业与思考题

1. 肺炎主要有哪些类型？试述各种类型肺炎的主要临床特点。
2. 详细记录试验动物人工诱病前后各项检查结果及治疗过程，并写出病例报告。

实验四　山羊流产模型的病例复制与诊疗

一、实验目的与要求

1. 了解引起母畜流产的常见病因，熟悉母畜流产的各种预兆。
2. 掌握先兆性流产的诊断要点和鉴别诊断。
3. 掌握先兆性流产的治疗原则及方法。

二、实验器材

1. 器械　B型超声波诊断仪、酶标仪或 γ-放免计数器、体温计、听诊器。
2. 材料　怀孕中后期的山羊，一组一只，5~8个人一组，耦合剂、孕酮放射免疫测定试剂盒/孕酮 ELISA 试剂盒、雌二醇放射免疫试剂盒/雌二醇 ELISA 试剂盒。

三、实验内容与方法

(一)实验前准备

1. 提前布置任务

实验前 2 周布置山羊流产疾病造模及诊疗的任务，并让班长组织同学分组，每组 5~8 人，要求各组学生在组长组织下分工合作查阅资料，并多次讨论后写出实验方案(包括造模方法、诊断方法、治疗措施)，实习前一周教师收集并批阅实验方案，根据各组写作情况指导学生进一步查阅相关文献，完善实验方案。教师布置任务时把思考题发给学生，引导学生查阅资料时注意哪些细节，如：

(1)查阅资料写出山羊妊娠诊断的方法，并详细写出相关化验的实验操作步骤及所需物品。

(2)可引起动物流产的因素有哪些？雌激素、地塞米松和人工授精诱发山羊流产的机理分别是什么？

(3)先兆性流产的诊断要点和鉴别诊断有哪些？

(4)先兆性流产的治疗原则是什么？

(5)雌激素、地塞米松和人工授精 3 种方式诱发的流产保胎治疗方法是否一样？

(6)人工引产的方法有哪些？需要什么器械？

(7)如果山羊发生乳房炎,应当如何治疗?

(8)在处理山羊流产时,兽医人员应当做好怎样的防护措施?

2. 讨论并确定实验方案

实验第一天上午,先由教师组织学生分组讨论各组的实验方案,确定方案后正式实施,各组每位同学的实验方案和全组汇总讨论后的实验总方案电子档上交教师,作为考核依据。要求各组在第一天上午分别提交:

(1)实验方案(个人和全组的),实验室检查项目要求逐项写出详细实验步骤和所需物品。

(2)实习(造病、诊断、治疗全过程)所需物品的名称、规格、数量及用途。

3. 任务分工

各组组长负责组员分工,将实习一周中每天各个时间段负责值日学生的名单打印出来,要求学生值日时认真观察患羊临床症状,进行必要的检查和治疗,并详细记录到组里共用的记录本上,然后在记录本和签到表上签字,实习结束将记录本和签到表上交教师。流产造模后头三天晚上要求每组有两位男生值夜班,看护病羊,晚上不可安排女生。

4. 准备实验材料和动物

教师应当在实验前根据实验所需准备好所有仪器设备和器材,各组同学实验第一天上午讨论方案时提出各自所需实验材料,由教师审核后分组领取。每组用 1 只怀孕母山羊作流产疾病造模及诊疗实验。动物分组后编号、称体重,由各组负责饲养和护理。

5. 诱病前的检查

对母羊进行妊娠诊断。

(1)发病前采集母羊血清以备作为对照检测发病前后血浆雌二醇和孕酮水平的变化,各组在各自保存血清的试管上标明组号及采集日期,统一保存到−20℃冰箱中,待与发病后采集的血清一起检测激素水平。

(2)检查受试母羊的呼吸、心跳、体温,观察母羊腹部胎动情况。

(3)利用 B 型超声波诊断仪检测胎羊大小、心跳、胎动及母羊的黄体发育情况并保存图片。诱病后要求值日生将每次的检查结果填写到表格中,实习结束后上交作为评分依据。

(二)病例模型复制

妊娠母羊分别采用 3 种不同的方法进行诱病。

1. 雌激素诱发病例

于实验前 2 天给试验母羊肌肉注射己烯雌酚 2.5～5.0 mg,本实验主要模拟动物采食过量含植物性雌激素(如红三叶草、苜蓿等)或不当使用催情药物所致流产。

2. 地塞米松诱发病例

于实验前 2～5 d 给受试母羊肌肉注射地塞米松 20 mg,本实验主要模拟医疗失误引起的流产。

3. 人工授精诱发病例

于实验前 1～2 d 给受试母羊进行人工授精,模拟生产上误配引起的流产。

(三)诊断

1. 发病情况调查

可导致流产的因素包括流行性因素(包括传染病和寄生虫病)和非流行性因素(包括胎儿

胎膜与胎盘异常、内分泌异常、较严重的内科疾病、饲养管理不当、医疗失误等因素)。请各组同学根据查阅资料后所列出的流产调查项目逐项调查。

2. 临床检查要点

(1)常规检查　请各组同学查阅资料,写出常规检查内容及方法。

(2)超声波诊断　①检查母体子宫与胎儿大小是否与相应怀孕月份相符。②检查胎儿心跳、胎动情况,以判断胎儿的死活。③检查胎儿、胎膜是否存在发育异常及胎水量是否异常,以判定可能病因及决定保胎与否。④检查母体的黄体发育情况,看是否存在黄体发育不全或黄体退化现象。

(3)内分泌学检查　利用放射免疫分析法(radio-Immunity assay,RIA)或酶联免疫分析法(enzyme-linked immunosorbant assay,ELISA)测定患畜血浆雌激素及孕激素水平,具体方法参见所购试剂盒的说明书。要求学生提前准备采集血清物品,并写出采集血清方法及保存条件。各组同学采集血清后在保存血清的试管上注明组别和日期,交给教师与造模前采集的血清一起检测激素水平。

(四)治疗

1. 治疗原则

对于先兆性流产,要根据不同的病因、病情采用不同的治疗方案,基本原则是能保就保,否则就要促使胎儿排出。

2. 治疗要点

(1)确定保胎还是引产　根据胎儿是否存活,确定是保胎还是进行人工引产。

(2)保胎　针对各种诱发引产的方法查阅资料写出保胎措施、药物用法及用量。为何严禁产道检查? 如果母畜出现腹痛不安时,是否使用镇静剂?

(3)人工引产　查阅资料确定什么情况下要进行人工引产? 人工引产常用的方法有哪些? 药物要细化到用药方法及剂量。

(4)消除引起流产的诱因,治疗原发病　当流产是由流行性因素(如布氏杆菌病、细小病毒病、钩端螺旋体病、锥虫病或弓形虫病等)或重剧普通病或食物中毒(如亚硝酸盐中毒、有机磷中毒等)引起的,则应同时治疗相应的原发病,具体参照《预防兽医学实验》和《临床兽医学实验》相关部分内容或相关书籍。

(五)实验的组织与实施

山羊流产病例复制与诊疗,整个过程以学生为主,以教师为辅,由学生提前 2 周查阅资料设计实验方案,从造模、诊断及治疗全过程均由学生负责,教师只起组织、引导、纠正的作用。要求学生全程记录实验动物诱病前后每天的体温、呼吸、心跳,造模前及发病后血浆雌激素及孕酮水平变化,观察记录母畜何时出现腹痛表现、胎动现象、胎儿心跳、母畜黄体变化,阴道是否出现流血等情况。一旦出现流产预兆时,各组学生根据各自制定的方案予以诊治,然后记录每天的处理措施和病情发展。

四、作业与思考题

1. 详细记录山羊流产病例的造模、发病及治疗过程,写出病例分析报告。

2. 仔细比较不同方法诱发的先兆性流产在发病前后不同时间段母羊的黄体、血浆雌激素和孕激素水平的变化有哪些异同,并做出解释。

实验五　子宫内膜炎的诊断与治疗

一、实验目的与要求

掌握母畜子宫内膜炎的基本诊断方法及常用的治疗方法。

二、实验器材

1. 器械　长臂手套、胶靴、毛巾、大家畜子宫冲洗器、医用双腔气囊导尿管、注射器、消毒常规手术器械;试管、试管夹、酒精灯、载玻片、胶头滴管等。

2. 材料　健康母畜(牛、犬/猫)及子宫内膜炎患畜(牛、犬/猫)各若干头/只,4% NaOH、5% AgNO₃、新采集的动物精液、高锰酸钾、肥皂、液体石蜡、抗生素等。

三、实验内容与方法

(一)牛子宫内膜炎的诊断与治疗

1. 诊断

(1)临床检查

①问诊　急性子宫内膜炎一般发生于产后早期,此时需要了解母牛的分娩过程、助产情况、恶露排出情况(包括排出持续时间、排出量、颜色、气味)及已采取的处理方法和效果。慢性及隐性子宫内膜炎一般发生于产后晚期及空怀期,此时主要了解母牛发情情况(包括发情周期、发情持续时间是否正常、发情表现强度、发情时阴道流出的黏液是否浑浊、黏性如何、排出量是否正常)、配种情况(包括是人工授精还是本交? 配种人员的技术水平如何? 是否出现屡配不孕? 配种后多久返情等?)及是否发生过可能引起子宫炎症的疾病等。

②阴道检查　具体方法参见教科书有关内容。

③直肠检查　具体方法参见教科书有关内容。

④子宫冲洗回流液的检查　该法对隐性子宫内膜炎的诊断具有决定意义。具体方法参见"子宫冲洗法"部分。观察子宫回流液是否清亮,有无浓汁、絮状物或经静置后是否有沉淀等并作出判断(表 6-4)。另外,子宫回流液经镜检可见脱落的子宫内膜上皮细胞、白细胞或脓球。

表 6-4　不同炎性子宫内膜炎子宫回流液的状态

炎症性质	隐性炎症	卡他性炎症	卡他脓性炎症	化脓性炎症
子宫回流液	静置后有沉淀,偶见蛋白样或絮状物浮游	略浑浊,似清鼻液或淘米水	浑浊,似面汤或米汤,夹杂小脓块或絮状物	浑浊,似稀面糊,有的是黄色脓液

(2)实验室诊断

①情期阴道分泌物的化学检查　向试管中加入 2 mL 4% NaOH 溶液,再加入等量阴道分泌物,在酒精灯上煮沸后,冷却,观察溶液颜色,无色者为阴性,呈黄色或柠檬色者为阳性。

②阴道分泌物的生物学检查　在加温的载玻片上分别滴两滴精液,一滴加被检分泌物,另一滴作对照,镜检精子的活动情况,精子很快死亡或被凝集者为阳性。

③尿液化学检查　取被检牛尿液 2 mL,加入到装有 1 mL 5% AgNO₃试管中,酒精灯上煮沸 2 min,形成黑色沉淀者为阳性,褐色或淡褐色的为阴性。

2. 治疗

(1)子宫冲洗法　常用的子宫冲洗液有 0.1%高锰酸钾溶液或雷夫奴尔溶液,0.02%的新洁尔灭,3%～5%的高渗盐水等。

①方法　冲洗前,先用消毒液清洗母牛外阴部及周围皮肤,然后按直肠检查的术式,一只手隔着直肠壁把握子宫颈,另一只手将子宫冲洗器的导管经子宫颈插入到子宫角内。冲洗时,以伸入直肠内的手感觉进入子宫内的药液量,当感觉子宫内快充满药液时(依子宫大小不同而异,一般在 50～200 mL 为宜),停止注入,用手轻轻按摩子宫,促使药液排出。待注入的药液排空后,再重新注入新的药液,直到排出的药液清亮为止。

母牛发情时是冲洗子宫的最好时刻,此时子宫颈口开张。在非发情期时,可先注射雌激素,一般注射后 6～12 h 子宫颈口即逐渐开张。子宫积水或蓄脓的患牛常伴有持久黄体,此时需先注射前列腺素溶解黄体。

②注意事项　当母牛由于产后感染出现全身症状时,禁止冲洗子宫,以防炎症扩散;每次注入的药液量不宜过多,以免使药液经输卵管流向腹腔;冲洗子宫后,务将药液尽可能排净。

(2)子宫内投放药物

①药物　常用青霉素、土霉素、氯霉素及氨基糖苷类抗生素或呋喃类药物。近年来,国内又开发出多种中药子宫灌注剂用于子宫内膜炎的治疗。

②方法　当子宫颈口尚未完全关闭时,可直接将抗菌药物投入子宫,或用少量生理盐水溶解用导管注入子宫内。也有用植物油或矿物油将广谱抗菌药物做成悬液,以延长药物的作用时间。

③注意事项　子宫内给药的体积也应严格控制,育成牛一般不超过 20 mL,经产牛一般为 25～40 mL,以防药液经输卵管流向腹腔。

(二)犬、猫子宫内膜炎的诊断与治疗

1. 诊断

参见《兽医产科学》教材有关内容

2. 治疗

(1)子宫冲洗及给药　对于宫颈已开张的病例先将医用双腔气囊导尿管插入患畜子宫内,然后通过导气管打入适量气体,使导尿管前端出现气囊膨大,直到向外拉不动导尿管为止,此时导尿管的气泡堵住了子宫颈口。将药液通过注射管注入子宫,然后放气抽出导尿管使液体流出,反复几次直到排出透明的液体为止,最后注入抗生素溶液或油剂抗生素。

(2)全身疗法　根据具体病情,可采用静脉滴注或肌注广谱抗生素,并配合相应的对症治疗。

(3)子宫卵巢切除术　如犬、猫患慢性子宫内膜炎、子宫蓄脓症时,若非种用,可采用此法治疗,以杜绝以后复发子宫、卵巢疾病。

犬、猫子宫卵巢切除术一般行全身麻醉,在脐孔后沿腹中线作 4～10 cm 切口,按常规打开腹腔。用食指先探查并钩出一侧卵巢和子宫角,如用食指钩出有困难,可用小钝钩沿食指伸入到子宫处将其钩出,同法钩出另一侧卵巢与子宫。卵巢子宫暴露后,用止血钳夹住子宫卵巢韧带,牵拉双侧子宫角显露子宫体,分别在两侧的子宫体阔韧带上穿一条线结扎子宫角至子宫体间的阔韧带,然后将子宫阔韧带与子宫锐性分离。双重钳夹子宫体,分别结扎钳夹部位前、后方子宫体壁两侧的子宫动、静脉。最后于双钳之间切除子宫体,将子宫连同卵巢全部摘除。常规方法缝合腹壁各层组织,并打上防护绷带,以防患畜苏醒后舔咬伤口。

四、作业与思考题

1. 直肠检查时,健康牛与子宫内膜炎患牛的子宫有何差异?请记录子宫内膜炎患牛的各项检查结果。

2. 请写出做犬、猫子宫卵巢切除术的心得体会。

实验六　奶牛乳房炎的诊断与治疗

一、实验目的与要求

1. 掌握奶牛乳房炎的临床检查与治疗技术。

2. 学会奶样细菌分离培养及药敏试验,为临床选用针对性强的抗生素治疗乳房炎打下基础。

二、实验器材

1. 器械　体温计、听诊器;灭菌离心管,离心机,生物显微镜,细胞计数板,净化工作台,培养箱,恒温水浴锅;乳样检验盘,平皿,载玻片,1 mL、2 mL、5 mL 吸管,滴瓶,胶头滴管,牙签;兽用 50 mL 或 100 mL 注射器。

2. 材料

实验动物:乳房健康奶牛及急性、慢性和隐性乳房炎患牛各若干头。

试剂:0.2% 新洁尔灭、75%的酒精;甲醇、姬姆萨染色液;乳房炎诊断液、4% NaOH、6%~9% H_2O_2;生理盐水、常用抗生素;70%中性酒精;0.1 mol/L NaOH 溶液、0.5% 酚酞指示剂、中性蒸馏水。

三、实验内容与方法

(一)乳房炎的一般检查

1. 问诊

(1)了解发病日期、发病经过、采用过的防治方法及病史。

(2)了解牛场的环境卫生状况、牛体尤其是乳房卫生状况、挤奶前后对乳房的处理、挤奶方式(若为机器挤奶则需了解机器的性能、泵压、频率等技术参数;若是人工挤奶,则需了解挤奶人员的健康状况、挤奶方法是否正确及技术熟练程度)、牛群发病情况。

2. 触诊

如图 6-1 所示,触诊乳房的质地(软硬、弹性、波动),检查乳区皮肤温度,有无疼痛、结节和气肿等,触诊乳上淋巴结的大小和质地。

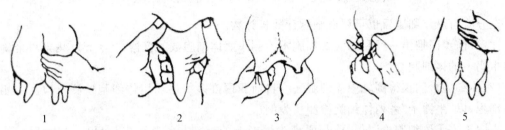

1　　　　　　　　　2　　　　　　　　3　　　　　　　　4　　　　　　　　5

图 6-1　奶牛乳房的触诊术式

1、2. 乳腺的触诊　3. 乳池的触诊　4. 乳头管的触诊　5. 乳上淋巴结的触诊

检查乳头管黏膜有无增厚或变为硬索状等异常变化,其方法是以左手轻握一乳头的下端,并使稍向下伸直,用右手的拇指及食指轻触乳头管黏膜,并与其他乳头管作对比,最后轻轻挤压各个乳区,观察排乳是否正常。

触诊要按照健康奶牛的乳房—乳房炎患牛的健康乳区—乳房炎患区的顺序进行。

3. 视诊与嗅诊

观察奶牛的乳房大小、对称性、乳房皮肤颜色、有无创伤等情况,观察牛体尤其是乳房的卫生状况、挤奶员的操作,观察乳汁的颜色、奶质(稀稠,是否含有黏液、脓汁、凝块及絮片等),嗅闻乳汁气味是否正常。

4. 全身状况的检查

急性乳房炎常伴有体温升高、脉搏增速、精神沉郁、食欲下降等症状,注意对这些指标的检查。

(二)乳房炎的实验室检查法

1. 乳样采集

先用温水洗涤乳房,继用 0.2% 新洁尔灭擦拭,再用 75% 的酒精棉球消毒乳头。每个乳头弃去头 2~3 把奶汁,然后以无菌操作方式在每个乳区收集 20 mL 奶样,各乳区的奶样分开放置并标明牛号、乳区及日期后送实验室检查。

2. 乳中细胞检验法

(1)体细胞计数法　细胞计数法是计算每毫升乳汁中体细胞数,这是诊断隐性乳房炎的基准,也是与其他诊断方法作对照的基准。

①原理　乳房受感染后,会引起白细胞不同程度的渗出和上皮细胞的脱落,使乳中体细胞数增加。另外,初乳和干奶期的乳汁中,细胞数也会显著增加。

②方法　将所采集的奶样摇匀,吸取中部乳汁 1 mL 加入 10 mL 刻度离心管,再加入适量生理盐水,1 500 r/min 离心 10~15 min,弃去脂肪层并吸出上层液,而后向离心管加入生理盐水,使其恢复为 1 mL,充分吹打以悬浮细胞。吸取中部悬液 0.01 mL,在载玻片上涂成 1 cm² 范围,待其自然干燥,再经甲醇固定干燥,用姬姆萨染色液染色后,水洗,10×目镜及 100×物

镜下观察,视野直径要求为 0.16 mm,计数 100 个视野内的细胞数,然后计算平均每个视野中的细胞数。

$$视野面积=3.14×(0.016/2)^2=0.000\ 2\ cm^2$$
$$显微镜系数=(1/0.000\ 2)×100=500\ 000$$
$$细胞数/mL\ 乳=系数×平均\ 1\ 个视野的细胞数$$

充分吹打悬浮细胞后也可用血细胞计数板计数。

注:目前美国推出一种利用流式细胞术检测牛奶体细胞数的仪器,在 1 min 内即可准确地检出牛奶中的体细胞数。

(2)体细胞检测仪检测乳中体细胞法　目前我国许多奶牛场用体细胞检测仪检测牛奶中的体细胞,以"牛博士"系列体细胞检测仪为例。

牛博士®-Ⅰ体细胞检测仪:检测原理为试纸上的试剂与细胞酶发生反应,这种反应能让试纸颜色发生变化,特定细胞的数量越多,颜色越深;将试纸与比色卡对照即可得出定性的测量结果,在测定仪中能读出更精确的体细胞数量。其优点为现场实施,随时随地检测,操作简单,数据准确,价格经济。

牛博士®-Ⅱ体细胞检测仪和牛博士®-Ⅲ体细胞检测仪:检测原理为采用荧光染色显微技术,通过图像分析程序计算染色微粒的数目来表示样品中的体细胞数目,其使用的耗材为一次性的芯片,减少样品交叉污染。这两种仪器检测成本低,牛博士®-Ⅱ体细胞检测仪操作简便,携带方便,可在牧场现场实施;牛博士®-Ⅲ体细胞检测仪操作简单,结果精确,亦适用于其他动物细胞数量检测。

具体操作步骤参见说明书。

(3)加利福尼亚乳房炎检测法(CMT 法)

①实验原理　乳汁中的体细胞在表面活性物质和碱性物质作用下,脂类物质被乳化,细胞被破坏而释放出 DNA,在这两者作用下,使乳汁产生沉淀或形成凝块。根据形成凝块或沉淀的多少,间接判定乳中细胞数的范围。

②试剂　CMT 乳房炎诊断液的主要成分是烃基或烷基硫酸盐 30～50 g,溴甲酚紫(B.C.P.)0.1 g,蒸馏水 1 000 mL,其中溴甲酚紫是乳汁 pH 的指示剂,以颜色的变化指示不同的 pH 值,便于临床判定。

目前,我国兰州、上海、杭州、北京等地也根据同样原理开发出了各自的乳房炎诊断试剂,分别命名为 LMT、SMT、HMT 和 BMT。

③方法　将 4 个乳区的乳汁分别挤到检验盘的 4 个皿中,将检验盘倾斜 60°,流出多余的乳汁,加等量诊断液,随即平持检验盘回转摇动,使试剂与乳汁充分混合,10 s 后观察结果。判定标准见表 6-5。

④注意　由于在乳池中,体细胞会向乳池底部沉降,使最初挤出的乳汁中体细胞密度高于乳中体细胞的平均密度,因此,在采取待检乳样时,要弃去前两把乳。本法适用于定期普查隐性乳房炎,不适于检测初乳期及泌乳末期的乳样。

(4)苛性钠凝乳检测法

①试剂　4% NaOH 溶液。

②方法　先加 5 滴待检乳于载玻片上,再滴加 2 滴试剂,用牙签迅速将其扩展为直径

2.5 cm 的圆形,并搅动 20 s 观察凝乳情况。判定标准见表 6-6。

表 6-5　CMT 法判定标准

乳汁反应	估计细胞数/(万/mL)	嗜中性细胞/%	判定
无变化,不出现凝块	0～2	0～25	阴性－
有微量沉淀,但不久即消失	15～50	30～40	可疑±
部分形成凝胶状	40～150	40～60	弱阳性＋
全部形成凝胶状,回转搅动时凝块向中央集中,停止搅动则凝块黏附于皿底	80～500	60～70	阳性＋＋
全部形成凝胶状,回转搅动时凝块向中央集中,停止搅动时仍保持原样,并附着于皿底	>500	70～80	强阳性＋＋＋
由于乳糖分解,乳汁变黄	—	—	酸性乳(pH<2.5)
乳汁呈黄紫色,为接近干奶期,感染乳房炎,泌乳量降低时的现象			碱性乳

表 6-6　苛性钠凝乳检测法判定标准

乳汁反应	估计细胞数/(万/mL)	判定
无变化,不出现凝乳反应	<50	阴性－
形成细微凝块	50～100	可疑±
出现较大凝块,乳汁略显透明	100～200	弱阳性＋
出现大凝块,用牙签搅动时形成丝状凝结物,乳汁呈水样透明	>200	阳性＋＋
出现白色的大凝块,有时全部凝成一大块,乳汁完全透明	500～600	强阳性＋＋＋

③注意事项　利用此法检测乳样时,须将载玻片置于黑色衬垫物上;如乳样事先经过冷藏保存,则需滴加 3 滴试剂。

(5)过氧化氢酶检测法

①原理　乳中白细胞含有的过氧化氢酶可以将过氧化氢(H_2O_2)分解为水和氧气,继而在液面形成气泡,根据形成气泡的大小多少可以间接判断乳中白细胞数。

②方法　将玻片置于白色衬垫物上,滴一滴待检乳于玻片上,再加一滴 6%～9% H_2O_2,混匀后静置 2 min,观察结果。判定标准见表 6-7。

表 6-7　过氧化氢酶法判定标准

乳汁反应	判定
液面中心无气泡或仅有针尖大小的气泡	正常乳－
液面中心有少量粟粒大的气泡	可疑乳
液面中心布满或有大量粟粒大的气泡	感染乳＋

③注意事项　反应须在白色背景的玻片上进行,乳样和试剂必须等量。混匀后静置 2 min 再行观察。由于 H_2O_2 化学性质不稳定,搅动、受热、强光照射、反应时间不足或过久都

会影响对结果的判定。

(三)乳中细菌的分离培养

1. 乳样的采集与运输

乳样的采集方法如前所述,每个乳区采集 2.5 mL 乳汁。将采集的样品冰上放置或装于冰预冷的保温桶中尽快送往实验室。

2. 乳汁细菌的培养与分离

(1)细菌培养　将 1 mL 乳样加入到 9 mL 42℃水浴的 15%的灭菌琼脂溶液中,迅速混匀,倾入直径 10 cm 的平皿中,待其凝固后,置 37℃培养箱培养 20 h;或在净化工作台内,用灭菌涂布棒将 200 μL 乳样涂布于灭菌的琼脂平板上,置 37℃培养箱培养 20 h。

(2)细菌分离鉴定　参照兽医微生物学实验相关内容分离鉴定琼脂平板上的菌落。

(四)分子生物学检测技术

随着分子生物学技术的开展,PCR 技术、免疫印迹技术、荧光定量 PCR 技术、基因芯片技术等均在奶牛乳房炎的诊疗中得到了应用,其中,以 PCR 技术应用最为广泛。

(五)奶牛乳房炎的治疗方法

乳房炎治疗常用中药疗法、抗生素与化学药物疗法。

中药疗法需要根据中兽医辨证施治的治疗原则,针对不同类型的乳房炎采取不同的治疗方剂,一般以内服为主,也可配合中药外敷,详见丁伯良等学者主编的《奶牛乳房炎》。常用抗生素与化学药物有:青霉素 G、氨苄西林钠、卞唑西林钠、阿莫西林、硫酸链霉素、硫酸头孢噻肟、盐酸吡利霉素、土霉素、新霉素、乳酸环丙沙星、马波沙星、磷酸替米考星、制霉菌素及磺胺类药物等。给药途径有口服、注射(肌肉注射、静脉注射、皮下注射、乳房灌注、乳房基部注射和外阴动脉注射)及皮肤给药等几种。应以静脉注射为主,同时配合肌肉注射、乳房灌注等方式给药,可迅速控制病情。

1. 乳房灌注

(1)用途　主要用于临床型乳房炎的治疗。

(2)药物　常用广谱抗生素如青霉素 G、氨苄西林钠、阿莫西林、硫酸链霉素、盐酸吡利霉素、土霉素、新霉素、硫酸头孢噻肟、乳酸环丙沙星、马波沙星、磷酸替米考星及磺胺类药物等。近年来,国内也开发了一些中药制剂用于乳房灌注。洗必泰、新洁尔灭等抑菌作用强、刺激性小的防腐消毒药也可以用于乳房灌注。

(3)方法　先挤净患病乳区内的乳汁,碘伏或酒精擦拭乳头管口及乳头,经乳头管口向乳池内插入接有胶管的灭菌乳导管,胶管的另一端接注射器(也可用已吸药的注射器连接针头的一端直接对向乳头口),将药液徐徐注入乳池内。注完后抽出导管,以手指轻轻捻动乳头管片刻,再以双手掌自下而上轻轻挤压按摩乳房,促使药液在乳区内充分扩散。

(4)注意事项　尽可能选用对乳房无刺激、在乳中无残留、对牛无副作用的药物进行乳区灌注;为使药物不被乳汁或炎性分泌物所干扰,注药前要尽量使乳房内残留的乳汁和分泌物排出,为此,可肌肉注射 10~20 IU 催产素,然后挤奶;乳区灌注抗生素时,应将抗生素溶解到 30~50 mL 生理盐水中,溶液体积太小,药液不足以分散到整个乳区,溶液体积太大,则会影响到药物的有效浓度。

2. 乳房基底封闭

（1）目的　阻断从病变部位传入中枢的不良刺激，打断由此产生的恶性循环，把不良刺激封闭在局部而有利于症状的缓解和病变的恢复。

（2）药物　0.25% 或 0.5% 的盐酸普鲁卡因，溶液中加入适量抗生素有时可提高疗效。

（3）方法　沿乳房与腹壁相交处，将针头插入乳房与腹壁之间的缝隙内（其感觉是阻力突然消失，针头可随意左右摆动），分点注射 0.25% 普鲁卡因溶液 150~200 mL。

（六）酒精阳性乳的检测

1. 试剂

70% 中性酒精。

2. 方法

将盛有新挤出乳汁的烧杯置于 20℃ 水浴锅，待温度恒定后，吸取 1 mL 乳汁于平皿内，再用另一吸管吸取等量的 70% 中性酒精与平皿内的乳汁混匀，对光观察乳汁凝集反应，1~2 min 做出判定，判断标准见表 6-8。

表 6-8　判定标准（酒精阳性乳检测）

乳汁反应	判定
无形态变化，不出现微细颗粒	阴性－
针尖大小微细颗粒	弱阳性＋
粟粒大小的絮片	阳性＋＋
高粱粒大小的絮片	中强阳性＋＋＋
豆粒大小的絮片	强阳性＋＋＋＋

3. 注意事项

（1）被检乳样以刚从奶牛乳房中挤出的乳汁为宜；送检鲜奶样必须搅拌均匀，取中间层乳检查。

（2）奶样和试剂必须降至 20℃ 方可检验。

（3）所用 70% 酒精、容器必须呈中性。

（4）奶样与试剂混匀后，观察乳汁凝集反应的时间为 1~2 min，时间过短或过长，其结果不一。

（七）牛奶酸度的检测

牛奶酸度有两种：外表酸度（也称固有酸度或潜在酸度）和真实酸度（也称发酵酸度）。外表酸度指磷酸与干酪素的酸性反应，在新鲜的牛奶约占 0.15%，另外还有 CO_2、枸杞酸、酪蛋白、白蛋白等；真实酸度是由于微生物作用于乳糖，产生乳酸所引起的，使牛奶酸度增加，因此，酸度是衡量牛奶新鲜度的重要指标。

牛奶酸度一般以滴定酸度（°T）表示。滴定酸度是指以酚酞作指示剂，中和 100 mL 牛奶中的酸所需 0.1 mol/L 氢氧化钠标准溶液的毫升数。牛奶的酸度在 18 °T 以内者，为良质新鲜牛奶；牛奶的酸度在 20 °T 以内者，为合格新鲜牛奶。所以，测定牛奶的这两个酸度点，就可知牛奶的新鲜程度。

我国现行食品卫生标准规定，供加工消毒牛奶和淡炼乳的生鲜牛奶，其酸度不能超过

18 ℃T;供加工其他乳制品的生鲜牛奶,其酸度不能超过 20 ℃T;消毒牛奶的酸度不能超过 18 ℃T。

1. 滴定法原理

用 0.1 mol/L NaOH 溶液滴定时,乳中的乳酸和 0.1 mol/L NaOH 反应,生成乳酸钠和水。当滴入乳中的 NaOH 溶液被乳酸中和后,多余的 NaOH 就使先加入乳中的酚酞变红色,因此,根据滴定时消耗的 NaOH 标准溶液就可以得到滴定酸度。

2. 方法

取 10 mL 待检乳于 200 mL 三角烧瓶内,再依次加入 20 mL 中性蒸馏水、3～5 滴 0.5%酚酞指示剂,混匀后,用 0.1 mol/L NaOH 滴定,边滴边摇瓶内液体,直到出现粉红色,并在0.5 min 内不褪色为止。所消耗的 0.1 mol/L 氢氧化钠标准溶液的毫升数乘以 10,即为滴定酸度(℃T)。

四、作业与思考题

1. CMT 法检查乳房炎的原理是什么?

2. 将利用不同方法检测的每个乳样的结果记录下来,比较不同方法所获得的结果有何不同,并写出自己的体会。

3. 乳房灌注药物应如何操作?

4. 检测酒精阳性乳时应注意哪些问题?

5. 测定牛奶酸度的意义是什么?

（李锦春）

第七章
兽医临床实例训练

兽医临床实例训练是动物医学专业理论联系实际的重要教学环节,使学生能够综合运用所学的专业理论知识,尤其是动物疾病诊断与治疗技术,直接参与临床病例的诊疗活动,具体包括建立病例记录、化验、诊断、开处方及投药技术等所有医疗活动。通过病例见习,丰富对病征的感性认知,为后期临床课程的学习奠定基础;通过参与诊疗,熟悉和掌握兽医基本操作技能;培养兽医专业学生在动物临床疾病信息的获取、分析与处理、诊断与治疗、病历书写及与畜主沟通等方面的能力。

实训一　兽医临床诊疗程序

一、实训目的与要求

1. 熟悉动物医院门诊诊疗与免疫的基本程序。
2. 了解并掌握临床病例的问诊技巧、病例记录和处方的开具方法。

二、实训内容

对参加临床实例训练的学生采用"观察—熟悉—指导—训练—评价—指导—实操训练"模式,即观察和熟悉动物医院的基本结构和各科室的功能;然后接触临床诊疗活动,在教师指导下了解并熟悉动物疾病诊疗与防疫的基本程序。

三、实训方法

(一)动物医院门诊的疾病诊疗流程

动物医院一般采用"登记挂号→建立病历→诊断室就诊→建立初步诊断→化验→开处方→

划价、缴费→处置→医嘱"的流程模式进行动物疾病的诊断及收费。

挂号:在门诊室挂号,由助理医师负责,新病例要建立病历登记,旧病例以原病历档案为准,并测量体重、体温、呼吸数等基本生理指标。

诊断室就诊建立初步诊断:由主治医师对患病动物进行系统的检查,以获得初步诊断;如需化验,需先确定相关化验项目,并告知畜主检查项目,经畜主同意后进行相关化验;根据化验结果,对病畜病情做出诊断,开处方,告知畜主相关注意事项;如不需化验,则直接开处方并划价。

化验:由助理兽医师按照主治医师确定的化验项目进行相关的化验检查。

收费:在门诊室缴费;并登记收费说明。

处置:畜主缴费后,由主治医师或主治医师指定的助理兽医师根据处方全程负责病畜处置。

医嘱:处置结束后,根据病情判断暂时留院观察或遵照医嘱离开。

(二)动物医院门诊动物免疫接种流程

动物医院采用"动物健康检查→制定免疫流程→缴费→注射疫苗→注射后观察→办理免疫证"的流程进行动物疫苗免疫接种工作。

健康检查:在疫苗注射前,由医师按照规定为动物做身体检查(体温、脉搏、呼吸数、大小便等),对健康动物进行免疫接种。

制定免疫流程:医生根据动物的年龄及疫苗种类需求,制定合理的疫苗免疫程序。

收费:根据疫苗种类收取相关费用。

注射疫苗:由主治医师或主治医师指定的助理兽医师按照规定为动物注射疫苗。

办理免疫证:根据制定的免疫程序为畜主办理免疫证,将其免疫疫苗标签贴到上面,并加盖医院联系章。标明每次免疫时间。

注射后观察:疫苗注射后需在医院观察 15~30 min,待确认正常后方可离开。

告知注意事项:由疫苗免疫人员或主治医师告知畜主疫苗免疫后的注意事项。

(三)常用兽医处方开具方法

1. 处方笺内容

兽医处方笺内容包括前记、正文、后记 3 部分,一般要符合以下标准:

(1)前记 对个体动物进行诊疗的,至少包括动物主人姓名或者动物饲养单位名称、档案号、开具日期和动物的种类、性别、体重、年(日)龄。

对群体动物进行诊疗的,至少包括饲养单位名称、档案号、开具日期和动物的种类、数量、年(日)龄。

(2)正文 包括初步诊断情况和 Rp(拉丁文 Recipe"请取"的缩写)。Rp 应当分列兽药名称、规格、数量、用法、用量等内容;对于食品动物还应当注明休药期。

(3)后记 至少包括执业兽医师签名或盖章和注册号、发药人签名或盖章。

2. 处方书写要求

兽医处方书写应当符合下列要求:

(1)动物基本信息、临床诊断情况应当填写清晰、完整,并与病历记载一致。

(2)字迹清楚,原则上不得涂改;如需修改,应当在修改处签名或盖章,并注明修改日期。

(3)兽药名称应当以兽药国家标准载明的名称为准。兽药名称简写或者缩写应当符合国内通用写法,不得自行编制兽药缩写名或者使用代号。

(4)书写兽药规格、数量、用法、用量及休药期要准确规范。

(5)兽医处方中包含兽用化学药品、生物制品、中成药,每种兽药应当另起一行。

(6)兽药剂量与数量用阿拉伯数字书写。剂量应当使用法定计量单位:质量以千克(kg)、克(g)、毫克(mg)、微克(μg)、纳克(ng)为单位;容量以升(L)、毫升(mL)为单位;有效量单位以国际单位(IU)、单位(U)为单位。

(7)片剂、丸剂、胶囊剂以及单剂量包装的散剂、颗粒剂分别以片、丸、粒、袋为单位;多剂量包装的散剂、颗粒剂以 g 或 kg 为单位;单剂量包装的溶液剂以支、瓶为单位,多剂量包装的溶液剂以 mL 或 L 为单位;软膏及乳膏剂以支、盒为单位;单剂量包装的注射剂以支、瓶为单位,多剂量包装的注射剂以 mL、L、g 或 kg 为单位,应当注明含量;兽用中药自拟方应当以剂为单位。

(8)开具处方后的空白处应当画一斜线,以示处方完毕。

(9)执业兽医师注册号可采用印刷或盖章方式填写。

3. 兽医处方笺样式

兽医处方笺规格和样式由农业部规定,从事动物诊疗活动的单位应当按照规定的规格和样式印刷兽医处方笺或者设计电子处方笺。兽医处方笺规格如下:

(1)兽医处方笺一式三联,可以使用同一种颜色纸张,也可以使用 3 种不同颜色纸张。

(2)兽医处方笺分为 2 种规格,小规格为:长 210 mm、宽 148 mm;大规格为:长 296 mm、宽 210 mm。

附:兽医处方笺样式(图 7-1)

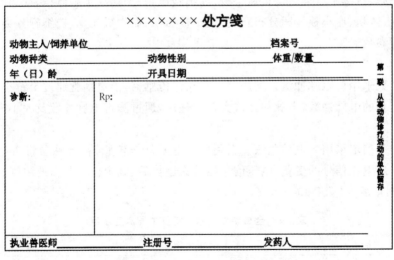

图 7-1　动物医院处方笺样本(参考)

注:"×××××××处方笺"中,"×××××××"为从事动物诊疗活动的单位名称。

四、作业与思考题

1. 简述动物医院门诊动物的疾病诊疗流程、防疫流程。

2. 简述兽医处方书写要求。

实训二　兽医临床常用仪器设备操作

一、实训目的与要求

熟悉兽医临床常用的仪器设备的用途、使用方法和注意事项。

二、实训器材

1. 器械　全自动动物血细胞分析仪、全自动生化分析仪、血气分析仪、尿液分析仪、兽用 B 型超声诊断仪、高频 X 射线机等。
2. 材料　牛、羊、犬或猫。

三、实训内容与方法

(一)全自动血细胞分析仪

血细胞分析仪是指对一定体积内血细胞数量及异质性进行分析的仪器。目前血细胞分析仪能计数红细胞、白细胞、血红蛋白、血小板、红细胞压积、平均红细胞体积、红细胞体积分布宽度、平均血小板体积、血小板体积分布宽度、血小板压积、血小板比率、白细胞分类、血红蛋白浓度分布宽度等参数。

1. 基本工作原理

血细胞计数采用变阻脉冲法。利用宝石小孔作传感器,当血细胞通过宝石小孔时,将血细胞数转换成定量的电脉冲数,电脉冲经放大及处理后,通过测定电脉冲数及大小来测定血细胞参数。

血红蛋白的测定采用光电比色法。它利用光电元件作传感器,传感器将血红蛋白浓度的变化转换成对应电压信号的变化,电压信号经放大运算后,确定血红蛋白的浓度。

2. 主要测定项目(表 7-1)

表 7-1　全自动血细胞分析仪主要测定项目

英文缩写	中文名称	单位
WBC	白细胞	$10^9/L$
LYM	淋巴细胞	$10^9/L$
MID	中间细胞	$10^9/L$
GRAN	粒细胞	$10^9/L$
LYM%	淋巴细胞百分率	%
MID%	中间细胞百分率	%
GRAN%	粒细胞百分率	%

续表 7-1

英文缩写	中文名称	单位
RBC	红细胞	$10^{12}/L$
HGB	血红蛋白	g/L
HCT	红细胞压积	%
MCV	红细胞平均体积	fL
MCH	平均血红蛋白含量	pg
MCHC	平均血红蛋白浓度	g/L
RDW-SD	红细胞分布宽度 SD	fL
RDW-CV	红细胞分布宽度 CV	%
PLT	血小板	$10^9/L$
MPV	血小板平均体积	fL
PDW	血小板分布宽度	%
PCT	血小板压积	%
P-LCR	大血小板比率	%
WBC Histogram	白细胞分布直方图	
RBC Histogram	红细胞分布直方图	
PLT Histogram	血小板分布直方图	

3. 使用操作

(1)测量(全血模式)

①点击"测量"按钮,提示栏:请吸入全血标本。

②在病员信息栏输入病员信息,如不需马上测量,则点击"保存"按钮保存病员信息。

③将采血管倾斜并轻轻晃动,充分混匀血液。

④将采血管塞取下(注意不要使血液溅出)。

⑤将采血管放到吸样针下方,并使吸样针浸入采血管中液面以下,按下"吸样开关"吸入全血标本。

⑥取样完毕后,吸样针自动从采血管中移出,当吸样针从采血管中完全移出后,移开采血管,仪器开始测量,屏幕显示"正在测量,请稍候"。

⑦测量结束后仪器报警,屏幕显示测量结果,提示栏:测量完毕。此时,应察看各细胞直方图的鉴别线是否异常;如果鉴别线异常应采用"手动解析"的方法进行调整,以确保结果值的准确性。如鉴别线未见异常,则可按照上述步骤开始新的测量。

(2)打印报告单　选中欲打印报告单的记录,点击"打印"按钮,即可打印当前记录的报告单。

(3)使用注意事项

①仪器放置应远离热源、振动及强电磁干扰(如离心机、超声洗净机等易产生强电磁干扰的仪器)。

②仪器的操作环境应清洁、无尘,应保持仪器清洁,切勿在仪器上放置标本、药品等。

③仪器初次使用或长期停用后再用时,应按如下步骤排空和清洗:连接好各管路后,应先排空 2～3 次,以使各管路充满相应的液体。再清洗 1～2 次。最后测量空白 2～3 次。

④电源应接地良好,以防止电击。

⑤废液瓶、稀释液瓶、清洗液瓶及溶血剂瓶应与大气连通,后三者要有大气过滤器,并定期更换。

⑥操作时应避免灰尘与杂物进入采血管,不要用力碰弯吸样针。

⑦被测样品应足量,更不应吸空,以避免吸入气泡,影响测量结果。

⑧仪器长期停用或运输前,应按如下步骤排空:先将仪器后面板上稀释液管、清洗液管及溶血剂管从相应的瓶中拿出(悬空)后排空1次。再将上述3个管放入洁净的蒸馏水中排空1次。最后将上述3个管悬空排空2次。

⑨不要用棉球、纸巾等擦拭吸样针,需要时用清洁的纱布沾少量清洗液擦拭。

⑩使用前,请检查稀释液、溶血剂、清洗液是否足量,如不足应及时更换,更换后先排空1~2次再测量。

另外,本仪器是对血液进行测量,被血液污染时,有被病原体感染的可能性,操作时应避免直接接触样品,一定要戴上橡胶手套,作业结束后要用消毒液洗手,测量所产生的废液等应集中收集后按医疗废物处理。

(二)全自动生化分析仪(湿式)

1. 测定原理

根据朗伯-比尔定律,用各种不同的方法测定标准溶液和样本溶液的吸光度值,然后计算得到被测样本的浓度。

2. 仪器操作

(1)开机 打开仪器后面的电源开关,仪器开始自检,然后进入操作界面。双击“生化”字样的图标,仪器自动进入生化检验系统。

当显示屏上出现“正在初始化,请稍后”的字样时,仪器开始初始化,并自动清洗3次。

(2)系统设置

医院名称:用于更改用户的名称,使报告单上的名称与用户一致。

用户设置:该项目预先设置的操作者为检验报告单中的检验者和审核者。

权限管理:该项目用于设定操作者的权限。

修改口令:该项目用于设定操作者的密码。

报表模式:该项目用于选定检验报告单的模式。

重新登录:该项目用于重新登录软件。

退出系统:该项目用于关闭生化软件。

(3)参数设置 用鼠标点击屏幕上方主菜单中的“参数设置”,然后点击下拉式菜单中的“项目参数”,进入“项目参数设置”界面,如图7-2所示。

将需要开展的项目按序号编排,首先用光标选择表中的“项目号”双击鼠标左键或者按回车键,进入“报告参数”画面,如图7-3所示。

设置报告参数表中的各项参数:

①项目编号 测定项目的编号,编号范围为1至任意号。

②标准编号 指该项目使用的标准品的编号(和该项目的英文简称一致)。

③简称 指该项目的常用英文缩写。

④中文名称 指该项目的中文全称。

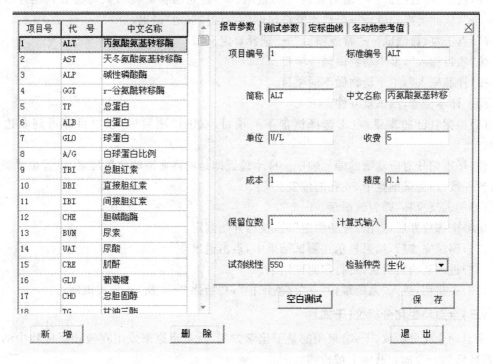

项目号	代 号	中文名称	标准编号	测试方法	下 限	上 限	盘 号	试剂位
1	ALT	丙氨酸氨基转移酶	ALT	速率法			1	1
2	AST	天冬氨酸氨基转移酶	AST	速率法			1	2
3	ALP	碱性磷酸酶	ALP	速率法			1	3
4	GGT	r-谷氨酰转移酶	GGT	速率法			1	4
5	TP	总蛋白	TP	终点法			1	5
6	ALB	白蛋白	ALB	终点法			1	6
7	GLO	球蛋白	GLO	终点法			0	0
8	A/G	白球蛋白比例	A/G	终点法			0	0
9	TBI	总胆红素	TBI	多点法			1	7
10	DBI	直接胆红素	DBI	多点法			1	8
11	IBI	间接胆红素	IBI	终点法			0	0
12	CHE	胆碱酯酶	CHE	速率法			2	9
13	BUN	尿素	BUN	速率法			1	10
14	UAI	尿酸	UAI	终点法			1	11
15	CRE	肌酐	CRE	速率法			1	12
16	GLU	葡萄糖	GLU	终点法			1	13
17	CHO	总胆固醇	CHO	终点法			1	14
18	TG	甘油三酯	TG	终点法			1	15

新 增　　　　删 除　　　　退 出

图 7-2　测定项目的目录表

项目号	代 号	中文名称
1	ALT	丙氨酸氨基转移酶
2	AST	天冬氨酸氨基转移酶
3	ALP	碱性磷酸酶
4	GGT	r-谷氨酰转移酶
5	TP	总蛋白
6	ALB	白蛋白
7	GLO	球蛋白
8	A/G	白球蛋白比例
9	TBI	总胆红素
10	DBI	直接胆红素
11	IBI	间接胆红素
12	CHE	胆碱酯酶
13	BUN	尿素
14	UAI	尿酸
15	CRE	肌酐
16	GLU	葡萄糖
17	CHO	总胆固醇
18	TG	甘油三酯

报告参数　测试参数　定标曲线　各动物参考值

项目编号 1　　　标准编号 ALT

简称 ALT　　　中文名称 丙氨酸氨基转移

单位 U/L　　　收费 5

成本 1　　　精度 0.1

保留位数 1　　　计算式输入

试剂线性 550　　　检验种类 生化

空白测试　　　保 存

新 增　　　　删 除　　　　退 出

图 7-3　报告参数画面

⑤单位　指该项目浓度值的报告单位。

⑥精度　指精确到以 0.1 或 0.01 等为单位。

⑦保留位数　指该项目浓度值所要求保留的小数点位数。

⑧计算式输入

⑨试剂线性　试剂说明书上注明的试剂线性。

⑩检验种类　填生化项目。

以上参数设定完毕后按"保存"。

(4)关机　点击主菜单中的"系统设置",在下拉菜单中点击"退出系统",此时软件关闭。下面在开始里面点击"关闭计算机",等到提示"你可以安全地关闭计算机了",方可关闭仪器后面的电源开关。

3. 操作注意事项

(1)首先给清洗瓶中加满清洗用水,并连接好管路及电缆。

(2)开机,待仪器启动完全后打开桌面上的启动程序。

(3)进入"系统维护"→"仪器维护"→"发送命令"→"提示""修改吸液量成功",点击"OK"→"泵水"直至有水注满清洗位中间的空间为止,初始化 2～3 次后退出该界面。

(4)进入"参数设置"→"项目参数",依次双击当天需要做的终点法项目的项目号,进入参数设置当中,点击"空白测试"。保存后退出。

(5)进入"参数设置"→"项目参数",按照项目参数中位置将盛放各种试剂的试剂仓放入到对应的位置中。

(6)点击"项目测试"→"动物资料"→"新增"→"建立动物资料",该动物资料建好后点击"下一个",依此类推。最后一个动物资料建好后,点击"取消"退出。

(7)点击"项目测试"→"常规项目"→"选择自定义"。

按"项目输入",多个动物做同一项目。

按"样品输入",单个动物做不同项目。

同一样本位置,测试重复性。

(8)根据自己的需要,点击选择试剂下列项目,双击该项目后,该项目即可到右边的列表中。

注:样本编号对应动物的编号顺序。样本位置即是动物血清的放置位置,放置位置要与显示位置一致,即为试剂盘中 20 孔的位置。

(9)加入反应杯,即为试剂盘。

(10)全部放好后,点击"开始测定"后,仪器开始测定。

(11)测试完成后,结果显示在测试结果中,点击退出。

(12)进入动物资料后,可打印测试结果。

(13)关机前,进入"系统维护"→"仪器维护",初始化 2～3 次,正常关机即可。

(三)全自动生化分析仪(干式)

全自动生化分析仪(干式)采用的是干化学方法,就是将原来发生在液相反应物中的化学反应,转移到一个固相载体上被检测。

1. 使用原理

其原理是将某项检测所需要的全部试剂成分,固化在具体特定结构的反应装置(试剂片)

上,当把样品加到试剂片上之后,液体成分使试剂溶解并发生反应,然后通过检测器检测反应信号。干式生化分析仪操作简便,检测分析速度快。

2. 检测项目

检测项目包括白蛋白(ALB)、碱性磷酸酶(ALKP)、丙氨酸转氨酶(ALT)、淀粉酶(AM-YL)、天门冬氨酸转移酶(AST)、钙离子(Ca^{2+})、胆固醇(CHOL)、肌酸磷酸激酶(CK)、肌酐(Cre)、尿素氮(BUN)、γ-谷氨酸转移酶(GGT)、葡萄糖(GLU)、乳酸(LACT)、乳酸脱氢酶(LDH)、脂肪酸(LIPA)、镁离子(Mg^{2+})、氨(NH_3)、无机磷(PHOS)、总胆红素(TBIL)、总蛋白(TP)、甘油三酯(TRIG)、尿蛋白(UPRO)、尿酸(URIC)、尿肌酐(UCre)等。

3. 血液样本的准备

(1)血清样本制备 用注射器或真空采血管直接采集检测动物的静脉血,采血后将采集血液移入离心管中。离心管最少静置 20 min,确定血液完全凝固,在标准的转速(8 000 r/min)离心 10 min 或在高转速(12 000~16 000 r/min)离心 2 min,用吸管将离心后的血清转移到样品杯中备用。

(2)血浆样本的准备 用肝素锂抗凝的真空采血管或含有肝素锂的注射器采集动物的静脉血,采血后将采集血液移入离心管中上下混合 30 s,在标准转速(8 000 r/min)离心 10 min 或在高转速(12 000~16 000 r/min)离心 2 min,用吸管将离心后的上清(血浆)转移到样品杯中备用。

(3)血清/血浆样本的保存 如果在 4 h 内无法检测血清/血浆样本,需把血清/血浆暂时放在 2~8℃冷藏;若 48 h 之内无法检测血清/血浆样本,需将样本保存在-18℃。需注意测定钙离子、总胆红素、乳酸脱氢酶、氨和血糖时其样本需要特别的处理与保存。

4. 操作步骤

(1)开机 打开分析仪电源开关,进行 2 min 的自动运行系统诊断检测,接着仪器会自动热机,热机完成后,将会出现"主界面"(图 7-4)。

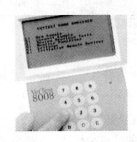

1) New Sample	新样本
2) Current Sample	刚测试过的样本
3) Review Previous Tests	查看前 7 次测试结果
4) Monitor Functions	监测功能
5) Settings	设定
6) Initialize Remote Devices	启动联机的分析仪

图 7-4 生化分析仪主屏幕内容

(2)输入病患信息 在生化分析仪"主界面",选择"1)New Sample"输入待检测动物资料(动物品种、年龄、病历号),每输入一个信息就按 1 次"E",按"E"进入下一步"载入试剂片"(图7-5)。

(3)载入试剂片 将试剂片的铝箔纸外包装打开,一次放入一片试剂片至载片槽,将条形码面向上,缺口朝左边,放入后轻轻地将试剂片槽往前推到底再拉回来,仪器的屏幕上会马上显示加载的试剂片数。当放完所需的试剂片后,按下"E"并遵照屏幕指示继续;如果连续放入12 片试剂片(最大容量)后,分析仪将自动进行下一步。

(4)条形码辨识 生化分析仪会自动辨识每个试剂片上的条形码,正确的试剂片被判读后

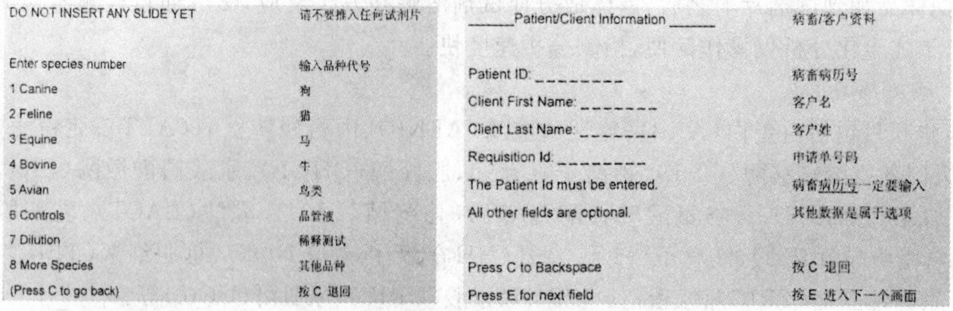

DO NOT INSERT ANY SLIDE YET
请不要推入任何试剂片
Enter species number
输入品种代号
1 Canine
狗
2 Feline
猫
3 Equine
马
4 Bovine
牛
5 Avian
鸟类
6 Controls
品管液
7 Dilution
稀释测试
8 More Species
其他品种
(Press C to go back)
按 C 退回
______Patient/Client Information ______
病畜/客户资料
Patient ID: ________
病畜病历号
Client First Name: _______
客户名
Client Last Name: _______
客户姓
Requisition Id: ________
申请单号码
The Patient Id must be entered.
病畜病历号一定要输入
All other fields are optional.
其他数据是属于选项
Press C to Backspace
按 C 退回
Press E for next field
按 E 进入下一个画面

图 7-5 病畜病历号输入屏幕内容

检测项目名称将会自动显示在屏幕上(图 7-6)。

Machine reading barcodes
仪器扫描条形码
CHOL
CREA
GLU

图 7-6 生化分析仪条形码扫描屏幕内容

(5)准备分注器 当分析仪预备好后,将分注器从管座中取出,把新的滴管从分注器金属末端处装入并拧紧,将分注器放回管座中,并注意屏幕指示(图 7-7)。

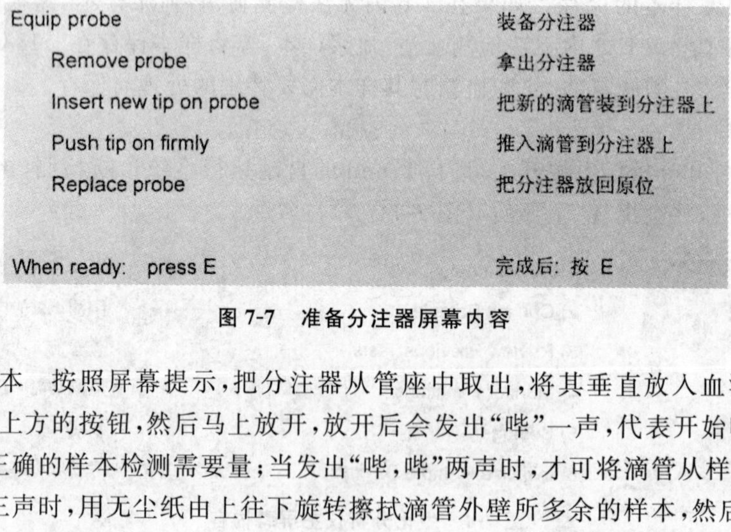

Equip probe
装备分注器
Remove probe
拿出分注器
Insert new tip on probe
把新的滴管装到分注器上
Push tip on firmly
推入滴管到分注器上
Replace probe
把分注器放回原位
When ready: press E
完成后: 按 E

图 7-7 准备分注器屏幕内容

(6)吸取样本 按照屏幕提示,把分注器从管座中取出,将其垂直放入血清/血浆样本杯中,按下分注器上方的按钮,然后马上放开,放开后会发出"哔"一声,代表开始吸取样本,分注器会自动吸取正确的样本检测需要量;当发出"哔,哔"两声时,才可将滴管从样品中拿出;当发出"哔,哔,哔"三声时,用无尘纸由上往下旋转擦拭滴管外壁所多余的样本,然后马上把分注器放回管座中(图 7-8)。

(7)仪器开始检测 根据不同的生化项目,分析仪在 6 min 内完成样本分析,屏幕左上角会显示检测项目及倒数的时间(图 7-9)。在测试过程中,仪器会连续测试每个试剂片的反射密度 18 次。因样品浓度的不同,随着时间反应变化而形成一条反应曲线显示在屏幕上。检测完成后会听到三声"哔"。按"E"查看测试结果。

(8)打印检测结果 从管座中拿出分注器,拔掉滴管并妥善丢弃,将分注器放回管座上,然后按"E"。显示检测结果并打印。

(9)推出使用过的试剂片,返回主屏幕 按任何一个键,生化分析仪进入下一步"推出使用试剂片",将试剂片推入废片槽内。试剂片被全部推出后,按"C"返回"主屏幕"。

 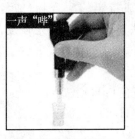  

| 将分注器从管座中取出，在分注器末端装入滴管，拧紧。随后放回管座。 | 根据屏幕显示进行吸取样本操作：将分注器底端的滴管垂直放入样本杯中，才能按下分注器上方的按钮。一声"哔"后开始吸样。 | 听到"哔，哔"两声后将滴管移出液面。 | 听到"哔，哔，哔"三声后，使用无尘纸从上往下旋转的方式擦拭滴管，之后将分注器放回管座，分注器要在20 s内放入管座。 |

图 7-8　分注器操作图

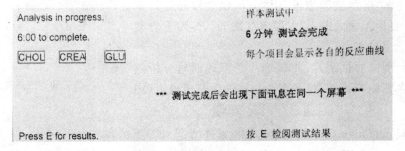

图 7-9　样本测试屏幕内容

5. 注意事项

(1)血清/血浆检测样本温度 19~27℃，不能使用直接从冰箱取出的样本。

(2)试剂片在使用前才可打开锡箔纸并必须马上加载到仪器内，15 min 内必须马上使用，否则将视为无效片。

(3)每次检测都需要用一个新的滴管和无尘纸，滴管不可重复使用。

(4)按照分析仪屏幕上提供的操作步骤说明并配合"哔"声，执行输入病畜数据、吸入样品、加载试剂片、打印报告等操作。

(5)分注器吸取样本时必须保持笔直方向以免液体流入分注器的塑料管中。分注器在"哔，哔，哔"三声后 20 s 内放回管座中，如果出现警告声响，根据屏幕提示操作。

(6)每次做完分析后，请将抽屉里面的废试剂片妥善处理。

(四)电解质与血液气体分析仪

1. 检测原理

电解质与血液气体分析仪是从光学电极的离子传感器上测量荧光。物质分子吸收了紫外光(>220 nm)或可见光引起振动能级上的电子跃迁而被激发至较高的电子能态，由激发态返回基态时以辐射跃迁的方式发射能量而产生荧光。由于物质的分子结构及所处的环境不同，吸收紫外光的波长不同，发射的荧光波长也不相同；此外，同种物质稀溶液的荧光强度与浓度呈线性关系。这两点构成了荧光定性和定量分析的基础。能产生荧光的化合物的数量有限，只有那些具有共轭和刚性平面大分子结构的有机化合物才具有可检测的荧光。它们常与某些金属离子(或阴离子)形成特定的配合物(或氢键作用)而改变了原来的荧光信号,因此被用来高选择性地识别这些离子,通过荧光强度的检测计算出所识别离子的浓度。

2. 检测项目

可检测钠(Na^+)、钾(K^+)、氯(Cl^-)、酸碱值(pH)、二氧化碳分压(pCO_2)、氧分压(pO_2)、碳酸氢根(HCO_3^-)、游离钙(Ca^{2+})和葡萄糖(GLU)等。

3. 操作步骤

(1)血样采集和处理　用含微量肝素锂1 mL注射器针筒采集检测动物的动脉血或静脉血,采血后,针筒的空气要立即排出并马上盖上塞子。

(2)电解质与血液气体分析仪检测操作步骤

①打开电源,电解质和血液气体分析仪会自动运行系统诊断检测,自检无误后进入"主屏幕"(图7-10),左上方显示"Ready"。

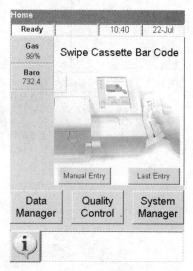

图 7-10　主屏幕显示

②取出待测试的试剂片,将试剂片条形码面对分析仪右前下方的条形码判读器,将条形码扫描输入分析仪内(图7-11)。会听到一声"哔",且指示灯出现"绿灯"。

③屏幕显示"Open Cover",按下样本测试槽(SMC)下的按钮打开 SMC 盖子;屏幕显示"Open""Pouch and Wipe Cassette"和"Insert Cassette",打开铝箔膜包装取出试剂片(打开的试剂片必须在 10 min 内用掉),用无尘纸擦拭试剂片两面将保护液擦去,将试剂片载入 SMC后,轻压固定,关上 SMC 上盖(图7-12),分析仪会自动测试校正试剂片。

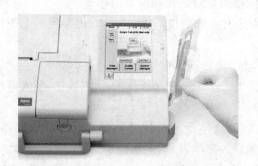

图 7-11　刷试剂片条形码

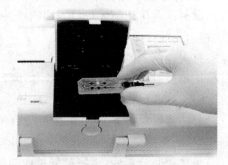

图 7-12　放入试剂片、盖上盖子

④校正程序进行中,屏幕显示"Select Patient Information"-"STAT","New Patient"和"Last Patient"。使用屏幕输入病畜数据,输入被检动物体温,输入完成后,按"Finish"键(病畜数据也可在样本分析之前、之后或分析过程中输入)。

"STAT":可以先测试样本,然后再补输病畜数据。

"New Patient":如果是新检体,选择此项并输入动物数据。

"Last Patient":如果是与前一样体相同,就选择此项,则动物数据会自动输入。

⑤当试剂片校正完成后,绿色状态指示灯会消失,屏幕显示"Mix and Place the Sample",

用手掌把针筒旋转并上下混合约 10 s 使样本混合均匀。取下塞子,如果针筒前端有气泡,需轻轻打掉气泡,再把针筒直接插入试剂片吸入口,最后再按"OK"键,分析仪会自动将样本吸入进行检测(图 7-13)。当屏幕显示"Cassette Measurement in Process. Please wait"并听到哗声后,才可以取下针筒。

 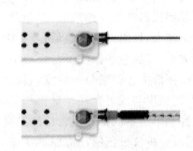

图 7-13 将样本插入试剂片吸入口

⑥检测结束后,结果会自动出现在屏幕,可选择"Modify Result"或"Finalize Result"。如果需要更改数据(如体温),就按"Modify Result"进入"Patient Data"作修改;如果不修改数据,就按"Finalize Result",打印报告。

⑦屏幕显示"Please Remove the Cassette",打开 SMC 盖子,取出并丢弃试剂片,关上盖子。

4. 注意事项

(1)确认分析仪气瓶不低于 4%,如果气体低于 4%,请更换气瓶后再进行检测。

(2)采集全血时,抗凝剂选用肝素锂;采血后应立刻进行测试(5 min 内),若不能立刻进行检测,将样品放在冰盒内并在 1 h 内完成,超过 1 h 的样本应废弃不能检测。

(3)检测前要测定待测动物的最新体温。

(4)若试剂片条形码毁损或无法阅读,选"Manual"后以屏幕键盘输入条形码。

(5)如果撕开了试剂片的铝箔膜包装,一定要尽快完成测试,如果超过 1 h,还没有进行检测,该试剂片不可以继续使用。

(6)放入过机器的试剂片,一旦盖子盖上,听到蠕动泵转动的声音后,无论是否加入过样本,该试剂片不能再继续使用。

(7)分析仪在校正程序进行中,请勿打开 SMC 上盖,否则分析仪将取消试剂片校正程序,且试剂片不能再使用。

(8)校正后试剂片在分析仪只可保留 10 min,若超过 10 min 后还未将样本注入,分析仪屏幕会显示信息,并要求丢弃试剂片。

(9)必须同时满足以下 4 个条件:Calibration 的进度条表示为 100%;信号灯不再闪烁,变为绿色;听到三声提示音;蠕动泵转动的声音消失;方可将样本放入。在样本插入到塑料转接头前确定样本中无气泡存在。

(10)请勿将样本推入试剂片,分析仪会自动将样本吸入。

(11)分析仪检测进行中,绝不要打开开 SMC 上盖。

(五)干式尿液分析仪

1. 干式尿液分析仪工作原理

(1)干式尿液分析仪的检测原理　将干式尿液分析仪试纸带浸入尿液中后,除了空白块外,其余的检测模块的试剂与尿液中的化学物质发生特异的化学反应而产生颜色变化。试剂块的颜色的深浅与尿液中相应物质的浓度成正相关。将试纸带置于尿液分析仪的检测槽,各模块依次受到仪器特定光源照射,颜色及其深浅不同,对光的吸收反射程度也不同。颜色越深吸收光量值越大,反射光量值越低,反射率越小;反之,发射率越大。即颜色的深浅与光的反射率成比例关系,而颜色的深浅又与尿液中各成分的浓度成比例关系。所以只要测得光的反射率即可求得尿液中各种成分的浓度。仪器的球面积分仪将不同强度的反射光转换为相应的电信号,其电流强度与反射光强度呈正相关,结合空白和参考模块经计算机处理校正为测定值,最后以定性和半定量的方式报告检测结果。

(2)尿液分析仪试纸的反应原理　尿液干化学试带(条)构成:在 1 块 90 mm×5 mm 长条形的塑料片的一端每隔一定距离(约 2 mm)有一正方形试剂模块(5 mm×5 mm),其中有一块在试纸条一端,为空白模块作为对照使用,不参与反应,其余模块分别含有相应干式化学试剂。

①酸碱度(pH)　采用 pH 指示剂法。用甲基红(pH 4.6～6.2)和溴麝香草酚蓝(pH 6.0～7.8)两种指示剂适量组合成为复合 pH 试剂模块,其呈色范围为 pH 4.5～9.0,颜色发生橙红、黄绿及蓝色变化。

②尿比密(SG)　采用离子交换 pH 指示剂法。尿液中电解质释放出的阳离子与试带中的离子交换体中的 H^+ 交换,释放出的 H^+ 与酸碱指示剂反应,根据指示剂显示的颜色(蓝、绿及黄)可换算尿液中的电解质浓度,以电解质浓度来代表密度,从而得出比密值。

③尿蛋白(PRO)　采用 pH 指示剂蛋白误差法。试剂模块中主要含有酸碱指示剂溴酚蓝、枸橼酸缓冲系统和表面活性剂。在 pH 3.2 时,溴酚蓝电离、带负电荷并释放 H^+,带负电荷的溴酚蓝与此时带正电荷的蛋白质(白蛋白)生成复合物,导致溴酚蓝进一步电离产生更多的 H^+,当超过缓冲范围时,指示剂发生颜色改变(黄、绿及蓝),变色程度与蛋白质含量成正比。

④尿葡萄糖(GLU)　采用葡萄糖氧化酶法。尿液中葡萄糖在试带中葡萄糖氧化酶的催化下,生成葡萄糖酸内酯和过氧化氢。在有过氧化物酶的情况下,以过氧化氢为电子受体使色素原(邻甲联苯胺、碘化钾等)氧化而呈色。色素原不同,呈色可为蓝色、红褐色或红色。

⑤尿酮体(KET)　采用亚硝基铁氰化钠法。检测尿酮体的模块中主要含有亚硝基铁氰化钠,可与尿液中的乙酰乙酸、丙酮产生紫色反应。其对乙酰乙酸的敏感性为 50～100 mg/L,对丙酮为 400～700 mg/L,不与 β-羟丁酸起反应。

⑥尿亚硝酸盐(NIT)　采用偶氮法。尿液中含有来自食物或蛋白质代谢产生的硝酸盐,如尿液中含有大肠埃希菌等具硝酸盐还原酶的细菌时,可将硝酸盐还原为亚硝酸盐,亚硝酸盐与芳香胺的重氮化反应形成重氮盐,随后发生偶联反应,形成红色重氮色素。

⑦尿胆红素(BIL)　采用偶氮法。在强酸性介质中,胆红素与试带上的二氯苯胺重氮盐起偶联作用,生成红色偶氮化合物。

⑧尿胆原(URO)　醛化反应法:在强酸条件下尿胆原和对-二甲氨基苯甲醛发生醛化反应,生成樱红色缩合物。偶氮法:在强酸条件下尿胆原和对-四氧基苯重氮四氟化硼发生重氮

盐偶联反应,生成胭脂红色化合物。

⑨尿白细胞(LEU)　采用中性粒细胞酯酶法。中性粒细胞的酯酶能水解吲哚酚酯生成吲哚酚和有机酸,吲哚酚可进一步氧化形成靛蓝,或吲哚酚和重氮盐反应生成紫色重氮色素。

⑩尿红细胞(RBC)　或血红蛋白(Hb)采用过氧化物酶法。血红蛋白中亚铁血红素具有弱的过氧化物酶样作用,以催化 H_2O_2 作为电子受体使色原(常用的有邻联甲苯胺、氨基比林、联苯胺等)氧化呈蓝绿色,其颜色的深浅与血红蛋白成正比。

2. 尿液分析仪操作步骤

(1)开启电源,系统自动运行系统诊断检测(图 7-14),自检无误后进入主选择屏幕(图 7-15)开始启动测试。

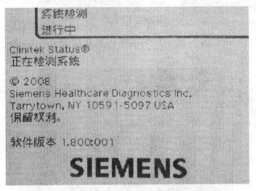

图 7-14　尿液分析开机系统检测屏幕显示

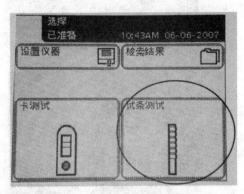

图 7-15　尿液分析仪主选择屏幕显示

(2)触摸"试条测试"进行尿液试条测试,进入"准备测试"(图 7-16),确保测试台插件以试条测试面朝上,同时准备好测试条、尿液样品和纸巾。

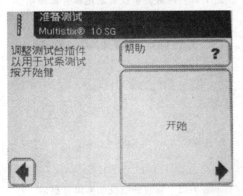

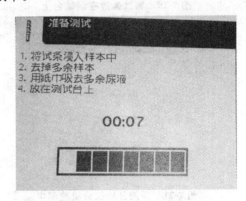

图 7-16　尿液分析仪准备测试屏幕显示

(3)触摸"开始",在 8 s 内完成下面的操作:将试条完全浸入尿液样本,确认检测垫湿润,立即移开试条,沿容器边缘拖试条以便将多余尿液沥除干净(图 7-17),用纸巾吸去多余尿液(图 7-18),检测垫朝上,将试条放入测试台通道末端(图 7-19)。

(4)8 s 后,测试台和试条被自动拉入尿液分析仪,尿液分析仪自动定标(图 7-20),在定标完成之后,试条测试随即开始,并显示得出结果的剩余时间(图 7-21)。测试结束,若设置自动打印结果,那么随即会显示"打印"屏幕,直至完成打印才消失,否则"结果"屏幕将会显示,显示测试结果(图 7-22)。若要查看剩余的测试结果,则触摸显示屏上的"更多"。触摸"打印",打印检测结果。

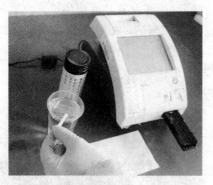

图 7-17 沿容器边缘拖试条

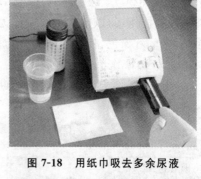

图 7-18 用纸巾吸去多余尿液

图 7-19 将试条放在测试台上

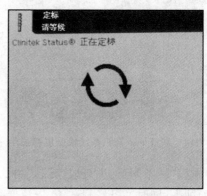

图 7-20 尿液分析仪自动定标屏幕显示

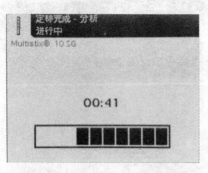

图 7-21 尿液分析仪分析检测中

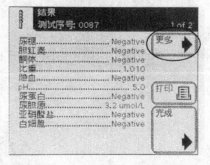

图 7-22 尿液分析仪结果屏幕显示

(5)测试结束,测试台和试条会被自动推出分析仪,从测试台上将使用过的试条取下,并按照实验室规范标准对废弃物进行处理,擦拭测试台插件。

(6)触摸"完成"键以完成测试并返回到主"选择"屏幕。

3. 注意事项

(1)使用一次性洁净容器盛取尿液样品,防止非尿液成分混入,尿液样本应在 1 h 内完成测试,测试前要充分混合均匀。

(2)要保持尿液分析仪试条测试台插件的清洁和无尿渍污物存留。

（3）分析测定结果要结合临床，客观实际，必要时要进行确证试验。

（六）X 线机操作技术

1. 目的要求

了解 X 线机的一般构造，掌握其使用方法；了解 X 线摄影检查的技术条件及其确定方法；了解 X 线摄片的暗室操作技术。

2. 实验器材

X 线机，红色护目镜，透视暗室用照明红灯及遮光用红、黑布帘，X 线软片，暗盒，铅号码，测厚尺，洗片架（夹）等。

3. 动物准备

（1）拍片前准备　应把动物需检查的部位皮肤上的泥土、药物、绳索等除掉，以免出现干扰阴影，影响观察和发生误诊。摄影时要将动物安全保定，必要时给予镇静剂，甚至进行麻醉。

（2）投照方位　以胸部摄片为例，背腹位（腹背位）或侧位。

4. 投照技术

（1）曝光技术　在暗室中将胶片装入胶片盒，放置在摄影床的合适位置。接通机器电源，调节电源调节器，使电源电压表指示针在标准位置上；根据摄片位置、被照动物的情况调节千伏、毫安和曝光时间；曝光完毕，切断电源。

（2）摄影条件

侧位：用透射线软垫将胸骨垫高使之与胸椎平行；颈部自然伸展，前肢向前牵拉以充分暴露心前区域；X 线中心对准第 4～5 肋间（肩胛骨的后缘）；投照范围从肩前到第 1 腰椎。

背腹位：俯卧，前肢前拉，肘头外展，后肢自然摆放，脊柱伸直，胸骨与胸椎在同一垂直平面；投照范围从肩前到第 1 腰椎；投照中心在第 5～6 肋间隙（肩胛骨后缘）；胸廓的厚度以第 13 肋骨处的厚度为准。

5. 洗片与读片

（1）洗片　包括显影、漂洗、定影、水洗及干燥 5 个步骤。

①显影　将曝光后的 X 线片从暗盒中取出，然后选用大小相当的洗片架，将胶片固定四角，先在清水内润湿 1～2 次，除去胶片上可能附着的气泡。再把胶片轻轻放入显影液内，进行显影。一般 5～8 min。

②漂洗　即在清水中洗去胶片上的显影剂。漂洗时把显影完毕的胶片放入盛满清水的容器内漂洗 10～20 s 后拿出，滴去片上的水滴即行定影。

③定影　将漂洗后的胶片浸入定影箱内的定影液中，定影的标准温度和定影时间不像显影那样严格，一般定影液的温度以 16～24℃ 为宜，定影时间为 15～30 min。

④水洗　把定影完毕的胶片放在流动的清水池中冲洗 0.5～1 h。

⑤干燥　冲影完毕后的胶片，可放入电热干片箱中快速干燥。

（2）读片　将冲洗好的 X 光片放在观片灯下读片。

6. 投照步骤和注意事项

（1）阅读会诊单，核对动物种类、性别、年龄，了解病史，临床检查情况，以及检查部位和目的。

（2）明确投照位置，按投照要求选择大小适当的胶片，并准确无误地安好照片标记，如编号、日期及左右等。

(3)作好投照前的准备工作,如检查身体上有无其他异物。对腹部摄片者还要清洁肠道。

(4)根据投照部位,合理选择滤线器(可有效减少到达胶片的散射线)。

(5)摆好投照位置,按投照要求,对好中心线及选择适当的胶片距离。

(6)根据投照部位的厚度、患病动物的体质、病理生理状况,选择适当的投照条件。

(7)胸腹部投照,应根据具体要求,设法使动物屏气。

(8)填写各项投照条件并签名。

(七)B型超声诊断仪

1. 目的要求

熟练掌握 B 型超声诊断仪操作技术。

2. 设备与器材

B 超诊断仪、探头、犬或猫、耦合剂、剃毛刀、清洁布、保定架和长绳等。

3. 动物准备

(1)保定　采用站立保定或侧卧保定。

(2)局部剃毛　用剃毛刀将左(右)侧乳房上部探查部位毛发去除,洗净,并用清洁布擦干。

4. B超检查技术

(1)电压必须稳定在 190～240 V 之间。

(2)选用合适的探头。

(3)打开电源,选择超声类型。

(4)调节辉度及聚焦。

(5)动物保定,剪(剔)毛,涂耦合剂(包括探头发射面)。

(6)扫查。

(7)调节辉度、对比度、灵敏度视窗深度及其他技术参数,获得最佳声像图。

(8)冻结、存储、编辑、打印。

(9)关机、断电源。

5. 仪器的维护

(1)仪器应放置平稳、防潮、防尘、防震。

(2)仪器持续使用 2 h 后应休息 15 min,一般不应持续使用 4 h 以上,夏天应有适当的降温措施。

(3)开机前和关机前,仪器各操纵键应复位。

(4)导线不应折曲、损伤。

(5)探头应轻拿轻放,切不可撞击;探头使用后应揩拭干净,切不可与腐蚀剂或热源接触。

(6)经常开机,防止仪器因长时间不使用而出现内部短路、击穿以至烧毁。

(7)不可反复开关电源(间隔时间应在 5 s 以上)。

(8)配件连接或断开前必须关闭电源。

(9)仪器出现故障时应请专业人员排查和修理。

(八)荧光免疫定量分析仪

荧光免疫定量分析仪是一款基于光电检测原理的免疫荧光检测系统,需配套专用荧光免疫试剂使用。本分析仪检测精度高、稳定性强、检测速度快、成本低廉。

1. 检验原理

(1)试纸卡检测原理 基于双抗体(原)夹心法荧光定量免疫侧向层析技术、竞争法荧光定量免疫侧向层析技术。

①双抗体夹心法 检测时,样品中的待检抗原与荧光微球包被的高特异性单抗结合形成抗原-抗体复合物,并沿着试纸流向 NC 膜的另一端。当该复合物流到膜上的 T 区时,固定在膜上的另一株高特异性抗体捕获该复合物并逐渐凝集成 T 线,未结合的荧光微球包被抗体流过 T 区被 C 区的二抗捕获并形成 C 线,在规定的时间点,将检测卡推送到免疫定量分析仪中。

②竞争法 检测时,样品中的待检抗原与荧光微球包被的高特异性单抗结合形成抗原抗体复合物,并沿着试纸流向 NC 膜的另一端。当该复合物流到膜上的 T 区时,固定在膜上的另一株高特异性抗原竞争捕获该复合物并逐渐凝集成 T 线,未结合的荧光微球包被抗体流过 T 区被 C 区的二抗捕获并形成 C 线,在规定的时间点,将检测卡推送到免疫定量分析仪中。

(2)荧光免疫定量分析仪工作原理 仪器的测量系统在启动后,自动对检测卡上标记物和待测物结合区进行紫外光扫描,激发检测区与质控区微球上的荧光素,从而获得光学信号,然后对光学信号进行测量和分析处理后,定量得出被测物质的浓度。

2. 检测项目

犬 C 反应蛋白(CCRP)、猫瘟热病毒(FPV)、犬瘟热病毒(CDV)、犬细小病毒(CPV)、犬孕酮(PROG)等。

3. 检测步骤

(1)检测项目检测液的制备。按照检测项目说明书要求,采集检测样本(全血、粪便、血清),将定量的样本加入到样本稀释液中,充分混合均匀,作为检测液。

(2)将未开封的试纸卡和检测样品恢复至室温。

(3)荧光免疫定量分析仪操作流程

①连接仪器的电源线,打开仪器后部电源开关,启动仪器。仪器开机初始化并自检。自检成功后,显示主界面(图 7-23)。

②点击"系统设置"按钮,进入系统设置界面(图 7-24)。

图 7-23 荧光免疫定量分析仪主界面

图 7-24 荧光免疫定量分析仪系统设置界面

③点击"检查项目管理"按钮,进入检查项目管理界面(图 7-25),点击"项目编号",选择适合当前检查的检查项目信息。点击"上一页""下一页"浏览仪器保存的检查项目。点击"返回",返回主界面。

④在主界面点击"标准测试"按钮,进入标准检测界面(图 7-26),点击输入区域,输入病例编号、种类、年龄(月)、体重、性别等信息。

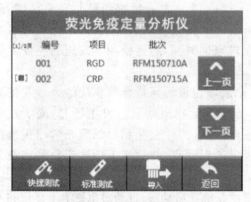

图 7-25　检查项目管理界面

图 7-26　标准测试界面

⑤将试剂片从密封的包装中取出,水平放置在实验台上,用移液器吸取 120 μL 检测液,向试纸卡加样孔缓慢逐滴加入(图 7-27)。加入检测液后,及时将试纸卡插入到配套的荧光免疫定量分析仪的检测口中(图 7-28),点击"标准测试"按钮,仪器开始倒计时,等待孵化时间。

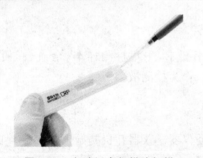

图 7-27　向试纸卡加样孔加样

图 7-28　将试纸卡插入分析仪检测口

⑥倒计时结束,荧光免疫定量分析仪启动检测。

⑦检查结束后,显示结果(图 7-29)。

⑧检查结果操作

·点击"新测试"按钮,返回等待检查信息输入界面,准备开始新检查。

·点击"重测试"按钮,重新倒计时,等待孵化时间,再启动检查。

·点击"打印单"按钮,把检查结果通过微型打印机打印出来。

·点击"主菜单",返回主界面。

图 7-29　显示结果

4. 注意事项

(1)除了厂方提供的试剂卡外,不要将任何其他物品放入试纸条卡座。

(2)如果试剂卡检测样品存在潜在传染性,请使用防护手套或其他防护措施,避免皮肤接触试剂卡加样口。

(3)用过的试剂卡请按《医疗废物管理条例》进行处理,避免产生生物危害性。

(4)所有试纸卡启封后,要马上使用,使用前请不要随意打开。

四、作业与思考题

1. 简述使用免疫荧光定量仪检测 FPV 的步骤。

2. 一患犬需进行胸部 X 光检查,检查前有哪些注意事项以及拍摄条件?

实训三 动物医院临床常用技术

一、实训目的与要求

熟悉并掌握兽医临床疾病诊疗的基本操作技术(保定法、穿刺、给药方法及常见外科损伤的处理方法等)。

二、实训器材

1. 器械 气管插管、喉镜、保定钳、嘴套、保定绳、注射器、保定架、常规手术器械等。

2. 实验动物 牛、羊或犬、猫。

三、实训内容与方法

(一)动物保定技术

1. 犬的保定

(1)徒手开口法 由助手将犬两前肢握住,术者一手握上颌,一手握下颌,两手上下用力使犬嘴张口,同时两手拇指与中指用力,将两侧上下唇压向口内,并使上下唇覆于臼齿之上,犬则不能用力闭口(图 7-30)。

(2)嘴套保定法 嘴套有皮革制品、塑料制品和金属制品 3 种,有不同型号,可选择大小适宜的嘴套给犬戴在嘴上,防止咬人(图 7-31)。

(3)颈圈保定法 颈圈又称伊丽莎白颈圈,是一种防止自身损伤的保定装置,在小动物临床上应用很普遍。可选购合适颈圈,也可用硬纸壳、塑料板、X 线胶片自制。

(4)箍嘴保定法 用 1 m 左右的绷带(麻绳、尼龙绳均可)一条,先把犬嘴捆绑住,再将绷带的两头绕到颈部系结,以防止箍嘴绷带脱落。也可取 2 m 长细绳一条,先给犬戴一临时笼头,把箍嘴圈戴在内眼角下方,然后再交叉绳子成环套勒上下颌,如此 2～3 圈,则会将嘴箍住(图 7-32)。

图 7-30　徒手开口法　　　图 7-31　嘴套保定法　　　　　图 7-32　箍嘴保定法

(5)颈钳保定法　颈钳用金属制成,钳柄长 80～100 cm,钳端由两个长 20～25 cm 半圆形的钳嘴组成。保定时术者手持颈钳,张开钳嘴并套入犬的颈部,合拢钳嘴后,手持钳柄即可将犬保定(图 7-33)。

(6)徒手侧卧保定法　先将犬作嘴套保定或箍嘴保定,然后术者用两手分别抓住犬的前肢和后肢,将其提起,横放在平台上,并用抓前肢的手臂压住犬的颈部(图 7-34)。

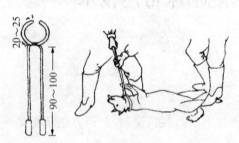

图 7-33　颈钳保定法(单位:cm)　　　　　图 7-34　徒手侧卧保定法

(7)徒手犬头保定法　保定者站在犬的一侧,一手托住犬下颌部,另一手固定犬头背部,控制头的摆动。为了防止犬回头咬人,保定者站在犬侧方,面向犬头,两手从犬头后部两侧伸向其面部。两拇指朝上贴于鼻背部,其余手指抵于下颌,合拢握紧犬嘴。此法适用于幼年犬和温顺的成年犬。

(8)手术台保定　手术台保定是最为安全、可靠的保定法。手术台面要有一定弹性,以减少躯干、四肢的反向压力。保定绳应柔软结实,易结易解。如无特别的手术台,可用桌子代替,4 个桌子腿上拴上绳以备保定用绳,还要准备一些沙袋或海绵块,以便支垫身体防止其转动。

常用的保定体位有水平仰卧保定、侧卧保定、俯卧保定等。

2. 猫的保定

(1)徒手保定法　先抚摸其背部,然后用一手抓住猫颈部的皮肤,迅速抱住猫的全身或抓住两后肢并托起臀部(图 7-35);也可由术者抓住猫的颈背部皮肤,助手用双手分别抓住其两前肢和两后肢,将其牢牢固定。

(2)猫袋保定法　猫袋可用人造革、厚布或帆布缝制,袋的一侧是拉链,把猫装进后,即成筒状,袋的一端装一条能拉紧并可放松的细绳。猫进袋后,先拉上拉链,再扎紧颈部袋口即可(图 7-36)。适当拉开拉链,露出后肢,即可注射,也可测量体温和灌肠等。

(3)扎口保定法　尽管猫嘴短而平,仍可用扎口保定法,以免被咬致伤,其方法与犬的扎口保定类似(图 7-37)。

图 7-35　徒手保定法

图 7-36　猫袋保定法

图 7-37　扎口保定法

（4）手术台保定　与犬的操作方法基本相同。

（5）颈圈保定法　给猫带上伊丽莎白颈圈,助手用双手分别抓住其两前肢和两后肢,将其牢牢固定。

（二）动物血液样本采集

1. 牛、羊的采血

以颈静脉穿刺最为方便。常在颈静脉中 1/3 与下 1/3 交界处剪毛、消毒,术者紧压颈静脉下端,待血管怒张（助手尽量将动物头部向穿刺的对侧牵拉,使颈静脉充分显露出来）,用静脉注射针头对准血管刺入,即可采得血液样品。此外,奶牛可在腹壁皮下静脉（乳前静脉）采血,注意针头不应太粗,以免形成血肿。牛的尾中静脉采血也很方便,助手尽量向上举尾,术者用针头在第 2～3 尾椎间垂直刺入,轻轻抽动注射器内芯,直到抽出一定量的血液为止。

2. 猪的采血

成年猪从耳静脉采血颇为方便,方法是助手将耳根握紧,稍等片刻,静脉即可显露出来。局部常规消毒后,术者用较细的针头刺入耳静脉即可抽出血来。必要时用前腔静脉穿刺法采血,方法如下:

（1）保定　仔猪和中等大小的猪,仰卧保定,将两前肢向后拉直或使两前肢与体中线垂直。注意将头部拉直,这样可使前腔静脉紧张并可使胸前窝充分显露出来。育肥猪可站立保定,用绳环套在上颌,拴于柱栏即可。

（2）部位　左侧或右侧胸前窝,即由胸骨柄、胸头肌和胸骨舌骨肌的起始部构成的陷窝。

（3）方法　右手持针管,使针头斜向对侧或向后内方与地面呈 60°,刺入 2～3 cm 即可抽出血液,术前、术后均按常规消毒。

3. 犬、猫的采血

（1）局部解剖（图 7-38）

颈静脉:颈外静脉是位于颈静脉沟内的浅表大静脉,颈静脉沟位于颈部两侧,气管的背外侧。

头静脉:左右头静脉是位于前肢头侧面的浅表静脉,很容易进行静脉穿刺。

外侧隐静脉:左右后肢的隐静脉都是小的浅表静脉,斜向穿行于腔骨的外侧表面。

内侧隐静脉:左右肢内侧隐静脉是非常浅表的静脉,长而直,沿后肢内表面中线上行,这使得该部位成为猫静脉穿刺的优选位置。

（2）操作技术

①颈静脉采血　在胸腔入口处按压颈静脉沟的基部,使颈静脉充血扩张,用酒球消毒。针尖斜面向上,针头与静脉成 20°～30°刺入。针尖进入静脉后,抽吸采集血液样本。血液样本采集完后,立刻放松压迫静脉的手,停止抽吸,从静脉内拔出针头。用酒精棉球轻轻压迫静脉

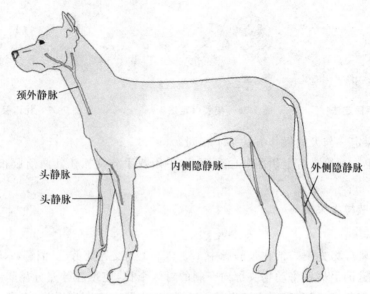

图 7-38　犬、猫静脉血采集可选的静脉

穿刺采血点约 60 s(图 7-39)。

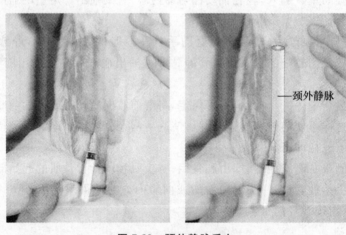

图 7-39　颈外静脉采血

②头静脉采血　用手握住前肢,将头静脉向外翻转并压迫,使静脉充血扩张。采血者抓住前爪保持前肢伸展,确定扩张的头静脉,拇指沿着静脉放置,以便在静脉穿刺采血时固定血管。针尖斜面向上,针头与静脉成 20°~30°刺入。针尖进入静脉后,抽吸采集血样。血样采集完后,立刻放松压迫静脉的手,停止抽吸,从静脉内拔出针头。用酒精棉球轻轻压迫静脉穿刺采血点约 60 s(图 7-40)。

③外侧隐静脉采血　动物侧卧保定,四肢朝向采血者,背部靠近保定人员。保定人员用一只手抓住动物两前肢,并轻轻提起使其离开桌面,同时用同一只手的前臂对动物的颈部施压以保定动物,用另一只手抓住位于上方的后肢。用电推剪在后肢外侧隐静脉上方小范围剃毛,用酒精棉球消毒,同时保定人员环绕握紧后肢上方的尾侧,在膝关节水平施以压力,压紧外侧隐静脉使之充血扩张。一旦确定静脉,采血者将拇指放在邻近静脉的位置加以固定,以防止穿刺

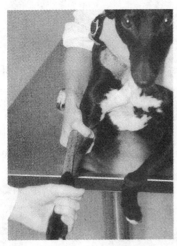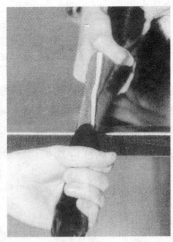

图 7-40　犬前肢头静脉

采血时静脉移位。针尖斜面朝上,针头与静脉成 20°～30°刺入。针尖进入静脉后,即可抽吸采集血样。采集完血样后,立即解除对静脉的压迫,停止抽吸并从静脉中拔出针头,用酒精棉球轻轻压迫静脉穿刺采血点约 60 s(图 7-41)。

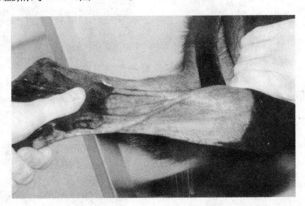

图 7-41　犬后肢外侧隐静脉

4. 家禽的采血

常在翅内静脉采血。用细针头刺入静脉让血液自由流入集血瓶中,如果用注射器抽取,一定要放慢速度,以防引起静脉塌陷和出现气泡。

(三)动物的注射技术

1. 静脉注射

(1)将要注射的药物吸入注射器内。

(2)将动物进行适当的保定摆位,使其易于进行头静脉、外侧隐静脉或内侧隐静脉的操作,并按照静脉采血中所述进行保定。

(3)按照静脉采血的步骤确认扩张的静脉。当针头插入静脉后,抽少许血液进入针座以确定针头位于静脉内。当确定针头位于静脉内后,保定者应解除闭塞静脉的压力,将药物注入静脉。

(4)注射完毕后,将针头拔出,并立即在针头穿刺点施压至少 60 s,为防止出血,可在穿刺点上用绷带轻轻施压包扎。

2. 肌肉注射

(1)将要注射的药物吸入注射器内。

(2)动物站立、坐式或侧卧保定。肌肉注射会导致注射部位不适,操作时控制住犬的头部和颈部很重要。在猫应按照内侧隐静脉穿刺的方式抓住颈背部并伸展。

(3)用酒精棉球对注射部位的皮肤擦涂消毒。

(4)当要在半膜肌半腱肌肌群注射时,非注射手的大拇指应放在股后侧肌沟上,针头应刺入股骨后方,针尖指向尾侧,这样即使动物跳跃或移动都可避免伤到坐骨神经(图7-42)。

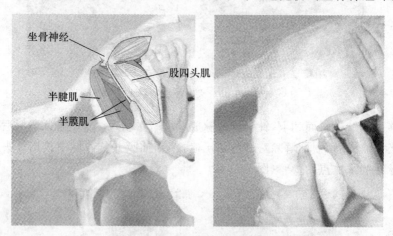

图 7-42　股后肌肉部位肌肉注射

(5)当要注入股四头肌时,非注射手的大拇指应放在股骨外侧,而针头应刺入股骨前方,针尖朝向头侧(图7-43)。

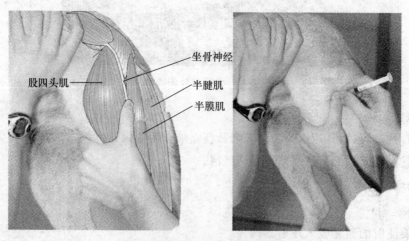

图 7-43　股四头肌部位肌肉注射

(6)当要注入前肢的臂三头肌肌群时,非注射手应紧握肌腹,拇指放在肱骨上,针头刺入肱骨后方,针尖朝向尾侧(图7-44)。

(7)当要注入腰椎旁肌肉时,在第13肋骨和髂骨嵴之间选择注射点。触摸背侧棘突,在正中线旁2～3 cm垂直皮肤直接刺入腰部肌肉(图7-45)。

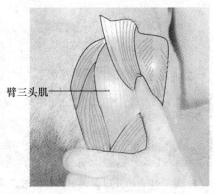
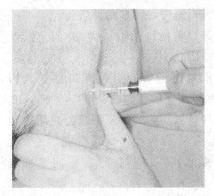

图 7-44 臂三头肌部位肌肉注射

（8）入针后回抽注射器活塞形成负压。如果抽出血液,应拔出针头和注射器,另选部位重新刺入。形成负压时如果没有抽出血液,可进行肌肉注射。

（9）注射完毕后,拔出针头,轻轻按摩注射部位。

3. 皮下注射

（1）将要注射的药物吸入到注射器内。犬、猫皮下空间较大,所以同一注射点可容纳相对量大的液体(30～60 mL)。

（2）轻轻地将动物站立、坐式或俯卧保定,大多数犬和猫对皮下注射有很好的忍耐力,所以只需最小限度的保定。

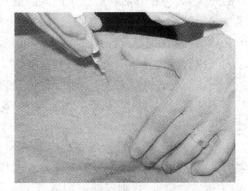

图 7-45 腰椎旁肌肉部位肌肉注射

（3）提起动物颈部或背部的皮肤,垂直刺入皮褶进入皮下组织。针头应易于通过,如果有阻力,应重新调整针尖的位置,因为它很有可能在真皮内或肌肉内。

（4）放开皮褶使其回位。

（5）针头刺入后将注射器的活塞回抽形成负压,如果抽出血液,应将针头和注射器拔出,另选部位重新刺入。

（6）注射完毕后,拔出针头,轻轻按摩注射部位,使液体分散。

（四）插胃导管技术

1. 经口插胃管

（1）目的　为动物建立暂时的直接入胃的通道。

（2）适应证　大剂量药物(尤其是中药)、X线造影剂或营养物质的投服;误食毒物、药物过量或其他物质怀疑中毒时,取出胃内容物或取样,且可进行洗胃;急性胃扩张时,排出使胃扩张的气体,给胃减压。

（3）器械材料　胃管,开张器,记号笔或胶带,润滑凝胶(油),注射器,漏斗。

（4）操作方法(图 7-46)

①将胃管贴近动物,预先测量胃管长度。当胃管头端到达最后肋骨水平时,在近口端的胃管上用胶带或记号笔做标记。

②用润滑凝胶(油)湿润胃管头。

③将开口器插进动物口内,并固定其颌骨咬住开口器。

④将润滑过的胃管穿过开口器插入胃内,直到做好标记的位置。当胃导管插入食管内或胃导管到胸腔入口及贲门处时阻力较大,应缓慢插入,以免损伤食管黏膜。必要时灌入少量温水,待贲门弛缓后,再向前推送入胃。

图 7-46　从开口器内插入润滑过的胃管

⑤检查胃管放置是否正确。这是非常关键的一步,因为投胃的物质如果进入肺脏通常会致命。检查胃管的位置:

·触诊颈部的胃管。在中型和大型犬能触诊到胃管与气管相毗邻,所以能在颈部触到两个管状结构。在小型动物这种方法不可靠,因为通常触诊不到插入的胃管。

·闻胃管内是否有胃内容物的气味。

·往胃管内吹气,同时助手听胃内是否有咕噜声。

·往胃管内注入 5 mL 生理盐水,并观察动物是否有咳嗽反应。这是较可靠的检查胃管投置是否正确的方法。

⑥通过胃管给药或取出胃内容物。检查确认后,胃导管前端经贲门到达胃内后,可感觉到阻力突然消失,此时可有酸臭气体或食糜排出,如不能顺利排出胃内容物时,接上漏斗,每次灌入 30～35℃温水,或根据需要用适量 1％～3％碳酸氢钠溶液、0.1％高锰酸钾溶液、1％～2％盐水。利用虹吸原理,高举漏斗,不待药液流尽,随即放低头部和漏斗,或用抽气筒反复抽吸,以洗出胃内容物。如此反复多次,逐渐排出胃内大部分内容物,直至病情好转为止。

⑦抽出胃导管。冲洗(或灌药)完之后,在拔出胃导管之前要用 3～8 mL 生理盐水冲洗胃管,并用拇指封住胃管口以免管内容物返流回食道,缓慢抽出胃管,解除动物保定。

2. 经鼻插胃管

(1)目的　为动物建立进入胃或食道的直接通道。

(2)适应证　使药物、造影剂或营养物质和水作为食团投入胃内;自主吞咽和进食困难的患病动物所需的进食旁路,连续灌入药物或营养物质和水;对胃迟缓的患病动物实施胃内减压;在进行手术纠正肠扭转前后暂时缓解胃部压,也需安置鼻胃管。

(3)器械材料　合适大小的幼龄动物饲喂管、眼科用的局部麻醉药、润滑凝胶、注射器、留置导管所需的包扎材料。

(4)操作方法

①根据动物大小选择合适的胃导管,将胃管贴近动物,预先测量所需胃管的长度。从鼻孔到最后肋骨(投食团用)或第七、第八肋间隙(连续使用)进行预测量,并用胶带或记号笔做标记。

②在一侧鼻孔滴入 4～5 滴眼科用局部麻醉药,2～3 min 后再往同侧鼻孔滴入 2～3 滴麻醉药(图 7-47)。

③在鼻胃管头端涂上少量润滑性凝胶(润滑油)。

④一只手固定动物头部,用另一只手将导管插入麻醉的鼻孔腹侧正中间。在插管过程中

保持导管贴着鼻头,以防止动物打喷嚏将管喷出。把管插到预先测量的标记处(图7-48)。

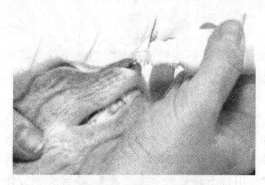
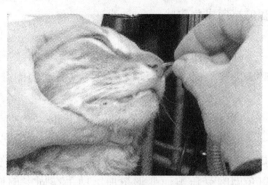

图7-47　往鼻孔滴入局部麻醉药　　　　　图7-48　将胃管插入鼻孔

⑤检查胃管放置是否正确。往管内注入 1~2 mL 灭菌生理盐水检查鼻胃管的位置是否正确。如果导管被不慎放置于气管内,这一操作将导致动物咳嗽。另外,可拍摄胸部侧位 X 线片确定胃管的位置。

⑥向胃内投入食团、处方药物后用 1~2 mL 无菌生理盐水冲洗胃管,在拔出导管之前用拇指或手指封住胃管的末端。

⑦如果要留置胃导管,导管应位于食道中,到达第七或第八肋骨水平。导管应固定(缝、钉或粘)于鼻部和前额。避免导管接触到猫的胡须,因为这会使患病动物恼怒。戴项圈可有效地防止患病动物将导管抓掉或蹭掉。

(五)气管插管技术

1. 目的

了解并掌握气管插管的技术。

2. 器械材料

开口器、咽喉镜、气管插管(图7-49)、纱布条(30~50 cm 长)、导管芯、无菌润滑胶(油)、注射器、止血器、吸引器等。

3. 插管前准备

准备和检查插管所需的设备,测量动物犬齿到肩胛骨前缘的距离,选择型号大小合适的气管内插管,用注射器将空气注入气管插管的套囊,检查有无漏气,检查完毕将空气释放,在气囊壁涂抹润滑剂备用(图7-50)。

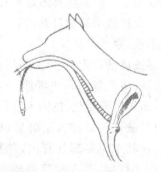

图7-49　气管插管　　　　　　　　图7-50　所需气管插管的长度

插管前动物可用面罩吸氧 2 min,估计声门暴露有困难的可在导管内插入导管芯,并将导管前端弯成鱼钩状。

4. 体位与保定

气管内插管是在无意识动物上完成的,对于清醒的犬猫需要轻度麻醉。当助手保定动物呈胸卧姿势时,气管插管很容易完成;动物侧卧或仰卧姿势时,也可以插管。

5. 操作技术

(1)预先在动物颈部量好插管长度。

(2)助手将动物胸卧保定,将患畜的头抬起向上,使下颌与颈成一直线,若使用开口器可将其置入口中。若不使用,保定助手一手持住上颌骨,一手持住下颌骨将嘴张开,不可握持喉部,以免咽喉受压迫而变形扭曲。助手在固定的同时,用持下颌骨的手去抓舌头,使舌头充分伸展,并超出下颌骨切齿。若唾液过多可以用纱布辅助固持。

(3)保定助手抬起患畜头部,伸展其颈部以利于插入导管者观察。术者用喉镜镜片压住舌根和会厌基部,在直视情况下,将涂过润滑剂的导管经声门裂插入气管。在勺状软骨间慢慢地将插管插入至喉部,持续伸入直到套囊通过喉部,到达喉和胸口之间的中央处。若插管过度伸入气管时,则可能会不小心的插到支气管部位。插管过程中若发生喉痉挛可加深麻醉,注射肌肉松弛剂或使用喉部麻醉剂喷雾(2%利多卡因)(图 7-51 和图 7-52)。

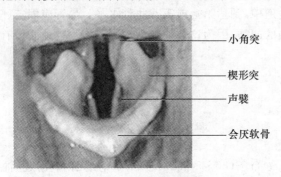

图 7-51　喉部解剖图

小角突

楔形突

声襞

会厌软骨

图 7-52　气管插管时动物保定

(4)检查插管的位置是否正确。

①导管插入气管时动物会有几声轻微的咳嗽,麻醉深时不见。

②触摸颈部,如触到两个硬质索状物,则提示气导管插入食道,应退出重插。

③用毛发等絮状物贴近导管出口,检查有无气流。

④观察透明插管口处的管壁,呼气时可见插管内壁有气雾形成,吸气时消失。

⑤按压动物胸部,可见与压迫一致的气流。

⑥呼吸气囊与自主呼吸一致,导管正确,只有胸腹部起伏,而无气囊变化,则插入食管。

(5)确认气管插入正确后,用注射器往插管套囊注入空气,使其卡住喉部气管内,并封住插管和气管之间的空隙。在注气时,若在针筒内感到有轻微回阻力,停止注气(图 7-53)。

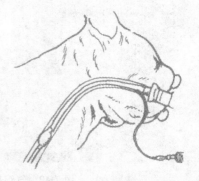

图 7-53　往插管套囊注入空气

（6）用纱布条围绕插管并系一活结将插管系到上颌或下颌（犬），或耳后部上（猫）。

（7）将插管之接头连接到吸入麻醉机、救护袋或呼吸机上，要经常查看气管插管，是否存在颈部姿势不对而造成气管内插管扭结；气管内插管是否被分泌物所堵塞，是否存在动物咬气管插管的现象。

（8）当完成需要麻醉的操作以后，关闭麻醉机，但要继续通以氧气直到患畜除管为止；并清理口腔内的分泌物。当反射开始恢复时，解开插管上的结，将气囊内气放掉，当动物吞咽反射恢复时拔出插管。

（9）将动物的头、颈及拉出的舌头放回正常位置，并继续观察直到动物完全清醒。

（六）动物医院外科常见处理技术

1. 开放性损伤的处理

（1）新鲜创的处理

①清理创围　创围剪毛剃毛，肥皂水冲洗（要防止肥皂水流入创内），70%酒精棉球清洁创缘皮肤，5%碘酊消毒创缘皮肤。

②清洁创腔　用生理盐水或0.1%的新洁尔灭反复冲洗创腔。

③应用药物　创伤污染严重，无法彻底处理时，可撒青霉素粉或其他抗生素。

④包扎　四肢下部及腹下的创伤应包扎，以防继发感染，寒冷的冬季创面应行包扎。

（2）感染创的处理

①清洁创围　同新鲜创。

②冲洗创腔　根据创腔是否化脓、脓液性质，选择不同的药物（生理盐水、0.01%呋喃西林、0.1%新洁尔灭、3%双氧水或0.1%高锰酸钾等）反复冲洗创腔，直到冲净脓汁为止。

③处理创腔　若创口过小，可扩大创口，除去深部异物。

④应用药物　急性化脓阶段可用高渗药物20%硫呋液，0.01%呋喃西林100 mL加硫酸钠25 g，10%氯化钠液，20%硫酸镁等温敷或做创伤引流。

（3）肉芽创的处理

①清洁创围　同新鲜创。

②清洁创面　对肉芽面的处理不可使用刺激性较强的药物。常用生理盐水轻轻清洗，切忌猛力冲洗和强力摩擦，以防损害肉芽、继发感染。肉芽表面的一层灰白色黏稠的脓性物对肉芽有保护作用，不用除去。

③应用药物　应选用刺激性小，能促进肉芽及上皮生长的药物，临床上常用魏氏流膏、磺胺软膏和青霉素软膏等。当肉芽面接近皮肤平面时，可涂布龙胆紫。

2. 非开放性损伤的处理

（1）疖　对浅表的炎症性结节可外涂2.5%碘酊、鱼石脂软膏等，已有脓液形成的，局部消毒切开。对浸润期的疖，可用青霉素盐酸普鲁卡因溶液注射于病灶的周围，亦可涂擦鱼石脂软膏、5%碘软膏等或理疗。疖病的治疗必须局部和全身疗法并重，同时全身给予抗生素，加强饲养管理和消除引起疖病发生的各种因素。

（2）痈　应注重局部和全身治疗相结合。痈的初期，全身应用抗菌药物，如青霉素、红霉素类药物。病畜患部制动，适当休息和补充营养。局部配合使用50%硫酸镁，也可用金黄膏等外敷。病灶周围普鲁卡因封闭疗法可获得较好的疗效。如局部水肿的范围大，并出现全身症状时，可行局部十字切开。术后应用开放疗法。

(3)脓肿

①消炎、止痛及促进炎症产物消散吸收   当局部肿胀正处于急性炎性细胞浸润阶段可局部涂擦樟脑软膏,或用冷疗法(如复方醋酸铅溶液冷敷,鱼石脂酒精、栀子酒精冷敷),以抑制炎性渗出和具有止痛的作用。当炎性渗出停止后,可用温热疗法、短波透热疗法、超短波疗法以促进炎症产物的消散吸收。局部治疗的同时,可根据病畜的情况配合应用抗生素、磺胺类药物并采用对症疗法。

②促进脓肿的成熟   当局部炎症产物已无消散吸收的可能时,局部可用鱼石脂软膏、鱼石脂樟脑软膏、超短波疗法、温热疗法等以促进脓肿的成熟。待局部出现明显的波动时,应立即进行手术治疗。

③手术疗法

A. 动物站立位时的脓肿最低点切开排脓。

B. 用双氧水(用于咬伤形成的脓肿)、无菌生理盐水或洗必泰冲洗脓腔。

C. 用消毒止血钳探明脓腔的大小、深度和与周围组织的关系。

D. 必要时可以向脓腔内注入抗生素注射液。

E. 引流。

纱布条引流:适用于量大、不浓稠的渗出物。将纱布的毛边包在里面(不刺激伤口),用魏氏流膏浸润,一端塞入脓腔中,另一端在切口外。可将纱布条固定于被毛上或皮肤上。每1~2 d换一次引流条,原因是纱布依靠虹吸作用引流,吸满渗出物后虹吸作用减弱。

胶管引流:适用于浓稠的渗出物。可用消毒塑胶手套或输液管制作。

塑胶手套剪下一个指套,指头部塞入脓肿切口,指掌连接部在切口外,将其缝合固定在健康皮肤上。这样脓汁会从指套外流出脓腔,而非聚集在指套内。

剪下5~10 cm(根据情况)的输液管,两头剪平,避免尖头刺激脓腔。将输液管对折,在两边各剪2~3个排液孔。这样打开时,输液管两边即有4~6个孔(图7-54)。它们的作用是增加脓腔中排液通道和避免脓汁堵塞引流管。

F. 必要时可做反对孔。如果渗出物十分浓稠,不易排出,则在脓肿最高点做反对孔。引流条从反对孔进入,从排液口流出。每天从反对孔冲洗脓腔。

G. 切开后的最初3 d,需要天天观察渗出物和切口的情况并换药,要保持切口开放。3 d后如果渗出液减少、变稀,可考虑拆掉引流条,并逐渐减少换药频率,以减少对新生肉芽组织的刺激。

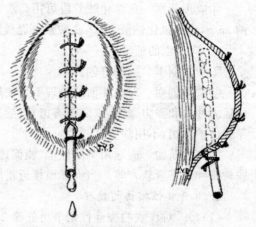

图7-54   脓肿的胶管引流

H. 根据脓肿的个数、大小、深度以及动物的全身情况,决定是否需要全身抗生素治疗。

(4)血肿   治疗重点应从制止溢血、防止感染和排除积血着手。可于患部涂碘酊,装压迫绷带。经4~5 d后,可穿刺或切开血肿,排除积血或凝血块和挫灭组织,如发现继续出血,可行结扎止血,清理创腔后,再行缝合创口或开放疗法。

(5)淋巴外渗   首先使动物安静,有利于淋巴管断端的闭塞。较小的淋巴外渗可不必切开,于波动明显部位,用注射器抽出淋巴液,然后注入 95％酒精或酒精福尔马林液(95％酒精 100 mL,福尔马林 1 mL,碘酊数滴,混合备用),停留片刻后,将其抽出,以期淋巴液凝固堵塞淋巴管断端,而达制止淋巴液流出的目的。应用一次无效时,可行第二次注入。

较大的淋巴外渗,可行切开,排出淋巴液及纤维素,用酒精福尔马林液冲洗,并将浸有上述药液的纱布填塞于腔内,作假缝合。当淋巴管完全闭塞后,可按创伤治疗。

四、作业与思考题

1. 犬猫的保定方法和采血方法有哪些?
2. 试述非开放性损伤的种类与处理方法。

(韩春杨,冯士彬)

附　录

附表一　健康动物血红蛋白和红细胞数参考值

畜别	样本数	血红蛋白浓度/ (g/L)	样本数	红细胞数/ ($\times 10^{12}$/L)	资料来源
黄牛	87	95.5±10.0	85	7.242±1.574	延边农学院
奶牛	30	113.8±7.3	109	5.975±0.686	中国农业大学、云南农业大学
水牛	137	123.0±16.6	137	5.91±0.98	扬州大学农学院
猪	23	111.6±14.2	31	5.509±0.335	东北农业大学
山羊	335	83.3±7.5	394	17.2±3.03	西北农业大学
绵羊	33	72.0±12.7	118	8.42±1.20	扬州大学农学院
犬	50	175.9±34.0	50	7.00±1.50	中国农业大学
猫	50	164.9±12.7	50	7.50±2.55	中国农业大学
鸡		91.1~117.6		2.72~3.23	安丽英编《兽医实验诊断》
鸭		156		3.06	安丽英编《兽医实验诊断》
鹅		149		2.71	安丽英编《兽医实验诊断》
马	619	12.77±2.05	619	7.933±1.401	中国人民解放军兽医大学
驴	39	10.99±3.02	30	5.42±0.232	甘肃农业大学
骡	434	12.74±2.18	434	7.552±1.302	中国人民解放军兽医大学

附表二　健康动物红细胞指数参考值

畜别	MCV/fL	MCH/pg	MCHC/%
黄牛、奶牛	46~54	15~20	0.32~0.39
猪(4~8周龄)	53~66	16~20	0.28~0.35
山羊	19	7	0.35
绵羊	30~44	10~14	0.27~0.36
犬	63~72	22~25	0.34~0.37
猫	36~50	12~17	0.32~0.35
马	42	13	0.33

附表三　健康动物白细胞数参考值

畜别	样本数	平均值±标准差/(×10⁹/L)	资料来源
黄牛	87	8.43±2.08	延边大学农学院
奶牛	114	9.41±2.13	南京农业大学
水牛	137	8.04±0.77	扬州大学农学院
猪	31	14.92±0.93	云南农业大学
山羊	394	13.20±1.88	西北农业大学
绵羊	119	8.45±1.90	新疆八一农业大学
犬	50	115.00±2.50	中国农业大学
猫	50	125.00±0.65	中国农业大学
鸡		21.66±0.66	安丽英编《兽医实验诊断》
鸭		28.72±2.64	安丽英编《兽医实验诊断》
鹅		26.67±2.63	安丽英编《兽医实验诊断》
马	619	9.5(5.4～13.5)	中国人民解放军军需大学
驴	62	10.72±2.73	甘肃农业大学
骡	434	8.70(4.6～12.0)	中国人民解放军军需大学

附表四　健康动物白细胞分类平均值参考值　　　　　　　　　%

畜别	样本数	嗜碱性粒细胞	嗜酸性粒细胞	嗜中性粒细胞 晚幼细胞	嗜中性粒细胞 杆状细胞	嗜中性粒细胞 分叶核细胞	淋巴细胞	单核细胞	资料来源
黄牛	153	0.14	3.10		4.10	32.96	58.03	1.77	江西农业大学
奶牛	50	0.12	7.80	0.72	9.52	19.64	59.24	2.96	青海畜牧兽医学院
水牛	31	0.45	10.45	0.39	2.87	31.23	50.90	3.36	云南农业大学
猪	31	0.23	3.03	0.55	3.74	31.42	58.45	2.58	云南农业大学
山羊	79	0.70	0.70			41.80	54.50	2.30	西北农业大学
绵羊	124	0.20	2.90		3.10	23.80	68.10	1.90	新疆八一农业大学
犬	50	0.20	2.60		0.20	66.50	27.70	2.70	中国农业大学
猫	50	0.20	6.90		0.20	59.00	31.00	2.90	中国农业大学
鸡		1.5	7.0	2.90	（异嗜性白细胞）		57.5	5.0	安丽英编《兽医实验诊断》
鸭		1.0	4.0	34.0	（异嗜性白细胞）		56.5	4.5	安丽英编《兽医实验诊断》
鹅		1.5	3.5	34.0	（异嗜性白细胞）		57.5	3.5	安丽英编《兽医实验诊断》
马	619	0.30	4.70	0.05	3.13	45.75	44.08	1.99	中国人民解放军兽医大学
驴	30	0.17	5.37	1.40	1.77	36.65	53.90	0.74	甘肃农业大学
骡	434	0.45	5.96	0.21	5.16	46.02	42.09	1.10	中国人民解放军兽医大学

附表五　健康动物血小板数参考值

畜别	样本数	平均值±标准差/($\times 10^9$/L)	资料来源
黄牛	87	421.7±133.9	延边大学农学院
水牛	21	367±138	广西农业大学
奶牛	30	261.0±52.9	云南农业大学
猪	31	292.6±46.3	云南农业大学
山羊	157	399±86	西北农业大学
绵羊	33	377.0±92.9	新疆八一农业大学
犬	50	550.0±350.0	中国农业大学
猫	50	500.0±200.0	中国农业大学
马		146.4±37.4	北京农业大学等
骡		225.0±44.2	北京农业大学等

附表六　健康动物红细胞压积参考值

畜别	样本数	平均值±标准差/（温氏法，L/L）	资料来源
黄牛	30	0.360±0.046	河南农业大学
奶牛	30	0.370±0.028	中国农业大学
水牛	21	0.311±0.037	广西农业大学
哺乳仔猪	50	0.407±0.052	山西忻县畜牧兽医研究所
金华猪	30	0.425±0.024	浙江农业大学
东北民猪	23	0.425±0.035	东北农业大学
奶山羊	315	0.355±0.014	西北农业大学
绵羊	40	0.350±0.030	新疆八一农业大学
犬	50	0.525±0.067	中国农业大学
猫	50	0.380±0.079	中国农业大学
马	66	0.354±0.036	中国人民解放军军需大学
骡	60	0.328±0.029	中国农业大学

附表七　健康动物血沉参考值

畜别	样本数	血沉值/mm				测定方法	资料来源
		15 min	30 min	45 min	60 min		
黄牛		0	2	5	9	魏氏倾斜60°	中国农业大学
水牛	65	9.8	30.8	65	91.6	魏氏法	扬州大学农学院
奶牛	55	0.3	0.7	0.75	1.2	魏氏法	甘肃农业大学
马		29.7	70.7	98.3	115.6	魏氏法	中国农科院中兽医研究所
马	619	31	49	53	55	涅氏法	中国人民解放军军需大学
骡	434	23	47	52	54	涅氏法	中国人民解放军军需大学
驴	31	32	75	96.7	110.7	魏氏法	甘肃农业大学
绵羊	113	0	0.2	0.4	0.7	魏氏法	新疆八一农业大学
山羊	335	0	0.5	1.6	4.2	魏氏倾斜60°	西北农业大学
猪	31	0.6	1.3	1.94	3.36	魏氏倾斜60°	云南农业大学
犬		0.2	0.9	1.2	2.0	魏氏法	夏咸柱编《养犬大全》
鸡	31	0.19	0.29	0.55	0.81	魏氏法	云南农业大学

附表八　动物血液生化指标参考值

项目	单位	牛	羊	猪	犬	猫	鸡
钠	mmol/L	132～152	142～155	140～150	140～155	146～158	148～163
钾	mmol/L	3.9～5.8	3.5～6.7	4.7～7.1	3.5～5.0	3.5～5.2	4.5～6.5
氯化物	mmol/L	95～110	99～110.3	94～103	105～131	114～126	47.6～100.5
钙	mmol/L	2.43～3.10	2.23～2.93	1.78～2.90	2.20～2.70	2.20～2.50	2.3～5.9
磷	mmol/L	1.08～2.76	4.62±0.25	1.30～3.55	0.80～1.60	0.58～2.20	2.0～2.6
镁	mmol/L	0.74～1.10	0.31～1.48	0.78～1.60	0.80～1.20	0.80～0.90	0.90～1.15
铜	mmol/L	5.16～5.54	13.2～17.3	20.9～43.8	15.7～31.5		
铁	μmol/L	10～29	23.9～1.48		14～34	12～38	
渗摩尔浓度	mmol/L	270～306			280～305	280～305	
总铁结合力	μmol/L	20～63		48～100	63～81	53～57	
pH(静脉)		7.35～7.50	7.30～7.45	7.25～7.35	7.35～7.45	7.35～7.45	7.45～7.63
$p\mathrm{CO_2}$	mmHg*	34～45	38～45		29～42	29～42	
碳酸氢盐	mmol/L	20～30	21～28	18～27	22～25	22～25	
总二氧化碳	mmol/L	20～30	20～28	17～26	22～28	20～25	
尿素氮	mmol/L	2.0～7.5	4.6～15.7	3.0～8.5	3.5～7.1	5.9～10.5	0.5～2.2
尿素	mmol/L	3.55～7.10	2.85～7.10	3.55～10.70	3～9	5～10	
肌酐	μmol/L	67～175	88.4～159	90～240	50～180	50～180	147～480
总胆红素	μmol/L	0.17～8.55	0～1.71	0～17.10	2～17	2～17	
直接胆红素	μmol/L	0.70～7.54		0～5.13	0～2	0～2	
间接胆红素	μmol/L	0.51		0～5.13	0.17～8.38		
胆酸	μmol/L	＜120	＜25		＜10	＜5	
胆固醇	mmol/L	1.0～5.6	1.05～1.50	3.05～3.10	2.5～5.9	2.1～5.1	
血糖	mmol/L	2.49～4.16	2.77～4.44	4.71～8.32	3.9～6.1	3.9～8.0	8.4～10.1
总蛋白	g/L	57～81	64.0～70.0	35～60	50～71	50～80	40.0～54.7
白蛋白	g/L	21～36	27.0～39.0	19～24	28～40	23～35	15.3～22.4
球蛋白	g/L	30.0～34.8	27.0～41.0	52.9～64.3	27.0～44.0	26.0～51.0	21.3～35.3
A/G	g/g	0.84～0.94	0.63～1.26	0.37～0.51	0.59～1.11	0.45～1.19	0.43～1.05
α-球蛋白	g/L	7.5～8.8	5.0～7.0				
β-球蛋白	g/L	8.0～11.2					
γ-球蛋白	g/L	16.9～22.5	9.0～30.0	22.4～24.6			
α1-球蛋白	g/L			3.2～4.4	2.0～5.0	2.0～11.0	
α2-球蛋白	g/L			12.8～15.4	3.0～11.0	4.0～9.0	
β1-球蛋白	g/L		7.0～12.0	1.3～3.3	7.0～13.0	3.0～9.0	
β2-球蛋白	g/L		3.0～6.0	12.6～16.8	6.0～14.0	6.0～10.0	
γ1-球蛋白	g/L				5.0～13.0	3.0～25.0	
γ2-球蛋白	g/L				4.0～9.0	14.0～19.0	
纤维蛋白原	μmol/L	8.82～20.6	2.94～11.8	2.94～14.7	5.88～11.8	1.47～8.82	

续附表八

项目	单位	牛	羊	猪	犬	猫	鸡
ALT	IU/L	11~40	24~38	31~58	15~70	10~50	167.8
AST	IU/L	78~132	167~513	32~84	10~50	10~40	174
ALP	IU/L	0~500	93~387	120~400	20~150	10~100	482.5
γ-GT	IU/L	601~1 074	20~56	10~60	1~11.5	1~10	
ARG	IU/L	1~30		0~14	0~14	0~14	
AcChE	IU/L	1 270~2 430	270	930	270	540	
ButChE	IU/L	70	110	400~430	1 260~3 020	640~1 400	
CK	IU/L	35~280			30~200	26~450	
LDH	IU/L	692~1 445	123~392	380~630	50~495	75~495	636
LDH1	%	39.8~63.5	29.3~51.8	34.1~61.8	1.7~30.2	0~8.0	
LDH2	%	19.7~34.8	0~5.4	5.9~9.2	1.2~11.7	3.3~13.7	
LDH3	%	11.7~18.1	24.4~39.9	5.7~11.7	10.9~25.0	10.2~20.4	
LDH4	%	0~8.8	0~5.4	6.9~15.9	11.9~15.4	11.6~35.9	
LDH5	%	0~12.4	14.1~36.8	16.3~35.2	30.0~72.8	40~66.3	
AMS	IU/L				300~2 000	500~1 800	
LPS	IU/L				25~750	25~700	
SDH	IU/L	4.3~15.3	5.8~28	1~5.8			

* mmHg 为非法定计量单位,1 mmHg=133.322 Pa。

注:引自《Veterinary Medicine》(9th Edition,Radostits O M,et al. 2005);《Handbook of Small Animal practice》(5th Edition,Morgan R H,2007);《兽医临床病理学》(王小龙,1995);《兽医临床鉴别诊断学》(王民桢,1994)。

附表九　动物尿液指标参考值

项目	单位	牛	猪	绵羊	山羊	犬	猫
比重	Units	1.015~1.050	1.018~1.022	1.015~1.045	1.015~1.045	1.020~1.050	1.015~1.065
酸碱度	pH	7.4~8.4	6.5~7.8	7.4~8.4	7.4~8.4	5.0~7.0	5.0~7.0
钙	mg/kg/d	0.10~1.40		2.0	1.0	1.0~3.0	0.20~0.45
磷	mg/kg/d			0.2	1.0	20~30	108
镁	mg/kg/d	3.7				1.7~3.0	3~12
钾	mmol/kg/d	0.08~0.15				0.1~2.4	
钠	mmol/kg/d	0.2~1.1				0.04~13.0	
氯	mmol/kg/d	0.10~1.10				0~10.3	
尿囊素	mg/kg/d	20~60	20~80	20~50		35~45	80
尿酸	mg/kg/d	1~4	1~2	2~4	2~5		
尿素氮	mg/kg/d	23~28	201	98	107	140~230	374~872
总氮	mg/kg/d	40~450	40~240	120~350	120~400	250~800	500~1 100
肌酐	mg/kg/d	15~20	20~90	10	10	30~80	12~20
尿容量	mg/kg/d	17~45	5~30	10~40	10~40	17~45	10~20

注:引自《兽医临床病理学》(王小龙,1995)。

参考文献

1. 李培英,魏建忠. 动物医学实验教程(临床兽医学分册). 北京:中国农业大学出版社,2010.

2. 李锦春. 高等农业院校兽医专业实习指南. 北京:中国农业大学出版社,2016.

3. 李郁. 畜禽疾病检测实训教程. 北京:中国农业大学出版社,2016.

4. 王庆波. 宠物兽医师临床检验手册. 北京:金盾出版社,2008.

5. 王哲,姜玉富. 兽医临床诊断学. 北京:高等教育出版社,2010.

6. 王小龙. 兽医临床病理学. 北京:中国农业出版社,1995.

7. 王民桢. 兽医临床鉴别诊断学. 北京:中国农业出版社,1994.

8. 章孝荣. 兽医产科学. 北京:中国农业大学出版社,2011.

9. Noakes D E,Parkinson T J,England G C W. 兽医产科学. 9 版. 赵兴绪主译. 北京:中国农业出版社,2011.

10. 滨名克己,中尾敏彦,津曲茂久. 兽医繁殖学. 3 版. 东京:文永堂,2006.

11. 丁伯良,冯建忠,张国伟. 奶牛乳房炎. 北京:中国农业出版社,2011.

12. 宋大鲁,宋旭东. 宠物诊疗金鉴. 北京:中国农业出版社,2008.

13. Taylor S M,袁占奎,何丹. 小动物临床技术标准图解. 夏兆飞译. 北京:中国农业出版社,2012.

14. 金艺鹏,林德贵. 兽医外科学实习教程. 北京:中国农业大学出版社,2009.

15. 葛立江,刘建柱. 动物影像学. 北京:中国农业大学出版社,2015.

16. 钟秀会. 中兽医学实验指导. 2 版. 北京:中国农业出版社,2003.